환경 행동의 데이터 파일

공간디자인을 위한 도구

Environmental Behavior Studies' Data
Tool for Spatial Design

타카하시 타카시 + 팀 EBS 편집
안우진 길종원 역

기문당

Japanese title: Kankyou-Koudou no Deta Fairu/Kuukan-Dezain notameno Dougubako (Environment-Behavior Studies' Data/Tools for Spatial Design)
edited by Takashi Takahashi+Team EBS

Original Japanese edition
published by SHOKOKUSHA Publishing Co., Ltd., Tokyo, Japan

0m에서 시작한다

이 책을 쓰고 있는 손끝에서 눈을 떼고, 바깥이 어떤지 전등스위치를 켜고 섰다. 올려다 본 톱라이트 너머 둥근달이 빛나고 있었다.....우리들은 신체 표면에서 우주까지 확장되는 다양한 차원의 공간과 관계를 맺고 살아가고 있다. 전등을 끄는 것만으로 환경은 한순간에 변한다. 즉 행동하는 것은 공간을 디자인하는 것과 같은 말이라는 결론에 이른다. 디자이너가 그림을 그리고, 공간을 만드는 것만이「디자인 행위」는 아니다.

이 책은 신체 주변에서 확장된 다양한 공간스케일과 시간 정보 차원도 포함한 환경과 행동의 상호작용으로 생성된 공간디자인에 초점을 맞춘 시도이다. 이러한 문제를 연구하는 분야로서「환경행동연구 EBS - Environment - Behavior Studies」가 등장했다. 이 연구는 환경과 행동으로 형성된 장면을 임상 사례로 축적한 것을 주된 방법으로 한다. 이 책의 스케일별(마지막 장은 스케일과 다른 차원의 사례이다)로 모아 둔 각 토픽은 임상카르텔의 일례이며, 공간디자인에 시사된 것은 원래 독자의 자기만의 카르텔 작성, 건물 · 거리의 탐방, 탐색, 해설, 평가에 대한 참고서로 만들 것을 의도했다.

이 책이 자극제가 되어 일기장처럼 각 사람의「환경행동수첩」을 만드는 것을 기대한다. 화풍절충(和風折衷)의 생활양식도 끝난 현재에 글로벌화의 진행은 글로컬(global+local)한 생활양식의 확립이 필요하게 되었다. 최근 거리나 전철에서 사용방식을 벗어난 행동거지를 보게 되지만,「신체 0m」에서 환경행동으로 향하는 사고가 공간디자인의 원점인 것을 강조하고자 한다. 다음으로 이 책의 성립과정을 서술한다.

두 번째「데이터 파일」의 탄생

『형태의 데이터 파일 - 디자인에서 발상의 도구』의 출판으로부터 지금까지 거의 20년이 지났다. 수년 전 야마모토 회장으로부터 간행 이후 시간이 경과했기 때문에 개정판을 만들고자 한다는 타진이 있었다. 나는 즉시 그럴 필요는 없다고 답한 것으로 생각한다. 그렇지만 그 책에 수록된 데이터의 많은 부분은 역사상의 각 시대에 정식화된 건축의 형태와 관련된 여러 이론, 현상의 집약이며, 각 데이터는 시대가 지나도 안정되어 있고 바꿀 필요는 없으며 또는 바꿀 수 없는 성질이기 때문이다. 나의 제안은 새로운『환경의 데이터 파일』을 만들면 되지 않겠느냐는 것이었다.

이러한 배경에는 이전의 데이터 파일을 작성한 후에 건축과 디자인이론을 둘러싼 사회적 상황에 큰 변화가 있었고, 그 변화추이를 전하고 싶었다.

건축미학에서 건축심리학으로

앞의 서문에 다루었지만 「파일」로 이루어진 형태척도와 계획이론의 대부분이 서양건축의 분석도구이다. 형태의 모든 이론은 고대 로마에서 시작된 서양건축이론, 건축미학의 계보 속에서 생성되었다고 해도 좋을 듯하다. 그것은 당연하지만 시간을 거쳐 쌓아온 경험이나 대가(大家)들의 「거대한 주관」이었다.

「미론(美論)」을 과학적으로 해명하려는 과학적, 실증적 심리학이 등장했던 시기는 19세기부터였다. 예로서 황금분할의 미적 근거를 실험으로 증명하려 했던 G · T · 페히너의 연구가 있다. 그와 나란히 건축미에 대한 심리학적 접근인 「건축심리학」이라는 말이 사용되기 시작한 것은 미술사학자인 H · 뵐프린의 박사논문이었다.

건축심리학의 재등장은 제2차 세계대전 이후 영국의 심리학 분야, 일본의 환경공학 분야에서였다. 여기서 처음으로 「용(用) · 강(强) · 미(美)」의 용과 생활환경의 질(質)로서 쾌적이라는 속성에 초점을 맞추게 되었다.

환경심리학에서 환경행동연구로

건축심리학은 생리학 · 심리학으로 편리하고 쾌적한 생활환경의 실현에 일정한 역할을 달성했지만 세계대전 이후 경제가 부흥하면서 고도성장의 왜곡이 두드러지게 나타났으며 지구환경파괴가 심각해진 것을 배경으로 건축심리학에서 환경심리학으로 이름이 바뀌게 되었다. 또한 환경의 개념으로 인공물을 만들어내는 환경만이 아닌 그곳에서의 생활, 생존하는 사람들의 사회 · 문화적 환경을 중시하는 입장에 서게 되었다.

건물의 높은 성능도 그곳에 관계하는 사람들의 관계나 조직이 파탄되면 의미를 잃기 때문이다. 환경 차원은 심리학만이 아니고 사회학, 윤리학 등의 행동과학, 지리학, 고고학, 공학, 그리고 건축 · 도시학에 그 영향을 미쳤다.

이 점에 대해서는 글머리에 언급했듯이 넓은 환경과 행동의 상호작용을 고찰하는 학제(學際) 영역으로 「환경행동연구」가 탄생했다. 현재 일본학회의 건축계획 분야에도 「환경행위소위원회」가 설치되어 있다.

이 책의 사용방식

개인의 신체를 중심으로 원심적으로 확장하는 공간과 주거를 시작으로 일상에서 개인이 몸을 두는 곳(이동경로를 포함하여)과 종 · 횡의 좌표축을 기반으로 키워드를 브레인스토밍으로 수집하여 이 책의 편집을 시작했다. 참가한 멤버는 환경행동연구에 축을 두고 있는 동료가 참가했고, 개개의 전문사항에 대해 수시로 집필을 의뢰하는 형식으로 편집을 진행했다. 최종적으로 수집한 키워드를 1차원 스케일의 단계마다 정리하고 나열하였다. 또한 환경행동의 사상(事象)에는 스케일과 직접 관계가 없는 것이 많아서 그것을 일괄하여 ∞스케일로 다루었다. 또한 독자의 체험을 촉진하기 위해 연습과제를 수록했다.

이렇게 성립된 이 책은 이미 서술한 것처럼 환경행동이라는 새로운 연구 분야의 목적, 방법, 이론을 키워드로 이해하는 「사전」적 성격이 되었지만 이것을 참고하여 공간디자인과 관련된 사람들이 각자의 「환경행동노트」를 기술하는데 자극제로서 작용하기를 바란다.

저 자

역자서문

우리가 살아가고 있는 현대사회는 빠르게 변화하고 있다. 과거 수 십 년 전에 변화했던 것보다 최근 몇 년 동안 더 빠르고 폭넓게 변화하고 있음을 실감한다. 사회의 변화는 건축환경에도 강한 영향을 주고 있다. 좁은 범위에서는 우리의 신체 주변에서 일어나고 있다. 이전에는 상상하지 못했던 휴대용 생활용품과 가전제품들은 우리의 생활양식을 변화시켜서 우리의 삶을 지배하기에 이르렀고, 넓은 범위에서 건축행위가 개개의 건축 규모를 넘어 대규모의 환경적 차원을 포함한 다양한 개발이 이루어지고 있다. 따라서 우리는 이전에 없던 복잡하고 다양한 공간체험을 하게 되었다. 이러한 건축적 상황은 한편으로 인간의 체험을 다양화한다는 측면에서 좋은 일이겠지만, 건축 체험의 좋고 나쁨에 대한 판단이나 고려없이 일방적으로 만들어진 건축에 의해 인간의 행위가 이끌리게 되는 점을 다시 한 번 생각해 보아야 할 것이다.

이러한 복잡한 상황에서 건축을 공부하고 현실에 적용하기란 쉽지 않다. 흔히 건축을 누적된 사고의 결과라고 한다. 아마도 지금 우리에게 필요한 것은 건축행위와 관련된 미학적 사고의 논의보다는 건축의 공간과 환경 속에서 발생하는 다양한 상황들을 현실적인 측면에서 면밀하게 검토하고 연구할 수 있는 방법과 도구가 더 절실히 필요한 것은 아닐까? 건축이론을 가르치면서 학생들이나 실무종사자들에게 변화하는 사회와 건축환경을 잘 이해하고 대응할 수 있는 교재를 고민하던 차에 이 책을 접하게 되었다. 물론 이 책이 현재의 건축상황에서 일어난 모든 문제에 대응할 수 있는 답을 제시하지 않지만, 어느 정도는 우리 주변의 환경을 이해하고 다양한 관점에서 건축과 환경을 볼 수 있는 시야를 열어줄 수 있을 것이다.

건축설계를 할 때, 그 건물이 제대로 기능하는가? 또 우리가 살고 있는 마을이나 도시가 제대로 기능하는가?에 대해 많은 고민을 하게 된다. 대부분의 경우 이것은 우리들의 경험이나 상상력에 의존하고 있다. 설계행위는 단지 역사적인 양식이나 법적인 문제 해결만으로 해결되는 것이 아님을 우리는 잘 알고 있다. 또한 현대사회에서 인간의 행동양식을 이해하고, 그것을 설계행위에 맞추기가 쉽지 않다. 이 문제는 설계행위에 필요한 다양한 관점 중에서 실제로 설계하기 위해서는 어떤 근거가 제시되어야 하는가의 문제와도 결부된다.

건축설계는 공간에 근거하여 이루어지지만, 공간에 대한 이해와 적용은 현실적인 우리의 삶을 전제로 이루어진다. 공간에서 이루어지는 인간의 행동에 대한 연구는 인지학과 심리학을 비롯하여 다양한 분야에서 급속하게 발전했다. 주변 학문분야의 발달은 건축설계를 하는데 굳건한 토대가 된다. 특히 과거와 달리 최근의 공간연구는 추상적인 사고에 머물지 않고 현실적인 공간을 다루고 있다. 즉 건축뿐만 아니라 마을과 도시와 같은 거대한 환경은 공간연구의 새로운 연구 영역이며, 우리가 사는 주거와 도시를 더 풍부하게 체험하도록 하는 밑거름을 제공하고 있다.

이 책에서도 다루고 있지만 빠르게 변화하는 사회에서도 건축공간의 근간으로서 변하지 않는 부분이 있다면 바로 '신체' 일 것이다. 가장 오래된 것이 가장 새로운 것이라는 격언을 생각해볼 때, 인간의 신체는 건축디자인을 위한 가장 중요한 도구인 셈이다. 즉 우리들은 건축을 넘어 거대한 환경을 체험하는 동안 모든 경험을 신체에 데이터화하고있다. 건축과 환경을 구축하는 것 못지 않게 중요한 것은 그것이 얼마나 잘 작동하는가? 하는 문제일 것이다. 우리가 생활하는 공간과 환경이 잘 작동하고 못하고를 아는 것은 마치 의사가 환자의 몸을 체크하고 진단하는 것과 유사하다. 건축을 공부하는 학생이나 건축과 관계된 분야에서 일하는 사람이라면 적어도 이러한 문제에 대해 한번쯤은 고민을 했으리라고 짐작한다. 이 책은 공간과 환경을 어떻게 진단할 것인지를 다양한 관점에서 다양하게 소개하고 있다.

인간이 사는 환경은 변화한다. 그렇기 때문에 무엇이, 어떻게 변화하는지를 살펴보아야 할 것이다. 그리고 이러한 변화요인들을 파악할 수 있는 시각을 기르는 것이 무엇보다도 중요하다.

이 책은 타카하시 타카시(高橋鷹志) 교수와 동료들이 쓴 책으로 원제목은 「環境行動のデタファイリ – 空間デザインのための道具箱(직역하면 '환경행동의 데이터 파일 – 공간디자인을 위한 도구')」이다. 책 내용은 대체로 일본의 공간과 환경을 대상으로 한 연구가 대다수이기 때문에 우리나라의 실정에 맞지 않는 부분도 있다. 책의 제목도 이 책에서 의도하는 바인 우리의 신체에서 시작하여 건축을 비롯한 거대한 환경까지 다루고 있어서 번역본의 제목을 「공간디자인을 위한 도구」로 고치게 되었다. 또한 책 내용과 원래 의도를 훼손하지 않는 범위에서 도판의 일부분을 우리 실정에 맞는 내용으로 수정했다.

옮긴이들은 내용을 손대지 않고 우리 실정에 맞도록 고치고자 했지만 시간과 능력의 한계를 느낀다. 어려운 가운데 이 책을 번역하고 출판할 수 있도록 해주신 기문당의 강해작 사장님께 감사를 드린다.

무엇보다도 번역의 전과정을 인도해주신 하나님께 감사드립니다.

2009년 6월

역 자

10^{∞}

$10^{4}m$

$10^{3}m$

$10m$

$10^{2}m$

$1m$

Content

1m Scale 13

· 눕다 – 눕는 모습의 다의성(多義性) 14
· 자다 – 면(眠) / 침(寢)의 다양성 16
· 기대다 – 몸을 지탱하는 환경의 자질(資質) 18
· 연습문제 – 몸의 크기를 측정해 보자 19
· 자세를 바꾸다 – 앉은 자세의 시간적 변화 20
· 손을 뻗다 – 손의 동작영역 22
· 연습문제 – 동작을 위한 건축치수를 측정해보자 23
· 쥐다 · 잡다 – 손의 기능과 파지(把持) 패턴 24
· 조작하다 – 습관적 반응행동 26
· 연습문제 – 몸의 크기를 측정해 보자 28
· 누르다 · 당기다 – 인간의 최대 발휘력 29
· 전달하다 – 언어 이외의 정보교류 30
· 길이와 형태를 알다 – 센스로서 동작 31
· 늙다 – 의사(疑似) 고령자 체험 32
· 올라타고 이동하다 – 유아(幼兒)와 개의 시각체험 33
· 두다 – 오피스 집무공간의 개인화 34
· 영역을 컨트롤하다 – 주택출입구의 디자인 35
· 수납하다 – 수납물의 위치 36
· 마음을 편안하게 하다 – 새로운 공중화장실 디자인 37

10m Scale 39

· 스케치하다 – 주택의 공간구획 기록 40
· 소유하다 – 사물에서 생활을 파악하다 41
· 일본주택의 서양화 – 방배치와 기거(起居)양식 42
· 단란 – 가족이 모이는 장면 43
· 개인 공간(personal space) – 들고 나를 수 있는 영역 44
· 가리키다 – 지시대명사 이것 · 그것 · 저것 46
· 거리 · 용적을 측정하다 – 거리감 · 용적감은 어떻게 파악할 수 있을까? 48
· 레이아웃하다 – 오피스 레이아웃으로 살펴 본 집무환경 49
· 공간을 블록으로 다룬다 – 입체적 공간설계 툴(TOOL) 50
· 오르다 – 주택보드게임 52
· 모방하여 만들다 – 메르헨건축 53
· 장식된 생물들 – 심벌건축 54
· 차고(車庫) 리서치 – 차종으로 측정하는 지역이미지 55
· 계승(繼承)하다 – 연결된 다다미방의 의미 56
· 생활의 거점을 이동하다 – 고령자의 환경이행 58
· 영역을 확정하다 – 문화에 의한 주호(住戶) 안과 밖의 경계 차이 59
· 머물다 – 독거노인이 주택에서 머무는 곳 60
· 노지(路地)로 표출하다 – 츠키시마(月島) 길 위에서 본 경계의 디자인 61
· 성장하다 – 유아의 발달과 환경과의 관계 62
· 연습문제 – 외출용 휴대품을 두는 곳을 조사해보자 63

10^2m Scale 65

· 익숙하다(안정되다) – 치매성 고령자의 친숙함을 뒷받침하는 환경요소 66
· 배우다 – 초등학교의 가능성 67
· 가깝게 사귀다 – 사람을 사귀는 넓이로 살펴본 근린환경 68
· 애착을 가지다 – 사진투영법으로 보는 개인환경을 향한 의미 부여 69
· 거주하다 – 집합주택에 거주하는 모습 70
· 유지하다 – 환경의 유지관리(maintenance) · 커스터마이저(customize) 72
· 참가하다 – 코퍼레이티브 주택에서 본 거주자참가에 의한 환경구축 74
· 영역을 나누다 – 거주자의 생활을 지원하는 시설의 영역구조 75
· 타인의 눈을 주의하다 – 행동하기 쉽게 만드는 환경 76
· 활동이 공존하다 – 다양한 활동을 포함한 공원환경 77
· 기다리다 – 병원 외래 대기공간의 스테레오타입 78
· 거리에서 놀다 – 3세대 놀이터 맵 79
· 바닥을 밝히다 – 항공유도등의 야경 80
· 나누지 않다 – 센다이 미디어테크의 시설계획 81
· 에워싸다 – 길 폭(D)과 건물높이(H)의 관계 D/H 82
· 그림책으로 이해하다 – 「작은 집 이야기」의 환경이행(環境移行) 83
· 머무는 방식 – 사람이 머무는 장면에 포함된 것 또는 환경으로서의 타인(他者) 84
· 거리형 건물을 읽다 – 표층의 구조 86
· 도시에 머물다 – 중국에서 도시에 정주하는 프로세스 87
· 이웃으로 집을 열다 – 공유영역론 88
· 연습문제 – 공간의 가격을 조사해보자 90
· 연습문제 – 근린환경을 체험해보자 91

10^3m Scale 93

· 장애인의 눈으로 보기 – 가로(街路)의 배리어프리(barrier free) 94
· 재생하다 – 변환(Conversion) 96
· 지속하다 – 환경문제에 대한 대책 98
· 우리나라에 광장은 있는가? – 생활이 형태를 만든 도시시설 99
· 모여 살다 – 가옥배치와 집락경관 100
· 길을 헤매다 · 찾다 – wayfinding연구 102
· 만남 1 – 마을의 길 구성과 사람들과의 만남 104
· 만남 2 – 마을의 길 구성과 사람들과의 만남 106
· 차와 공존하기 – 자동차 문제 107
· 연습문제 – 스케치 맵 1 108
· 연습문제 – 스케치 맵 2 109
· 질서를 주다 – 디자인코드 110
· 양육하다 – 주(住)환경의 특성을 활용한 어린이의 거처 112
· 행동하다 – 도시로 확장된 생활장소 114
· 듣다 – 소리의 풍경 116
· 연습문제 – 지도를 비교해보자 118

10^4m Scale 121

· 모으다 – 같은 사물에서 떠올릴 수 있는 지역과 시대 122
· 반전(反轉)하다 – 도시의 그림과 배경 123
· 소란스러움을 피하다 – 아무도 없는 도쿄 사진 124
· 계속 촬영하다 – 정점(定點) 관찰 125
· 머무는 장소 만들기 – 장소를 커스터마이저(customize)하다 126
· 친숙해지다 – 파사드의 다양성과 통일성 127
· 강변을 따라가다 – 강변을 걸을 수 있는 상황(可步狀況) · 하천보행의 저해 요인 128
· 표시하다 – 도쿄타워를 볼 수 있는 장소 129
· 관계성 속에서 살다 – 시간지리학(時間地理學) 130
· 재해를 준비하다 – 재해(災害)예측도 (하자드 맵 / hazard map) 131
· 출몰하다 – 비일상(非日常)의 지도(地圖) 132
· 각각 잘라서 분류하다 – 메시맵에 의한 도쿄의 분석 133
· 부감(俯瞰)하다 – 내려다 본 시점의 세계 134
· 비교하다 – 서로 겹쳐서 생각하다 135
· 안내받다 – 타인(他者)의 시점에서 본 환경 136
· 노래하다 – 교가(校歌)에 불리는 지명(地名) 137
· 찾아서 도착하다 – 자동차 랠리의 코마 맵 138
· 돌아다니다 – 도쿄 명소(名所) 보드게임 139
· 달리다 – 42.195km로 도시를 측정하다 140
· 안내하다 – 가상(假想) 관광가이드 141
· 멀리 바라보다 – 도시의 축선(軸線)에 몸을 두다 142
· 조망을 보전하다 – 조망역(眺望域)에 의한 디자인 143
· 밀집하다 – 대도시권의 넓이 144
· 축소하다 – 축소된 세계 145
· 주행하다 – 고속도로에서 본 조망 146
· 환경의 부하(負荷)를 확인하다 – 환경캘린더 147
· 방위를 세우다 – 가상학(家相學) · 풍수(風水) 148
· 사상을 도식화하다 – 고대(古代)의 세계관 149
· 연습문제 – 연하장을 나열해 보자 150
· 연습문제 – 마을의 표시판을 찾아보자 151

10^{∞}m Scale 153

· 줌zoom하다 – POWERS OF TEN이 나타내는 극대 · 극소 세계 154
· 놀다 – 놀이공간으로서 인터렉티브 타운 155
· 연결하다 – 네이처 네트워크(Nature Network) 「올카 라이브(orca live)」 156
· 잠입하다 – 영화 「마이크로 결사대」와 체내 정보의 가시화 157
· 모작模作(pastiche)하다 – 영화 「블레이드 러너」가 그린 미래도시 157
· 브라우즈하다 – 신사이즈(Scensize) 체감의 모델화 158
· 머물다 – 거미 둥지의 구조에서 작은 다이내미즘을 이해하다 160
· 침입하다 – 컴퓨터 바이러스의 현상(現狀) 161
· 움직이다 – E. 므이브리지가 촬영한 신체의 궤적 162
· 이벤트하다 – 베르나르 츄미의 '맨해튼 트랜스크립' 163
· 협동작업하다 – 건축디자인에 응용한 VR 「Green Space 2」 164
· 표상(表象)하다 – 라스베이거스를 무대로 한 도시 분석 165
· 분산하다 – 분산형 네트워킹 SETI@home 166
· 조망하다 – 은하계 지도 167
· 달이 차다 – 달이 차고 지는 것을 볼 수 있는 캘린더 167
· 역사공간을 여행하다 – 「크로노스 시스템 – Cronos System」 168
· 연습문제 – 전파의 범위를 조사하다 169

1m

1m의 스케일은 신체의 형상과 동작의 특징, 신체와 직접 닿는 조작도구 및 개구부 등의 건축요소, 책상 주변과 화장실 부스 등의 개인공간을 다룬다. 이 스케일에서는 환경의 일부인 자기 자신을 알고, 더 나아가 실제로 신체를 통해 알게 된 주변환경의 인식을 목표로 한다.

우선 인간의 생활자세에 대해 생각해보자. 자세의 양태는 생리적 의미만이 아니고, 문화적 의미에 대한 고찰이 필요하다(「눕다」, 「자다」). 또한 자세를 성립시키는 주변 물체에 눈을 돌리면 물체 형상의 작용이 보이게 된다(「기대다」). 또한 자신의 신체치수를 알고 '나'라는 물리적 환경을 이해할 수 있다(「몸의 크기를 측정해보자」).

다음으로 인간의 운동을 생각해 본다. 인간은 한 곳에서 앉아 있는 경우에도 미묘하게 자세를 바꾼다(「자세를 바꾸다」). 또한 손이 닿는 범위를 알고 행동할 수 있는 간격공간을 측정하여 신체의 움직임 크기를 이해할 수 있다(「손을 뻗다」, 「동작을 위해 건축치수를 측정해보자」).

한편, 인류의 손은 다른 포유동물과 비교하여 두드러지게 발달했기 때문에 다양한 능력을 갖추고 있다. 도구를 쥐는 법과 잡는 법에는 14종류의 변화가 있다(「쥐다」, 「잡다」). 또한 레버를 조작하는 방향은 많은 사람들이 공통적으로 일정한 경향이 있고, 이것은 가스레버와 도어핸들, 몸 주변의 도구에서 체험할 수 있다(「조작하다」, 「움직이기 전에 생각해보자」). 이 외에도 누르거나 당기는 힘은 신체의 각 방향에 균등하게 확장되지 않는 것(「누르다 · 당기다」), 손은 비언어적 커뮤니케이션 수단으로 다양한 표정, 표현력을 가지며(「전달하다」), 물체의 형상은 시각과 촉각 이외에 손으로 움직이는 동작으로 지각할 수 있는 것(「길이와 형태를 알다」)은 손의 다양한 작용에 대해 생각하는 계기를 준다.

마지막으로 다른 사람이 느끼는 세계를 유사한 방식으로 체험하는 방법(「늙다」, 「올라타고서 이동하다」), 자신의 영역을 형성 · 조정하는 방법(「두다」, 「영역을 컨트롤하다」), 신체의 크기와 형상으로 수납할 수 있는 위치가 신체 주변에 어떻게 분포하는가(「수납하다」), 화장실 공간 이용자의 마음을 편안하도록 만드는 계기(「마음을 편안하게 하다」)에 대해 소개한다.

이상으로 무의식적으로 행동하고 있는 우리들의 신체 주변 환경과 문화의 다양한 의미를 인식하는데 도움 주는 것을 의도했다.

1m | 눕다

눕는 모습의 다의성(多義性)

「눕다」, 「옆으로 눕다」, 「옆으로 엎드리다」, 「자면서 눕다」의 원래 뜻을 살펴볼 때, 「눕다」는 인간만이 하는 행위는 아니다. 소나무 가지와 구름의 모양, 차의 바퀴자국, 앞길에 드리운 위험 등 다양한 종류의 「사물」이 눕는다. 물론 네 발 달린 동물도 눕는다. 그러나 인간의 몸만큼 「눕다」의 의미가 극적으로 명시되는 경우는 적다.

오랜 진화의 과정을 거쳐 똑바로 서거나 직립보행을 하게 된 인류는 그 형태에서도 다른 포유동물 외의 여러 동물과 두드러지게 차이나는 자세에 도달했다. 똑바로 선 인체는 정면에서 3.5 : 1(175×50cm), 측면은 5 : 1(175×20cm)의 높이와 폭 비례를 유지하면서 포유류라기보다 위로 뻗는 식물에 가깝다. 이 정도는 아니지만 인공물로서 「탑」에 가깝다. 탑도 인간과 마찬가지로 땅딸막한 형, 가는 형처럼 비례는 각양각색이다. 탑은 우연히 완성된 것이 아니고 인간이 자신 몸의 암유(暗喩)로 자각하여 만들었다고 볼 수 있다. 즉 선 자리와 누운 자리는 눈으로 볼 때 극적으로 달라진다. 누운 자리는 자는 자세(활력회복을 위한 형태)이면서 동시에 죽음의 자세이기도 하다. 다른 생물과 달리 죽음이라는 것을 자각적으로 인식하는(그렇다고 생각할 수 있다) 인간에게 「눕다」는 생(生)과 사(死)라는 서로 모순된 의미를 갖는다.

◈ 눕는 자세의 여러 모습

- **자다** : 몸을 옆으로 누이다.
- **누이다** : 옆으로 누워 잠든 상태가 되다.
- **드러눕다** : 벌렁 눕다.
- **엎드려 눕다** : 배를 바닥에 깔고 누워 몸을 펴다.
- **눕다** : 수평으로 엎드리다.
- **길게 눕다** : 수평으로 눕다.
- **엎드리다** : 몸을 옆으로 하여 엎드려 눕다.
- **횡와(橫臥)** : 옆으로 눕다.
- **모로 눕다** : 모로 누워 자는 것. 누군가의 곁에 자는 것.
- **엎드려 자다** : 엎드려 자는 것.
- **반듯이 자다** : 반듯하게 누워 자는 것.
- **뒤척이다** : 자면서 자세를 바꾸다.
- **전전(輾転)하다** : 몇 번이고 잠자리에서 뒤척이는 것.

상(床) 위에 옆으로 누워서 담소
그림 1. 교토 카모가와베리의 상(床)

오른손에 잔, 왼손에 음식을 쥐고 누워있는 모습
그림 2. 주연(酒宴)의 남자 「모사자의 묘」 벽화 부분(B.C.6세기말)

그리스도시대 중 · 상류계급의 옆으로 누운 식사 풍경
그림 3. 최후의 만찬(1633년경)

「오늘은 너무 많이 일했기 때문에 이제 눕고 싶다」라는 생(生, 신진대사)에 대한 지향이 있는 반면, 「이 세상에서 절망했기 때문에 영원히 눕고 싶다」라는 죽음에 대한 생각도 있고, 게다가 「아침이 되면 차갑게 누워있다」, 「오랜 투병생활 끝에 드디어 호흡이 멈추었다」라는 본인과 주변의 의지와 관계없이 돌연 부조리한 상황도 「눕다」의 장면이 된다. 「눕다」는 세 가지 의미가 있다. 새롭고(또는 돗자리 교체를 한) 깨끗한 돗자리 위, 바다에서 올라와 건조한 모래언덕 위, 노천 욕탕에 잠겨 대(大)자로 「누울」 때의 상쾌함에 대해 이견을 품는 사람은 없을 것이다. 로마시대의 연회는 모두 「누워」 술을 서로 교환했다고 한다.

또한 죽음에 이르지 않아도 잘 때 악몽을 꿈꿀 때, 「눕다」에 의해 인간은 생과 사, 쾌와 불쾌(불안)의 양극을 체험한다. 모순으로 가득 찬 인생의 축소판이라 할 수 있는 모습이며 자세이다.

이탈리아 시칠리아 섬의 팔레르모에 있는 카타쿰은 의복을 입은 미라가 선 자세와 누운 자세로 벽 속으로 들어가 있으며 우리들에게 「눕다」라는 의미를 엄격하게 묻고 있다. 「누워서」 죽은 모습은 그림에서도 후세에 전해진다. 열반도는 석가의 임종의 정경이 주제이기 때문에 음력 2월 15일에 이루어진 입멸(入滅)을 추도하여 이루어진 열반회의 본존으로 사용되었다. 수직으로 뻗은 나무(기둥)이 졸탑파(공양탑)를 상징한다.

◈ **탑 · 기둥의 여러 가지 모습**

· **탑 · 졸탑파** : 불사리를 안치하는 탑. 공양을 위해 무덤처럼 세운 탑모양의 세장한 판.

· **기둥(柱)** : 신체(神體), 유골 등을 헤아리는 말. 의지가 되는 사람, 사물. 大黒柱.

✔ 관련항목체크!

「자다」	⇨	p16
「기대다」	⇨	p18
「자세를 바꾸다」	⇨	p20

도판출전

그림.1 大塚タカシ氏 提供
그림.2『世界美術全集』(普及版) 第6卷 No.58, 平凡社, 1956.
그림.3 1633년경, 영국
그림.5 토후쿠지 소장

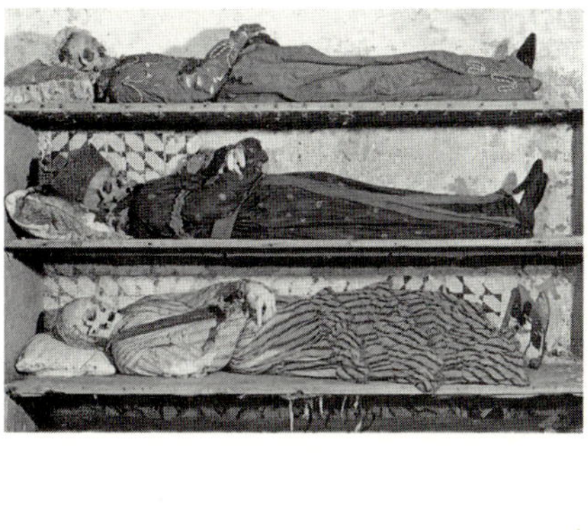

그림 4. 카타쿰의 내부(위쪽)
누운 마리아(왼쪽)
(팔레르모, 시칠리아, 이탈리아)

사라쌍수(娑羅雙樹) 아래 석존입멸(釋尊入滅)의 그림
그림 5. 열반상-토후쿠지

1m | 자다

면(眠) / 침(寢)의 다양성

「졸다」, 「자다」는 면(眠), 침(寢)이라는 문자에 해당한다. 원래 뜻을 살펴보면, 면(眠)은 바늘로 눈을 찔러 눈이 멀게 된 모양으로서 우리들이 「졸고 있을」 때의 눈을 닫은 상태이다. 침(寢)은 집안의 방과 악몽에 시달리며 누워있다는 두 가지 의미가 있다. 일반적으로 「졸다眠」는 눈을 감고 휴식하는 상태로서 몸이 누워있다고 단정할 수 없다. 한편 「자다寢」는 아무것도 하지 않고 누워있는 것, 엎드려 있는 것을 의미하지만 두 가지는 거의 구별 없이 사용되고 있다.

「졸다」는 일반적으로 「심신의 활동이 멈추고 약간 무의식적인 수면의 상태가 되는 것, 수동적인 심신의 휴식시간을 의미한다」라고 정의하고 있다. 그러나 「졸다」에 관계된 단어 종류는 아주 많다. 「졸다」에는 살아있는 시간의 1/3을 소비하는 「수면」 이외의 상태가 있다고 생각할 수 있다. 게다가 몸은 움직이지 않고 뇌파와 안구운동은 각성(覺醒) 때와 같이 작동하는 「선잠이 든 상태(꿈을 발생시키는 시기)」와 같은 렘수면이 발견되어 「수면」의 해석은 더욱 확장되었다. 수면은 「각성 때와 다른 형태로 조직화된 하나의 활동양태이다」.

◈ 수면의 여러 가지 모습

수면 : 심신의 활동을 멈추고 무의식 상태가 되는 것.

- **자다** : 죽다. 사망하다
- **백하야선(白河夜船)** : 숙면해서 아무 것도 알아채지 못하는 것. 교토에 놀러간 척 했던 사람이 백하에 대해 질문을 받았을 때, 하천의 이름이라 생각하고 밤배로 건너다녀서 모른다고 답했다는 일화 때문이다.
- **혼수상태** : 전후를 알지 못하고 잠들어 버리는 것.
- 게을러서 잠드는 것.
- 잠든 척 하는 것.
- 자기도 모르게 잠드는 것.
- 아주 잠깐 잠자는 것.
- 침대에 들어가지 않고 옷 입은 채로 꾸벅꾸벅 자는 것.
- 앉은 채 무의식적으로 자는 것.
- 선잠 자는 것.

웅크리고 자는 모습

그림 1. 티벳운반인의 자는 방식

기다리는 하인의 원숭이 잠

그림 2. 원숭이 잠

방목지에 사는 목동들은 추위 때문에 몸을 웅크리고 잔다.

그림 3. 그리스 목동이 자는 방식

서양인의 몸을 틀고 자는 모습

그림 4. 자는 모습(밤의 판토마임)

또한 보통 깨어 있을 때에도 「졸기」가 빈번히 나타났다. 「졸기」는 무의식으로 잠들게 되는 행위라고 정의되지만 자신이 맘에 들지 않는 불쾌한 외적 자극을 차단하는 행위이기도 하다. 몸 주변에 벽을 세우는 대신 「조는」 것이다. 극단적인 경우 「눈을 감는」 것만으로 불쾌하게 보이는 대상에서 벗어날 수 있다. 「졸다眠」는 건축(방)을 대신하는 양태이기도 하다.

한편 「졸다」의 양태도 아주 다양하다. 군인이 행군중이거나 말 위에서 조는 경우도 있고, 「양처럼 눈을 뜬 채 잘 수 있다고 장담하는 사람도 있다」고 해서 놀라기도 한다. 「존다」의 장(場)이 마련된 것도 다양하다. 게다가 문화적으로 어느 정도 동일한 경향을 나타내는 경우도 있다. 주거와 마찬가지로 잠(眠, 寢) 문화의 양태도 문화적으로 규정될 수 있을 것이다.

◈ 취침의 여러 모습

- **취침** : 자기 위해 잠자리에 드는 것.
- **자다** : 잠자리에 눕는다.
- **드러눕다** : 잠자리에 들다.
- **붙어자기** : 사람에게 바짝 붙어 자는 것.
- **쓰러져 자기** : 옷 입은 채 아무데서나 쓰러져 자는 것.
- 아주 많은 사람들이 이리저리 섞여 자는 것
- 쓸쓸하게 자는 것.
- 아무런 걱정 없이 안심하고 자는 것.
- 다른 사람의 무릎을 베고 자는 것.
- 머리를 북쪽으로 향하고 자는 것.
- (풀을 베개로 하여) 여행중의 잠. 마음이 편하지 못한 여행
- 선박 안에서 잠. 상황이 바뀌어서 편안하지 않은 것.
- 밤마다 다른 숙소에서 자는 것, 새나 물고기가 물에 뜬 채로 자는 것.

침대 상부와 측면을 덮은 직물. 그림은 19세기 초 쉐라톤이 만든 천개(天蓋) 침대
그림 5. 침대커버

온돌방에서는 방 한가운데 가구를 두지 않고, 이불도 얇다.
그림 6. 온돌과 이불

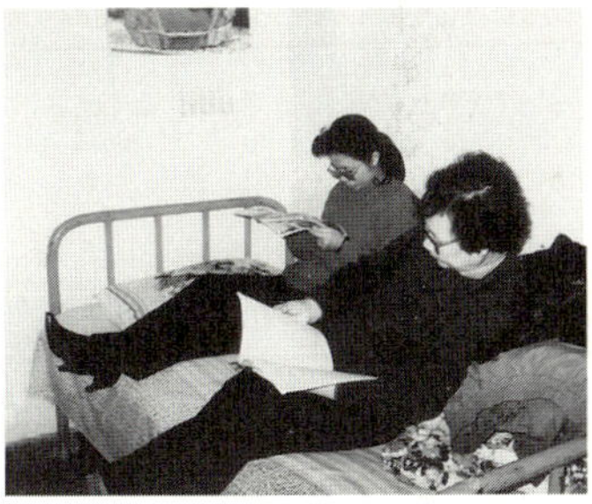

구들의 현대적 이행으로서 침대는 접객, 시간을 보내는 장(場)으로 변했다.
그림 7. 바닥과 의자로서 침대

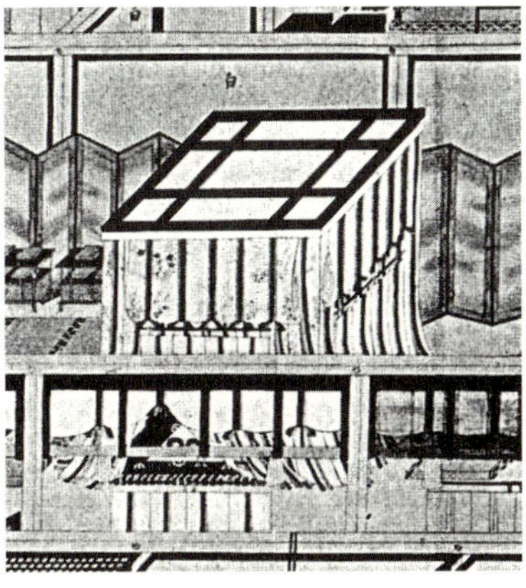

침전(寢殿)에 만든 침상, 일본의 천개형 침소
그림 8. 장대

✔ 관련항목체크!

「눕다」 ⇨ p14

촬영자

그림.6 三沢博昭

도판출전

그림.1 H.R.H. Prince Peter of Greece and Denmark, "Peculiar Sleeping Posture of the Tibetans", in Man, October, 1953.
그림.2 渋沢敬三編著 『日本常民生活繪引1』 角川書店より「春日權現驗記繪」
그림.3 野村雅一『NHKブックス429 しぐさの世界 身体表現の民族學』日本放送出版協會, 1983.
그림.4 사뮤엘 켄트의 그림
그림.5 M.M. Pegler 저 『The Dictionary of Interior Design』 Arthur Barker, 1990. 그림.8『類種雜要抄』より『寢殿鋪設』

1m | 기대다

몸을 지탱하는 환경의 자질(資質)

그림 1은 반달곰이 수조 옆에 기대어 휴식하는 풍경이다. 육상동물을 생각할 때, 자신의 주변에 있는 물체를 의식하거나 무의식하는 상태에서 신체를 지지하는데 이용한다. 이때 이러한 물체는 그 때마다 다양한 자세를 뒷받침하는 장치로 작용한다. 때로 그것은 설계자가 예기치 못했던 이용방식이 발생하게 된다. 이처럼 이용자에게 발견되는 환경의 자질, 정보(행위의 가능성)를 J · J · 깁슨은 어포던스라고 했다.

이러한 시점에서 인간이 신체를 지지할 수 있는 가능성을 어떠한 환경에서 발견하는지를 관찰해보면, 다양한 것이 작용하고 있음을 알게 된다. 예를 들어 옥외공간에서 기대는 자세를 어포드하는 것은 수직벽에 한정된 것만이 아니다. 그림 1, 2처럼 다양한 물체가 있다. 환경이 다양하게 기대는 자세를 발생시킨다. 이러한 신체 주변에 있는 환경의 형상과 그것에 의해 성립하는 자세의 관계는 불결해도 상관없는 의복을 입었는지 아닌지, 많은 사람이 주목하고 있는지 아닌지 등의 장면에 따라 다르지만 신체 각 부위의 크기에 대응된 물체의 형상, 치수로 결정되는 경우가 크다.

✔ 관련항목체크!

「눕다」 ⇨ p14

「길이와 형태를 알다」 ⇨ p31

참고문헌

渡辺秀俊 外 2人「人間-環境系における着座姿勢の働きに関する研究(その2)外部空間における休息姿勢」日本建築學會大會. 1996.

高橋鷹志ほか編『シリーズ〈人間と建築〉1 環境と空間』朝倉書店, 1997.

日本建築學會 編『人間環境學』朝倉書店. 1997.

그림 1. 수조 모서리에 기대앉은 반달곰

그림 2. 지하철 계단 손잡이에 걸터앉은 사람

그림 3. 지하광장 난간에 등을 기댄 사람들

그림 4. 다리난간에 배를 기댄 사람

그림 5. 차량정지물에 걸터앉은 사람들

그림 6. 미술관 경사벽에 기댄 사람들

연습문제

의복에도 사이즈가 있듯이 책장과 의자, 책상 등의 신체 주변 가구에도 각각 사람에게 적합하고 사용하기 쉬운 사이즈가 있다. 자기 몸의 크기와 자신에게 적합한 가구치수를 조사해보자. 인체치수 중에는 신장으로 환산하는 약산식이 제안되는 부위가 있다. 신체에 접한 사물과 가구 및 공간을 설계할 때 자주 참고가 되는 아래의 부위에 대해 자신의 실제치수와 약산식으로 산출치를 비교해보자.

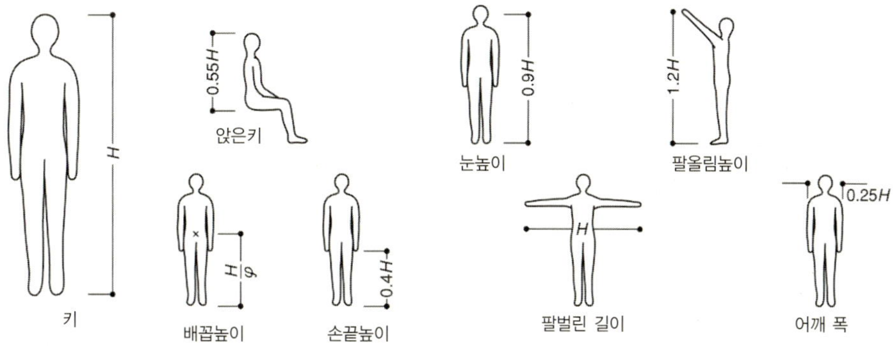

〈실측부위〉	〈해 설〉	〈실측치〉	〈산출치〉
1) 신장	(산출지의 기준)	(　　cm)	
2) 앉은키	(차척(差尺)[*1] 산출의 기준)	(　　cm)	(H×0.55=　　cm)
3) 눈높이	(선 위치에서 시선의 기준)	(　　cm)	(H×0.9=　　cm)
4) 손을 올린 높이	(책꽂이 하단상한의 기준)	(　　cm)	(H×1.2=　　cm)
5) 내린 손끝 길이	(장갑의 길이 기준)	(　　cm)	(H×0.4=　　cm)
6) 팔을 벌린 길이		(　　cm)	(H×1.0=　　cm)
7) 어깨 폭		(　　cm)	(H×0.25=　　cm)
8) 배꼽 높이	(배꼽의 높이, 중심의 기준)	(　　cm)	(H×1/φ[*2] =　　cm)
9) 다리 높이	(사무용 의자의 앉은 바닥 높이기준)	(　　cm)	(H×0.25=　　cm)

*1　차척(差尺)=책상높이－앉은 높이=앉은키×1/3－1cm

*2　$\varphi = \dfrac{1+\sqrt{5}}{2}$ = 황금비

이 연습으로 이것을 알 수 있다

1) 자신의 신체 크기에 맞는 책상면적, 의자의 높이(책상높이=앉은 높이+차척)
2) 자신의 손이 닿는 책상높이의 한계
3) 약산식으로 구한 치수는 실제치수와 얼마만큼 일치하는가?

1m 자세를 바꾸다

앉은 자세의 시간적 변화

사람은 앉아 있으면서도 자세를 다양하게 바꾼다. 몇 시간이나 같은 자세로 앉아 있는 사람은 없다고 볼 때, 일정한 휴식자세가 있다기보다 오히려 자세를 바꾸는 과정 자체에 휴식의 의미가 있다고 생각할 수 있다. 선 자세에도 시간간격을 두고 좌우의 다리를 서로 중심이동하여 바꾸는 것은 일상적으로 체험하고 있다. 그렇다면 왜 인간은 휴식하는 자세를 바꾸는 것일까? 생리학적으로 몇 가지를 설명할 수 있다. 첫 번째는 근육피로 부위의 교체를 위한 자세변화이다. 어떤 휴식자세를 유지하는데 사용된 근육이 피로하다면, 인간은 다른 자세로 바꾸어 그때까지 사용했던 근육을 쉬게 하고 다른 근육을 사용한다. 두 번째 압박 부위의 교체를 위한 변화이다. 신체의 지지점이 되는 피하조직은 긴 시간 동안 압박을 받으면 혈액순환 장애와 신경마비를 일으킨다. 통증과 저림이 심해지기 전에 인간은 자세를 바꾸어 지지점을 다른 곳으로 옮긴다. 세 번째는 혈액순환계기관의 부하를 들기 위한 변화이다. 심장을 중심으로 신체가 중력방향으로 좁은 범위에 있는 편이 혈액을 순환시키는 심장에 부하가 적다. 즉 선 자세, 의자에 앉은 자세, 바닥에 앉은 자세 순으로 부담은 줄어들게 된다. 네 번째는 정맥의 근육펌프작용을 위한 변화이다. 정맥의 내벽에는 심장으로 돌아가는 혈액의 역류를 방지하는 판이 여러 곳에 붙어 있다. 이 때문에 근육운동에 의해 정맥이 압박되면 정맥 자체가 펌프작용을 한다. 계속 동일한 자세로 서있기보다 어정어

영향요인			상체	엉덩이	다리
의자종류	극장 의자	3.17	0.58	2.24	25
	전철 의자	3.15	3.00	4.18	69

* ▒ 은 5% 유의수준의 차(差)가 있음을 나타낸다

그림 1. 1시간당 자세의 평균변화 횟수

* ▭ 는 10초 후에도 자세가 변하지 않는 확률

시점n+1 / 시점n			엉덩이	앞쪽부분						뒤쪽부분						샘필수
			상체	앞으로 숙임			뒤로 기댐			앞으로 숙임			뒤로 기댐			
			다리	다리꼬기	다리펴기	구부림	다리꼬기	다리펴기	구부림	다리꼬기	다리펴기	구부림	다리꼬기	다리펴기	구부림	
엉덩이	상체	다리														
앞쪽 부분	앞으로 숙임	다리꼬기		0.97692	0	0	0	0	0	0	0	0	0.01538	0	0.00769	130
		다리펴기		0	0	0	0	0	0	0	0	0	0	0	0	0
		구부림		0.0026	0	0.94026	0	0.0026	0.03117	0	0	0.00519	0	0	0.01818	385
	뒤로 기댐	다리꼬기		0	0	0.00133	0.98133	0	0.01467	0	0	0	0	0	0.00267	750
		다리펴기		0	0	0	0.05556	0.88889	0	0	0	0	0.05556	0	0	18
		구부림		0	0	0.01027	0.00856	0.00086	0.97089	0	0	0	0	0	0.00942	1,168
뒤쪽 부분	앞으로 숙임	다리꼬기		0	0	0	0	0	0.00193	0.95183	0	0.00963	0.03468	0	0.00193	519
		다리펴기		0	0	0	0	0	0	0.01545	0.94923	0.00662	0	0.0287	0	453
		구부림		0	0	0.00142	0	0	0.00095	0.00142	0.00237	0.95412	0.00047	0.00047	0.03879	2,114
	뒤로 기댐	다리꼬기		0.0002	0	0	0.00041	0	0	0.00244	0.0002	0.00041	0.98656	0.00204	0.00774	4,911
		다리펴기		0	0	0	0	0	0	0	0.00631	0.00097	0.00437	0.97428	0.01407	2,061
		구부림		0	0	0.00036	0.00005	0	0.00047	0.00016	0.00021	0.0042	0.00197	0.0015	0.99108	19,276
샘필수				129	0	385	750	18	1,169	519	453	2,112	4,914	2,061	19,275	31,785

* 세로축은 현재의 자세, 가로축은 10초 후의 자세를 나타낸다. 수치는 현재 자세에서 10초 후에 각각의 자세로 변화하는 확률을 나타내었다. 예를 들면 「엉덩이가 의자의 앞쪽 언저리」이면서 「상체가 앞으로 기울기」이고 「다리를 수직으로 내린」 자세가 10초 후에 「상체가 뒤로 기울게」되는 (등도 늘어뜨리며 기댄다) 자세로 변하는 확률은 약 3.1%임을 알 수 있다.

그림 2. 극장의자에 앉은 자세의 변이 확률

◈ 자세

인간공학에서는 자세를 「신체 각 부위의 상대적인 위치관계 및 3차원 공간에서 체위(體位)의 총칭」이라고 정의하고 있다. 자세는 보행과 같이 시간변화를 수반하는 「동적 자세」와 시간에 따르지 않는 일정한 「정적 자세」로 크게 구별되며, 다시 정적(靜的) 자세는 「선 자세」, 「앉은 자세」, 「누운 자세」로 분류할 수 있다. 환경디자인의 입장에서는 각각의 자세를 성립시키는 환경의 양태와 문화적 차이에 흥미를 주목하고 있다.

◈ 앉은 자리의 자세

의자에 앉은 자세는 발을 두는 곳이 불안정하지만, 정좌(正座)는 발을 허리 밑으로 접는 자세이며 자세의 움직임도 적다. 또한 정좌(正座)는 척주가 S자형이 되며 상체는 안정된 자세이지만, 하체의 대퇴부가 압박을 받아서 혈액순환 장애가 발생하여 자세를 장시간 지속하기 어렵다. 야나기타 쿠니오(柳田國男)에 의하면, 정좌의 계통(系統)은 계단 앞에서 귀인에게 배궤(拜跪)하는 궤좌(跪座)자세에서 유래했다고 한다. 궤좌자세는 허리를 발 안쪽으로 안정시킨 무릎을 꿇은 자세와 다리, 발바닥을 세워 발꿈치 위에 허리를 올려 꿇어앉는 자세이다. 야나기타는 가정에서 손님을 맞이하면서, 이 궤좌가 무너져서 무릎 꿇는 자세가 되었다고 적고 있다. 이리사와 타츠키치(入澤達吉)도 정좌(正座)의 기원은

정 걷는 쪽이 편안하게 느껴지는 것은 이 때문이다. 긴 시간 앉아 있는 것을 전제로 디자인된 극장의자나 전철 좌석에서도 사람들은 그 자세를 다양하게 변화시켜 신체의 지지점을 바꾼다. 조사에 의하면 극장의자와 전철좌석에는 한 시간당 자세변화횟수도 다름을 알 수 있다. 신체가 움직이는 방식은 다양한 요인이 관계한다. 그림 1, 그림 3을 보면 자세변화횟수의 차이에는 적어도 극장이나 전철에서 좌석의 종류, 바지 또는 기모노의 복장, 옆자리에 사람이 있는가 없는가라는 옆자리의 상황, 통로쪽 자리인가 안쪽 자리인가의 공간상황이 수치의 차이에 영향을 준다고 할 수 있다. 그림 2는 극장의자에 앉은 관객 25명의 자세를 합하여 88시간 관찰한 결과이며, 어떤 자세에서 어떤 자세로 변화하는지를 변이확률 행렬로 나타내었다. 또한 그림 4는 자세변화의 모습을 그린 것이며, 그림 5는 발생하는 빈도가 높은 자세변이의 평균시간을 나타낸 것이다. 이것을 보면, 극장의자에서 몇 십 분간이나 같은 자세로 있다고 상상되지만, 실제로 짧은 경우는 평균 6.4분 뒤에 다른 자세로 변이함을 알 수 있다. 의자라는 몸 주변의 환경을 다루어보더라도 환경과 자세의 변화라는 인간행동의 상호의존적 관계는 시간과 함께 변화함을 알 수 있다.

영향요인		상체	엉덩이	다리	인원수
성별	남성	3.16	1.30	6.01	4
	여성	3.17	0.44	1.53	21
복장	바지	2.56	0.98	4.46	6
	스커트	3.56	0.45	1.71	16
	스커트	3.56	0.45	1.71	16
	기모노	2.28	0.45	0.66	3
	기모노	2.28	0.45	0.66	3
	바지	2.56	0.98	4.46	6
인접좌석 상황	양 · 한쪽 부재	3.66	0.60	2.59	19
	양쪽 있음	1.62	0.50	1.16	6
공간상황	통로쪽	4.33	0.77	3.54	12
	안쪽	2.10	0.40	1.05	13

* [음영] 은 5% 유의수준의 차(差)가 있음을 나타낸다.

그림 3. 극장의자에서 자세변화 횟수와 영향요인

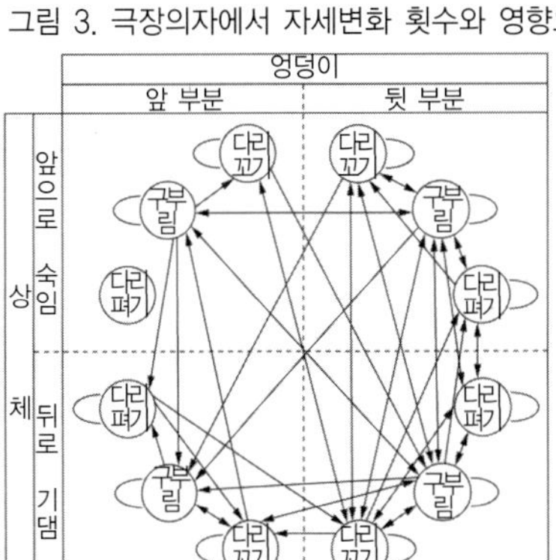

그림 4. 극장의자에서의 자세변이도

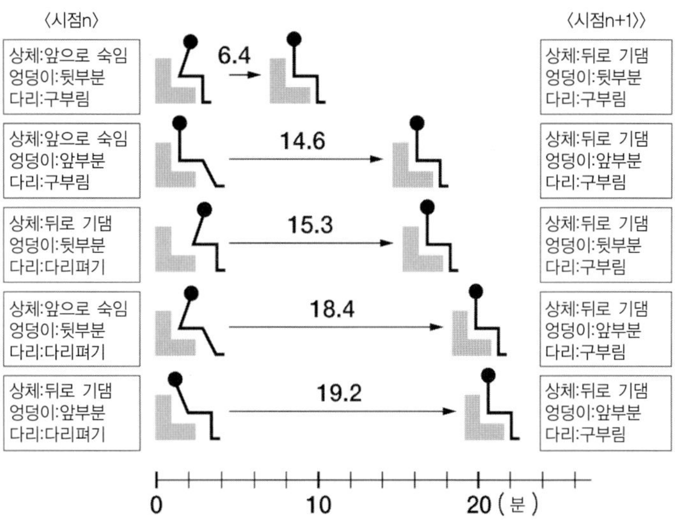

그림 5. 극장의자에서 자세변이의 평균시간

그다지 오래되지 않고, 에도시대부터 일상적인 좌법(坐法)으로 일반화되었다고 한다.

◈ 변이확률행렬

어떤 시점의 상태가 다음 시점에서 어떤 상태로 변하는가의 확률을 행렬로 표시한 것. 그림 2처럼 현시점에서 상태가 한 단계 이전의 시점에서 상태에 의존하는 성질이 있는 시계열 현상을 기술하는 모델을 마르코프연쇄라고 한다.

✔관련항목체크!

「눕다」 ⇨ p16

도판출전

모든 도판

高橋鷹志ほか編『シリーズ〈人間と建築〉1 環境と空間』朝倉書店, 1997.

참고 문헌

森村英典, 高橋幸雄『マルコフ解析』日科技連, 1979.

渡辺秀俊 外 2人「着座場面における姿勢の経時的變化－人間－環境系における着座姿勢の動態に関する研究(第1報)」日本建築學會計劃系論文報告集 第474号.

日本建築學會編『人間環境學』朝倉書店, 1998.

入澤達吉『日本人の坐り方に就いて』克誠堂書店, 1922.

多田道太郎『しぐさの日本文化』角川書店, 1978.

1m 손을 뻗다

손의 동작영역

「부엌의 싱크대 앞에 선 자세에서 몸 앞의 내민창에 손이 닿지 않는다」라거나 「책상 앞에 앉은 자세로 그 앞에 있는 책장에 손을 닿을 수 없다」라는 설계의 잘못과 사용방식의 잘못은 일상적으로 자주 볼 수 있다. 이러한 조작도구와 손으로 다루는 수납물의 위치를 적절하게 설계하기 위한 기초자료로서 아래 그림처럼 손의 동작영역을 나타낸 자료가 있다.

그림 1은 선자세로 손이 닿는 범위를 3방향에서 그린 것이며, 그림 2는 의자에 앉은 자세에서 손이 닿는 책상 위의 범위를 그린 것이다. 책상 위에서 신체의 정면 방향에 손을 뻗어 닿는 한계의 깊이는 80cm 정도이다. 사무용 책상의 JIS규격에서 책상의 깊이치수는 이러한 자료를 근거로 60cm와 80cm의 2종류가 결정된다.

눈에 보이지 않지만 신체 주변에는 자신의 손이 닿는 범위가 존재한다. 이것은 일종의 「조작 가능한 자아영역」이며 개인공간과도 무관하지 않다.

✔관련항목체크!

「개인 공간」 ⇨	p44
「가리키다」 ⇨	p46

도판출전

그림.1, 2 日本建築學會編『建築設計資料集成3 單位空間1』丸善, 1980.

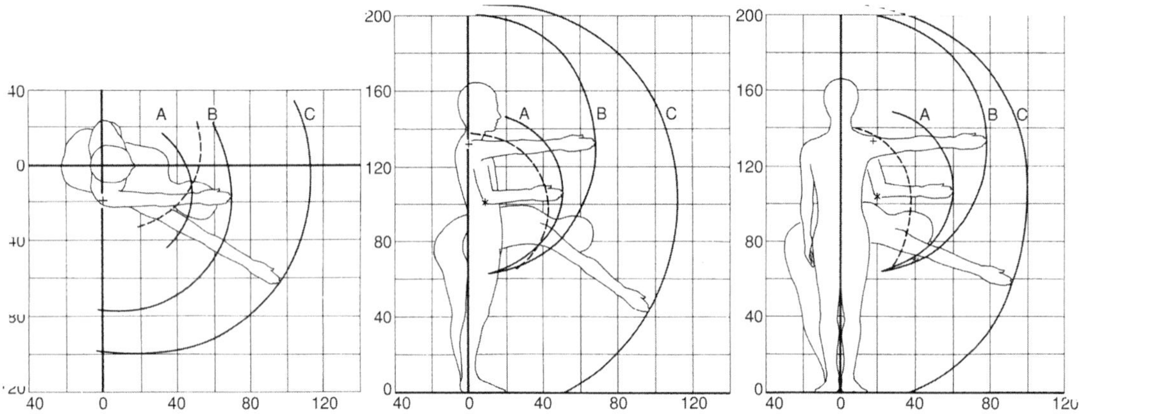

그림 1. 선자세에서 손이 닿는 범위

그림 1은 선자세에서 손이 닿는 범위를 나타내었다. 그림 속 기호의 의미는 다음과 같다.
A : 팔꿈치를 중심으로 앞팔을 움직였을 때의 궤적
B : 어깨를 중심으로 상체를 움직였을 때의 궤적
C : 상체를 전방으로 숙이면서 팔을 움직였을 때의 궤적

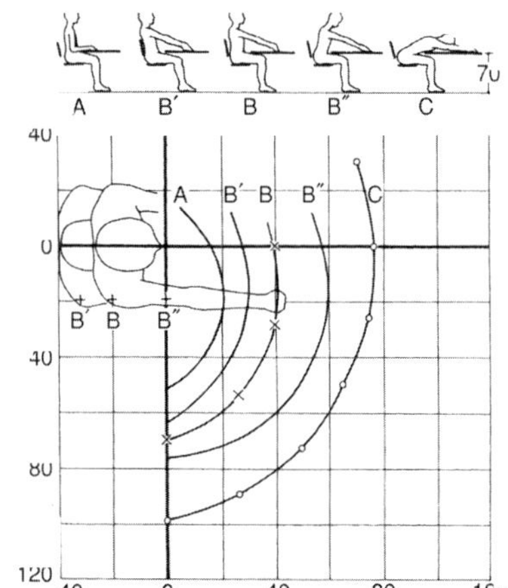

그림 2. 의자의 앉은 자세에서 손이 닿는 책상 위의 범위

그림 2는 의자에 앉은 자세이며, 높이 70센티미터의 책상으로 향했을 때의 손이 닿는 범위를 나타낸 것이다. 여기서 사용하는 의자는 높이 40센티미터, 등받이는 100도이며 작업용의자이다. 그림은 일본인 성인남자의 평균신장(165㎝)으로 나타나 있다.
A : 팔꿈치를 몸쪽에 붙이고, 팔꿈치를 중심으로 앞팔을 움직였을 때의 궤적
B : 팔꿈치를 뻗고, 어깨를 중심으로 팔을 위로 움직였을 때의 궤적
B′ : 등을 기댄 경우 B의 궤적
B″ : 상체를 기울인 경우 B의 궤적
C : 상체를 움직이면서 허리를 중심으로 팔을 위로 움직였을 때의 궤적(+는 어깨 지점을 표시한다.)

연습문제

동작을 위한 건축치수를 측정해보자

방에 가구를 배치할 때, 가구의 크기나 사람의 신체치수 외에 동작의 크기를 고려해야 한다. 자신의 신체치수에 맞춘 동작치수를 조사해보자. 물체와 물체 사이를 빠져나가는 동작, 양쪽의 물체 크기가 다를 때 빠져나가는 폭의 차이, 두 사람이 빠져나가는 폭, 나란히 걸어가는 경우와 어긋나는 경우의 차이점을 몸으로 느껴보자.

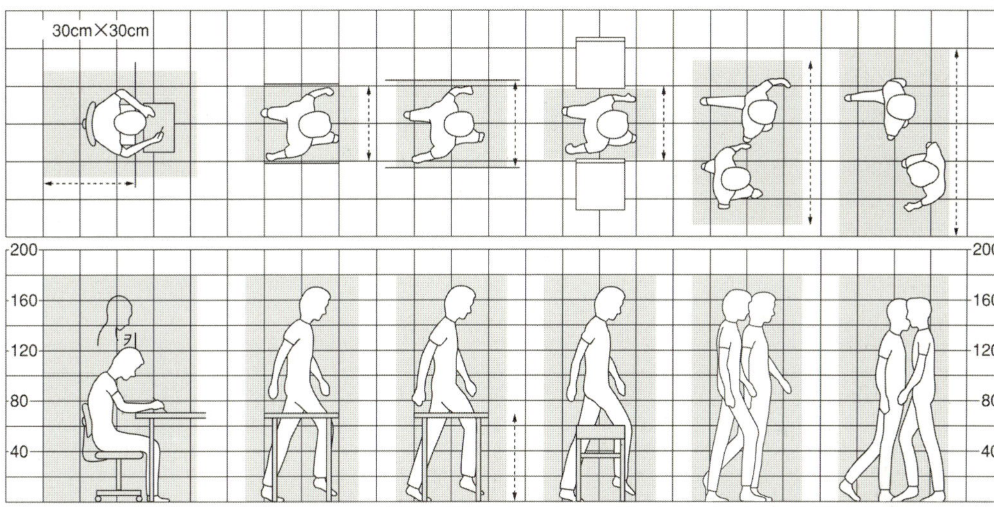

1) 필기작업을 한다
2) 책상과 책상 사이를 걷는다.
3) 책상과 의자 사이를 걷는다.
4) 의자와 의자 사이를 걷는다.
5) 2사람이 책상 사이를 나란히 걷는다.
6) 2사람이 책상 사이를 엇갈려서 걷는다.

〈실측부위〉	〈실제치수〉
1)「필기작업을 하기」 위한 앞뒤 치수	(cm)
2)「책상과 책상 사이를 걸어가기」 위한 폭 치수	(cm)
3)「책상과 의자 사이를 걸어가기」 위한 폭 치수	(cm)
4)「의자와 의자 사이를 걸어가기」 위한 폭 치수	(cm)
5)「두 사람이 책상 사이를 나란히 걸어가기」 위한 폭 치수	(cm)
6)「두 사람이 책상 사이를 어긋나는 차이」를 위한 폭 치수	(cm)

이 연습으로 다음의 것을 알 수 있다

1) 동작을 위해 필요한 건축치수
2) 주변의 사물 크기에 의해 걷기 위한 폭 치수가 어떻게 변화하는가?

1m 쥐다 · 잡다

손의 기능과 파지(把持) 패턴

손의 복잡한 작용은 손의 구조에 의해 이루어진다. 손은 손바닥과 5개의 손가락으로 구성된다. 손바닥의 기본운동으로 「구부리다」, 「뻗다」, 「안쪽으로 구부리다」, 「바깥쪽으로 구부리다」의 4종류이며, 손가락의 기본운동은 「구부리다」, 「뻗다」, 「안쪽으로 구부리다」, 「바깥쪽으로 구부리다」, 「대향(對向)(엄지와 다른 4개 손가락을 대응시킨다)」의 5종류가 있다. 손은 이러한 운동의 조합에 의해 복잡한 운동이 가능하다. 또한 손은 이와 같은 운동기관의 기능과 동시에 외부환경에 직접 접하여 정보를 모으는 감각기관의 기능을 하며, 이것을 통합하여 교묘하고 치밀한 작용을 실현한다.

이 같은 손의 기능으로 우리들은 다양한 도구와 설비기구를 파지하고 조작한다. 조작행동의 목적에 따라 사용하는 도구의 형상과 조작방식은 다르며, 그것에 따른 파악패턴, 손의 접촉방식도 다양해진다. 파지패턴을 크게 분류하면 「쥐다 · 잡다」와 「집다」로 나눌 수 있다. 전자는 5개의 손가락을 굽혀 사물을 집어 올리는 파악패턴으로서 악력파악(power grip)이라 할 수 있다. 후자는 몇 개의 손가락 끝으로 사물을 좁게 집는 파지패턴으로서 정밀파악(precision grip)이라 할 수 있다. 그러나 일상생활에서는 도구의 형상과 조작의 목적 및 방식에 따라 이것이 복합되고 다양한 패턴으로 14분류로 정리된다(그림 1).

일반적으로 파지는 손의 사용으로 이루어지며, 그 패턴은 생활용품과 생활환경의 목적이나 기술에 따라 달라진다(그림 2). 조리할 때 칼의 조작과 솥을 잡고 이동하는 조작, 핸드레일로 신체의 지지와 이동조작,

◈ 손의 기능

손은 「쥐다 · 잡다」, 「집다」의 파지나 조작기능 외에 손가락과 손바닥의 촉각, 압각, 통각, 온각 등의 피부감각을 이용하여 외부환경의 정보를 검지(檢知)하는 기능 또는 적극적인 손의 근운동에 의한 외부환경의 탐색기능이 있다. 그리고 손, 손가락으로 만드는 그림이나 수화 등의 정보전달 기능이 있다. 일상적인 동작의 관찰에서 인간의 손의 용도를 ①검지, ②접합, ③연결, ④파지, ⑤조작, ⑥도구화, ⑦대응, ⑧상징으로 분류하고 있다.

◈ 파지패턴(그림. 1)

1. 악력파악계–표준형, 2. 악력파악계–갈고리형, 3. 악력파악계–검지손가락 신전(伸展)형, 4. 악력파악계–신전(伸展)형, 5. 악력파악계–원위(遠位), 6. 중간파악계–측면파악, 7. 중간파악계–삼면파악표준계, 8. 중간파악계–삼면파악 아(亞)형 I, 9. 중간파악계–삼면파악 아(亞)형 II, 10. 정밀파악계–병렬경굴곡(竝列輕屈曲)파악, 11. 정밀파악계–병렬신전파악, 12. 정밀파악계–포위(包囲)경굴곡파악, 13. 정밀파악계–지침파악, 14. 무지(拇指)불관여계–내전(內轉)파악

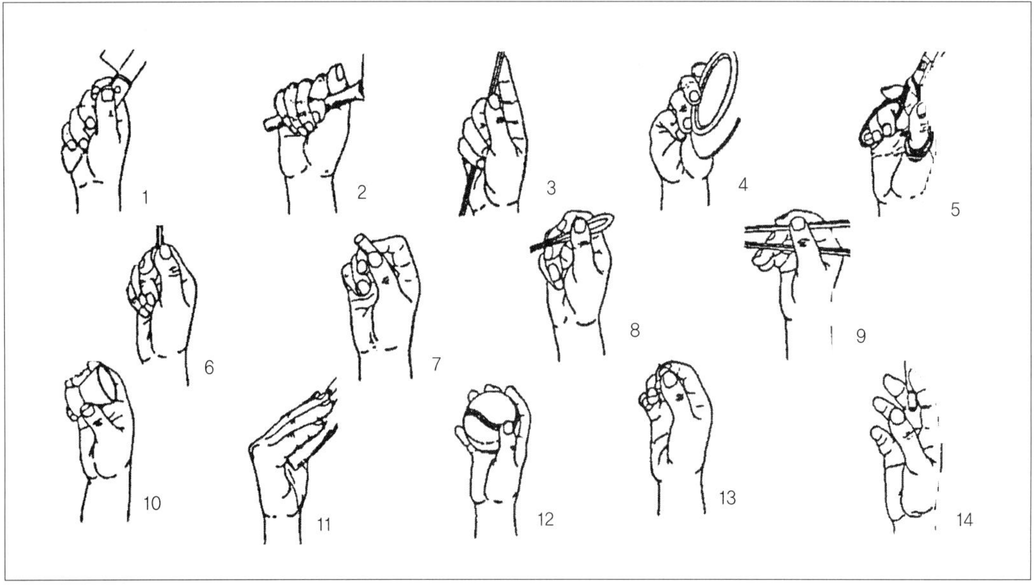

그림 1. 파지(把持) 패턴

회전식 수도병마개의 개폐조작 등은 악력파악으로 이루어진다. 동일한 레버식 수도꼭지는 약간의 힘으로 조작 가능하기 때문에 몇 개의 손가락으로 레버를 파지하는 정밀조작으로 이루어진다. 식사 때 젓가락의 조작, 공부할 때 펜 등의 필기구 조작은 카마쿠라(鎌倉)의 분류에서는 중간파지계이지만 돈과 우표, 정기권의 출입조작, 손잡이에 의한 음량과 화력의 조절조작은 정밀파악계이다. 한편 같은 식사행위에도 나이프와 포크의 조작은 악력파악이다. 또한 최근에는 파지를 하지 않고 손가락 하나로 누르거나 만져서 조작하는 스위치조작, 키보드조작, 터치패널조작 등 비파지의 접촉조작, 게다가 센서기술에 의한 수도마개와 도어의 개폐조작 등 비접촉조작이 많아졌다.

악력파악에 의한 파지방식은 단순하지만, 힘을 요구하는 조작에 대응한다. 정밀조작에 의한 파지는 힘을 요구하지 않지만 손의 교치성(巧緻性)이 요구되는 조작에 대응한다. 어떻든 잘 사용하는 손으로 조작할 때 힘과 교치성이 보장된다. 접촉조작도 힘은 요구되지 않지만 조작기능의 이해와 올바른 순서가 요구된다. 비접촉조작은 힘이나 이해력도 요구하지 않고 자동적으로 조작되며 오른손잡이나 왼손잡이 양쪽이 사용하기 쉽지만 사전에 그 기능을 이해해 둘 필요가 있다.

◈ 잘 사용하는 손과 환경

우리들의 신체 형태는 거의 좌우대칭이지만 동작이나 조작을 할 때 신체 부위의 좌우 어느 한 쪽을 자주 사용하고 있다. 따라서 오른손을 잘 사용하는 사람을 오른손잡이, 왼손을 잘 사용하는 사람을 왼손잡이라고 한다. 이러한 현상을 한 방향 우위현상 또는 측차(側差)라고 한다. 잘 사용하는 손의 정도는 설문지에 몇 가지 동작을 요청하고, 사용하는 손으로 대답하게 하여 그 결과를 측성계수(LQ : laterality quotient)로 표시하는 방법이 이용되고 있다. 몇 가지의 잘 사용하는 손의 조사에서 일본인은 약 5%가 왼손잡이라고 생각했다. 반대로 오른손잡이는 양손잡이를 포함하여 약 90% 이상이라고 할 수 있다. 오른손잡이가 되는 원인으로는 언어기능을 담당하는 좌뇌가 발달하여 좌뇌의 지배를 받아서 오른손이 발달했다고 하는 설이 현재까지 유력하다. 잘 사용하는 손과 그렇지 않은 손을 비교할 때, 잘 사용하는 손이 힘이나 정교함이 뛰어나다는 보고가 많다. 오른손잡이가 상당수 차지하는 우리의 생활환경은 오른손잡이가 대응하기 쉽도록 정비되어 있다. 때문에 왼손잡이나 또는 오른손을 사용할 수 없는 상태인 현재의 환경은 이용하기 불편하다. 앞으로 양자를 배려한 환경 정비가 중요하다.

도판출전

그림.1 鎌倉矩子 外 2人「手の運動の基本パターン」『神經進步』42卷1号, 1998.

참고문헌

久保田競『手と脳 第10版』紀伊國屋書店, 1983.
八田武志『左ききの神經心理學』醫齒藥出版, 1996.

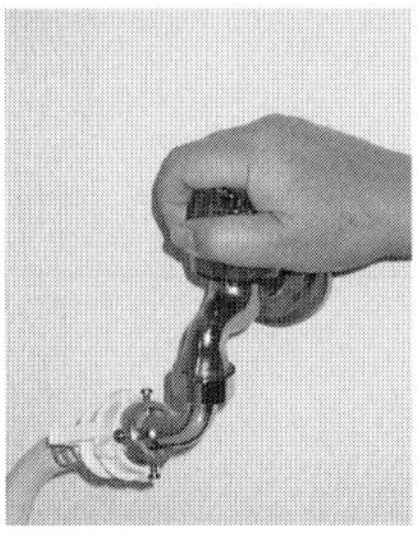
회전식 수도꼭지의 악력파악

손잡이의 악력파악

나이프, 포크의 악력파악

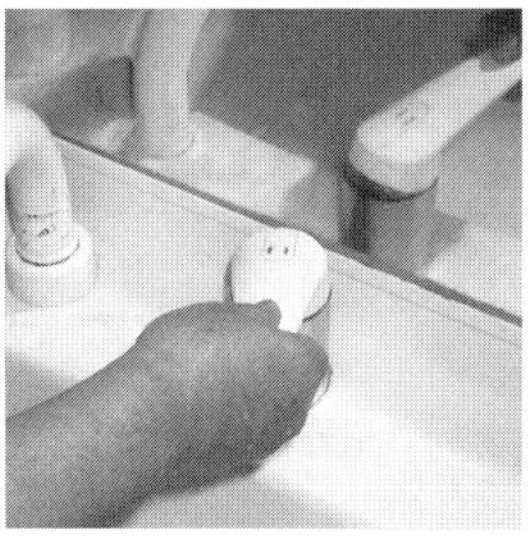
레버식 수도꼭지의 정밀(精密) 파악

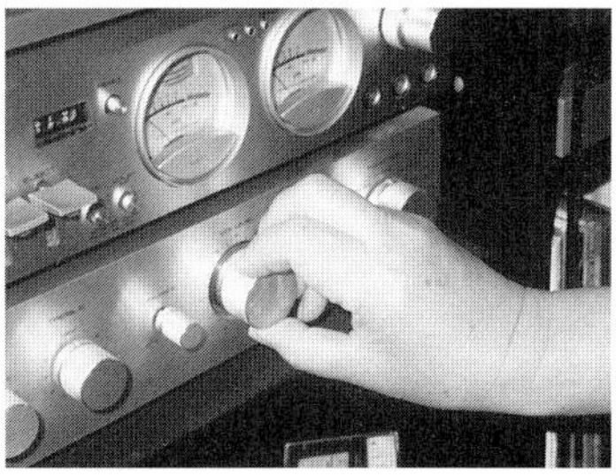
음량조절의 정밀파악

버튼식 전화기의 비(非)파악

그림 2. 파지(把持) 패턴(실제로 쥔 모습)

1m | 조작하다

습관적 반응행동

인간행동의 일환으로 다양한 생활환경을 조작하는 행동이 있다. 도어와 창, 가스와 수도의 개폐조작, 조명과 설비기구 등의 on–off조작, 가스나 수도의 화력과 수량조절, 실내의 온습열 조절, 오디오기기와 TV 음량조절, 자동차의 스피드조절 등 출력량의 증감 조작 등이다. 이러한 조작프로세스는 단순하고 짧으며, 조작결과와 조작양의 확인은 직접 시각, 청각 또는 계기판에 표시된 바늘의 움직임을 보면서 이루어진다. 이러한 조작의 대부분은 요구기능에 따른 조작기구의 조작방향을 양자택일로 선택하여 조작하는 방식이 많다. 그러므로 우리들이 조작할 때, 습관적 반응행동으로 직감적 또는 무의식으로 기능개념과 조작방향을 연결시켜 조작하는 경우가 많다. 이처럼 일정한 관계가 그것을 사용하는 집단의 대다수에 의해 동일하게 나타날 때, 이것을 파플레이션 스테레오타입이라 한다. 포퓰레이션 스테레오타입의 형성은 신체적인 인간의 특성과 생득적인 행동에 대한 의식, 공동생활 환경에서의 학습 등이 그 원인이라 할 수 있다. 그림 1은 계기판 바늘의 움직임과 조작방향의 관계, 그리고 그림 2는 기능 개념에 대한 조작방향의 관계를 남자대학생 326인, 여자대학생 313인, 총 639명에게 질문지에 표시된 바늘의 방향에 대해 조작기구를 어느 방향으로 움직일 것인지를 동그라미로 기입하여 답하도록 한 결과의 일부이다. 이 조사에는 55% 이상이 반응한 관계에 스테레오타입이 있다고 말했다. 이 조사결과(그림 1)는 지시바늘의 움직임에 대한 조작방향의 관계로 Warrick 법칙(그림 3)을 볼 수 있다.

기능개념에 대한 조작방향의 조사결과(그림 2)에서 on조작이나 증대조작도 회전노브는 시계방향, 슬라이드레버는 오른쪽 방향의 선택이 많

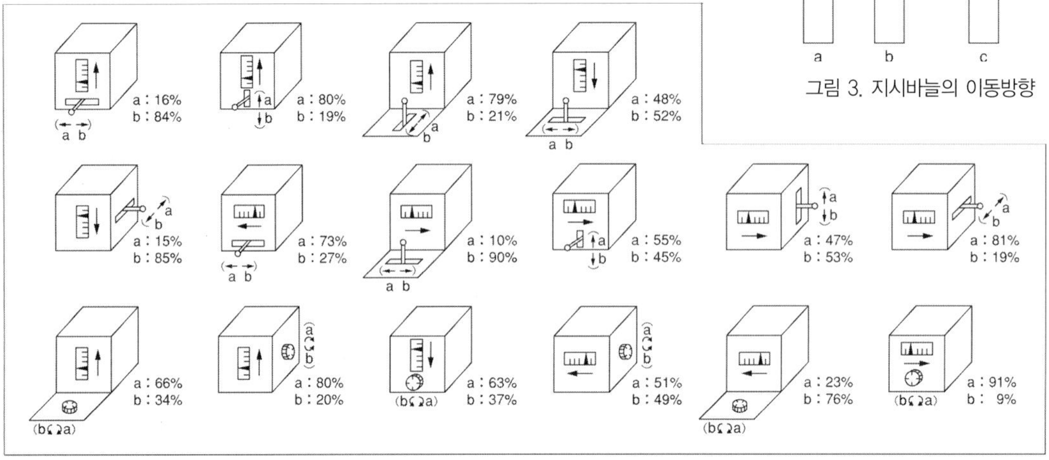

그림 1. 지시바늘의 움직임에 대한 조작방향의 스테레오 타입

그림의 기호
a+b+무응답 = 100%, 소수점 첫째자리를 반올림

◈ **스테레오타입**

스테레오타입이라는 용어는 18세기말 프랑스에서 발명된 인쇄방법 또는 그 때 사용된 납판의 명칭에서 유래하며 기계적으로 반복되는 사고방식을 비유적으로 표현하여 사용되었다. 그 이후, 사회심리학자 W. 리프만의 책인 Public Opinion(세론世論)에서 단순화, 고정화된 현실인식의 방법이 의미하는 명칭으로 도입되었다. 또한 파생적 용법으로 인간공학 분야에서 외부 자극에 대한 정형화된 상습적, 습관적 반응을 가리키고, 집단으로서 스테레오타입이 나타났을 때, 포퓰레이션 스테레오타입이 있다고 한다.

◈ **Warrick의 법칙**

워릭(M. J. Warrick)이 1947년에 제시한 「회전조작기구와 선형지시바늘의 관계에서 회전조작축이 지시바늘의 이동선에 수직에서 어느 쪽이건 한쪽을 지나가는 경우, 지시바늘은 이것에 가장 가까운 조작기구의 부분과 같은 방향으로 이동한다」라는 법칙이다. 그림.3의 a, b의 경우 지시바늘의 이동방향은 지시바늘의 이동선에 가장 가까운 회전조작기구의 회전방향을 따라서 위로 이동한다고 조작자에게 기대할 수 있다. 그러나 c의 경

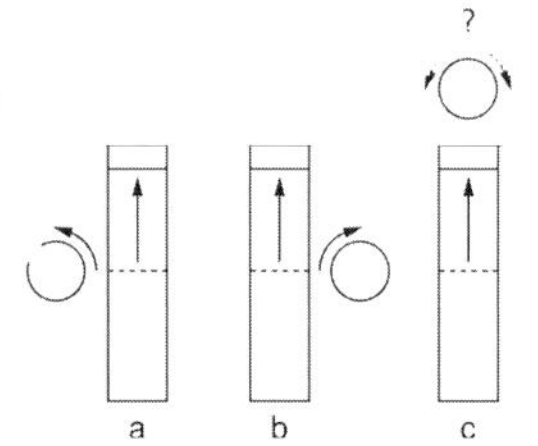

그림 3. 지시바늘의 이동방향

다. 그러나 슬라이드레버 상하방향, 전후방향은 on조작과 증대조작이 다른 조작방향으로 선택된다. 실제로 수도기구, 가스, 석유연소기구의 배출구, 점화의 조작방향은 조사결과와 반대방향으로 설정되어 있으며, 많은 사람의 직감과 반드시 일치하지 않는다. 이처럼 보다 안전성이 필요한 경우 신중하고 안전한 조작행동을 얻도록 스테레오타입과는 반대방향으로 설정하는 것을 생각할 수 있다.

한편, 최근에는 정보기술을 응용한 기기로서 버튼과 터치패널로 누르는 조작방식이 많이 나타나게 되었다. 이것은 on조작, off조작과 같은 버튼을 누르는 조작으로 이루어지는 방식이기 때문에 결과를 바로 확인하기 위해 가이드가 필요하다. 또한 음량 출력양의 조절조작은 증가와 감소의 두 가지 버튼이 마련되어 있어서 양자택일을 선택하여 조절한다. 이러한 경우 증감기능의 개념과 두 가지 버튼의 위치관계가 스테레오타입과 대응하는 편이 바람직하다. 일반적으로 이러한 조작기구는 형태에서 기능의 의미를 바로 알 수 없기 때문에 그림기호, 소리기호, 요철기호 등의 시각적, 청각적, 촉각적인 가이드가 필요하다. 그 때문에 이러한 가이드에서도 동일한 가이드에 대해 직감적으로 같은 판단이 기대되는 표현, 즉 많은 사람이 같은 조작행동을 할 수 있는 스테레오타입의 관계를 고려할 필요가 있다.

우 어느 방향으로 회전하면 지시바늘이 위로 이동할 것인지 직감적으로 판단하기가 어렵다.

✔ 관련항목체크!

「움직이기 전에 생각해보자」 ⇨ p28

참고 문헌

Akihiro HOTTA, Takahashi TAKASHI, Koko TAKAHASHI and Kazutaka KOGI : Relations between Direction-of-motion Stereotypes for Indicator Controls, J. Human Ergol., 8, 47-58, 1979.

Akihiro HOTTA, Takahashi TAKASHI, Koko TAKAHASHI and Kazutaka KOGI : Relations between Direction-of-motion Stereotypes for Living Space, J. Human Ergol., 10, 73-82, 1981.

J. Brebner and Sandow : Direction-of-turn Stereotypes conflict and concord, Applied Ergonomics.7.1, 34-36, 1976.

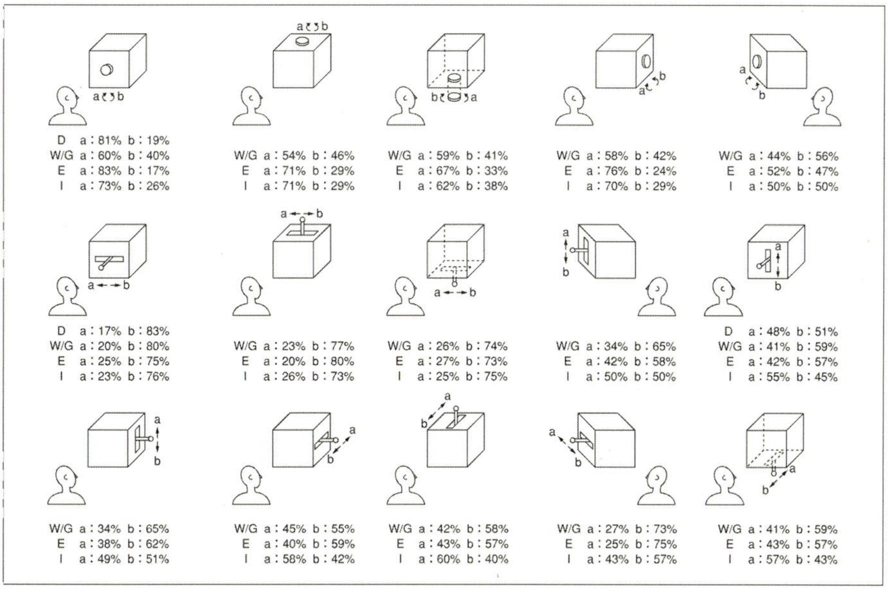

그림의 기호
D : 문을 열다
W/G : 물, 가스를 출력
E : 전기를 입력
I : 출력의 증대
a+b+무응답=100%, 소수점 첫째자리를 반올림

그림 2. 기능개념에 대한 조작방향의 스테레오 타입

연습문제

몸의 크기를 측정해 보자

사진처럼 싱글 레버의 수도꼭지가 있는 세면대가 있다.
물이 나오기 위해서는 레버를 어떻게 작동시키면 좋을까? 따뜻한 물이 나오게 하려면? 따뜻한 물의 온도를 높이려면? 혼란스럽지 않을까?
우선 지금 생각나는 대로 답을 적어보자.
그렇다면 실제로 그와 같은 기구가 있는 곳을 찾아서 확인해보자.
확인해봤다면 실제로는 어땠는가? 생각했던 방향과 같았는가?
만일 같았다면 우연히 그 기구제조회사가 그렇게 만들었는지 모른다.
제조회사에 따라서도 동일하게 작동하는지 확인해보자.

다른 조작기구에도 같은 연습을 해보자.
가스꼭지, 도어핸들, 각종 전기기구, 소화기와 화재정지기와 같은 비상용 기구의 사용방식을 예측해보자 (다만, 이것은 실제로 작동시켜야만 한다).
또한 문을 여는 상황의 작동에 대해서도 사용방식을 생각해보자.
엘리베이터, 자동판매기 등은 집 바깥에도 많이 있다.
우선 조작하기 전에 사용방식을 예측해보자. 예측한 것과 실제가 같았는가?

무엇(어디에 무엇)을 어떻게 한다	예 상	실 제	메 모
예)가스레인지의 조작레버(다이얼식)에 불을 붙인다.	오른쪽으로 돌린다.	왼쪽으로 돌린다.	전기와 반대

이 연습으로 다음을 알 수 있다.

어떤 조작을 하면 어떤 결과가 나올까? 반대인 상태가 되기 위해 어떻게 조작하면 좋을까?에 대해 인간이 무의식적으로 몸에 익숙한 고정관념 같은 것이 있다(「조작한다」 중의 파플레이션 스테레오 타입 참조). 예를 들면 「다이얼을 시계방향으로 회전하면 스위치가 들어오고 소리가 커진다」와 같은 것이 있다.
많은 기구의 디자인은 오른손잡이 인간의 자연스러운 동작에 맞추어서 만들어졌다. 소화기도 인간의 자연스러운 작동에 맞추어졌다면 언제든지 혼란스럽지 않게 사용할 수 있다.
그러나 실제의 기구에는 안전을 위해 오히려 반대로 만들어진 경우도 있다. 예를 들어 가스와 수도꼭지는 인간의 자연스러운 동작이 가스와 물을 멈추는 방향이 되도록 만들어져 있다. 시계방향의 회전으로 가스와 물이 나온다고 생각하는가? 만일 그렇게 생각한다면, 가스꼭지와 수도꼭지를 확인해 보라. 반시계방향으로 돌리면 나올 것이다.
현재 싱글 레버 핸들은 핸들을 내릴 때 온수가 나오지 않고, 올릴 때 나오도록 규격이 개선되었다(일본 1997년). 그 이전에는 통일되어 있지 않아서 망설이거나 무리 없는 상황에서 핸들을 움직였다.

1m 누르다 · 당기다

인간의 최대 발휘력

지상의 생물은 진화과정에서 늘 1G의 중력지배를 받으면서 다양한 외적 요인에 순응하기 위해 제각각의 몸의 형상을 만들어 왔다. 인간의 체형도 예외 없이 필요나 필연으로 형성되었다고 할 수 있다. 만일 지구상에 중력이 지금의 두 배 또는 1/2이라고 한다면, 인간의 신체형상은 과연 현재와 동일한 형태일까? 중력환경이 인체에 미치는 영향은 우주에서 장기체재가 가능하게 된 현재에 그 경험이 축척되었지만, 이 질문에 대한 답에 도달하기까지는 아직 시간이 걸릴 듯하다.

인간은 지금과 같은 신체형상 때문에 발휘할 수 있는 근력은 손과 발을 가장 의지하는 출력기관이다. 아래 그림은 성인남자의 상체와 하체가 발휘하는 최대 근력을 방향별로 나타낸 것이다. 그림 1, 2를 보면 당기는 힘은 아래방향, 누르는 힘은 윗방향이 최대이며, 가장 근력이 작은 것은 횡방향임을 알 수 있다. 또한 그림 3에서 보듯이 하체로 밟는 근력이 상체근력보다 상당히 세다.

인간은 상체의 최대 근력으로 자기 자신의 체중을 끌어올리거나 누를 수 있다. 이러한 시점이 인간이라는 동물 특성을 말하는 한 가지라고 생각할 수 있다. 먼 장래 인류가 지구를 벗어나 중력이 절반 정도인 환경에 살게 될 때, 아래 그림의 자료가 어떻게 달라질지 궁금하다.

✔ 관련항목체크!

「쥐다 · 잡다」 ⇨ p24

도판출전

그림.1~3 小原二郎ほか著『人體を測る計測値のデザイン資料』日本出版サービス, 1986.

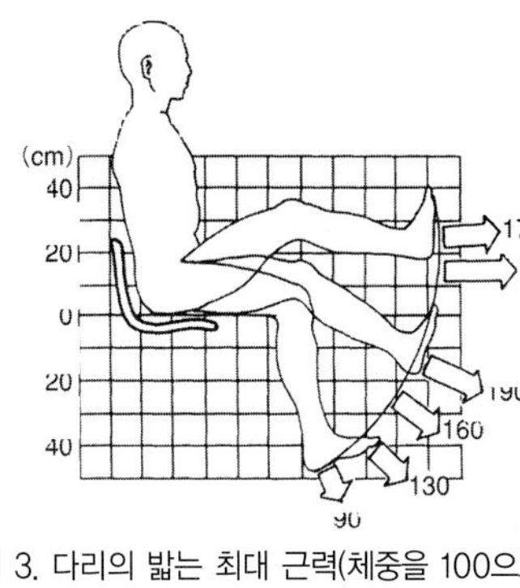

그림 3. 다리의 밟는 최대 근력(체중을 100으로 봄)

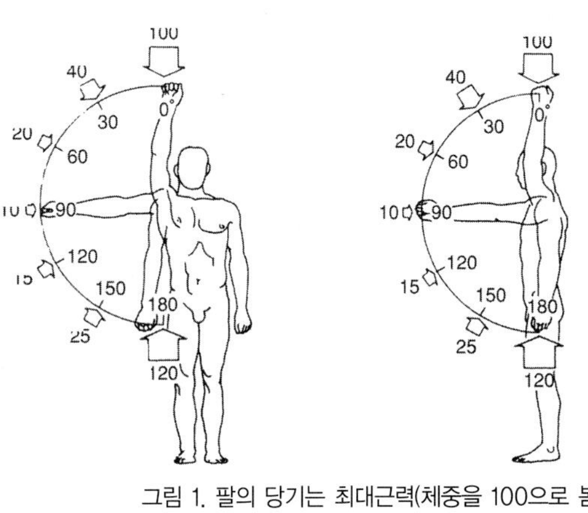

그림 1. 팔의 당기는 최대근력(체중을 100으로 봄)

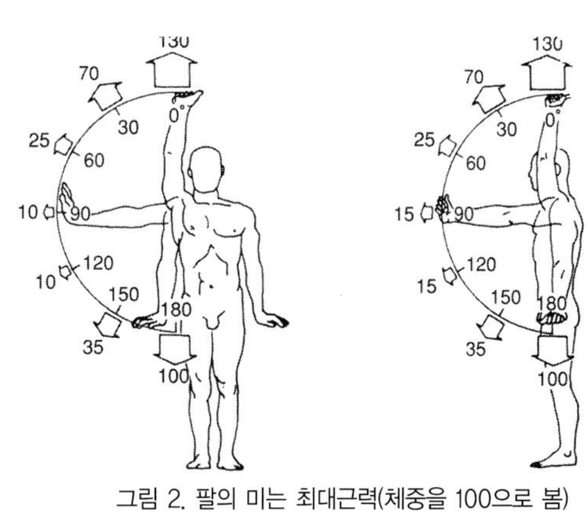

그림 2. 팔의 미는 최대근력(체중을 100으로 봄)

1m | 전달하다

언어 이외의 정보교류

인류가 뒷발로 직립보행을 하게 된 결과, 예전에 앞발은 신체를 지지하는 역할에서 해방되어 손이라는 복잡한 작업을 하는 기관과 대뇌가 협조하면서 고도로 발달하게 되었다. 인류의 손은 도구의 조작만이 아닌 커뮤니케이션의 기능도 겸하고 있다. 『맨워칭(MANWATCHING)』의 저서로 유명한 동물행동학자 데즈먼드 모리스(Desmond Morris)는 그의 저서 『피플워칭-보디랭귀지연구』에서 이러한 몸의 움직임에 의한 넌버블 커뮤니케이션을 상세하게 소개하고 있다. 아래 그림은 책 속에 해설된 손가락의 다양한 메시지이다.

그림 1과 그림 2는 동일한 V사인이다. 그림 1은 영국이 기원이며 「승리」를 의미하지만, 그림 2처럼 상대에게 손등을 향하면 「모욕」이 된다. 손가락 모양은 같아도 그 방향으로 의미가 다른 예는 이 외에도 많다. 그림 3처럼 손가락을 위로 향하면 「인정」을 의미하지만, 그림 4처럼 아래로 향하면 「부정」을 의미한다. 그림 5와 6도 손가락 모양은 닮았지만, 전자는 모로코에서 「적(敵)」을 의미하고, 후자는 남아메리카에서 「결혼」을 의미한다. 그림 7은 같은 손가락의 형태와 방향이면서 이탈리아에서 「그는 교활하다!」를 의미하고, 아랍 아이들 사이에서는 「우정」을 의미한다.

이것은 인간의 신체형태 자체가 커뮤니케이션하는 상대에 대해 풍부한 정보를 나타내는 것을 의미한다. 또한 넌버블 커뮤니케이션은 인간에게만 국한하지 않는다(그림 8). 오히려 언어가 없는 동물세계에서는 타자와 교류하는 모든 것이 넌버블 커뮤니케이션이다. 사이버시대의 현대 인간은 과연 언어만으로 커뮤니케이션을 계속하게 될 것인지 궁금하다.

◈ **넌버블 커뮤니케이션(Non-verbal Communication)**

언어 이외의 수단을 사용한 메시지 교류를 말하며 비언어적 커뮤니케이션이라고도 한다. 여기서 소개한 몸짓 이외에도 「순간」이나 「응시」 등의 아이컨텍트, 이야기하는 동안의 「침묵」, 신체적인 「접촉(터치)」 또는 커뮤니케이션하는 상대와의 거리를 두는 방식 등도 넓은 의미에서 넌버블 커뮤니케이션이라고 할 수 있다.

도판출전

그림.1~7 Desmond Morris 저, 김동광 옮김, 『피플워칭-보디랭귀지연구』, 까치글방, 2004.

그림 8. 관광객에게 먹이를 달라고 조르는 곰

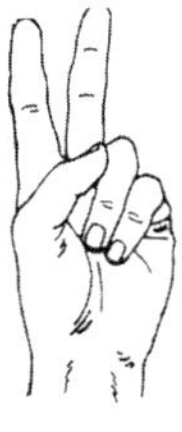

그림 1. 「승리」의 V사인

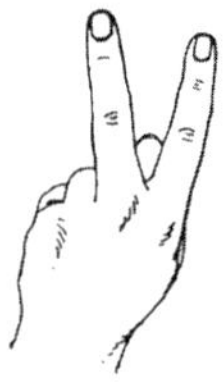

그림 2. 「모욕」의 V사인

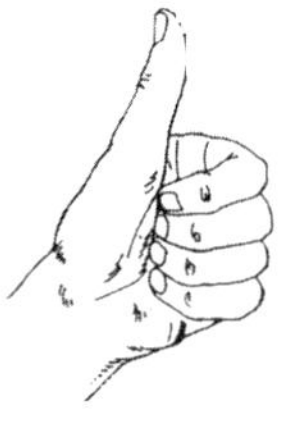

그림 3. 「인정」의 엄지올림

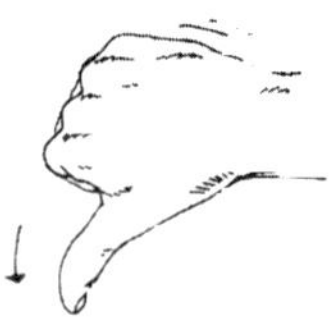

그림 4. 「부정」의 엄지내림

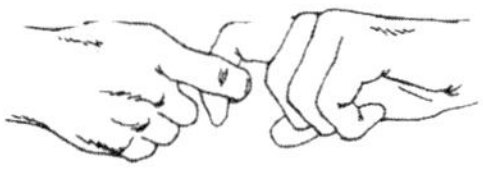

그림 5. 적(敵)의 손가락 표시

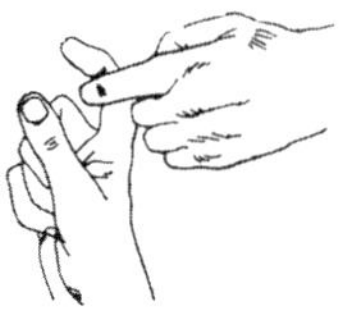

그림 6. 「결혼」의 손가락 연결

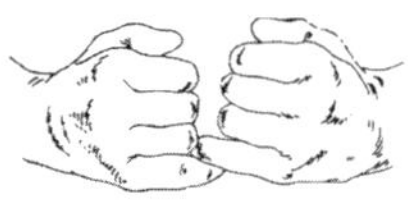

그림 7. 「그는 교활하다」와 「우정」의 새끼손가락 걸기

1m 길이와 형태를 알다

센스로서 동작

손에 잡은 물체의 크기와 형태를 인간은 어떤 수단으로 알 수 있을까? 첫째는 시각이며 보면 바로 알 수 있다. 또 한 가지는 촉각이며 눈을 감더라도 손으로 만지고 물체의 표면을 어루만져서 알 수 있다. 실제로 이러한 시각과 촉각 이외에도 물체의 크기와 형태를 아는 방법이 있다. 그것은 물체를「흔든다」라는 동작을 매개로 아는 방법이다.

사사키 나오히토(佐ケ正人)는 저서에서 이것을 나타내는 흥미있는 실험을 소개했다. 그림 1은 다양한 길이의 알루미늄봉을 보지 않고 오른손으로 움직여 봉의 길이(닿는 거리)를 왼쪽 패널의 위치에 응답하도록 하는 실험이다. 결과는「흔든다」는 방법으로 길이를 지각할 수 있음을 나타내었다. 그림 2는 다양한 형상의 목제물체를 보지 않으면서 오른손으로 흔들고, 물체형상을 왼쪽물체로 응답하도록 하는 실험이다. 길이만큼 정확하게 지각할 수는 없지만 뾰족한 형상의 정보를 탐색하는 것을 나타내었다. 환경의 다양한 정보를 아는 수단으로 인간은 일상적으로 시각 이외에 동작을 이용하고 있다.

✓관련항목체크!

「기대다」 ⇨ p18

도판출전

그림.1 H. Y. Solomon et al "J. of Ex p. Psychol", 15, 58, 1989.

그림.2, 3 G. Button et al. "Perception and Psychophysics" 48, 477, 1990.

참고 문헌

佐ケ木正人,『岩波科學ライブラリ－12 新しい認知の理論』岩波書店, 1994.

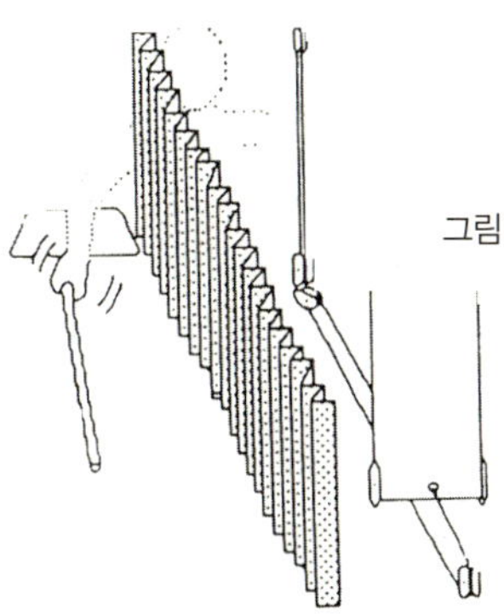

그림 1. 대상물을 보지 않고 오른손으로 흔들어 길이를 식별하는 실험

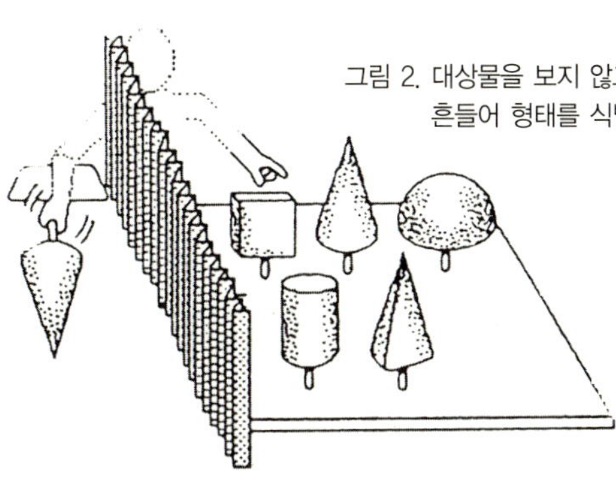

그림 2. 대상물을 보지 않고 오른손으로 흔들어 형태를 식별하는 실험

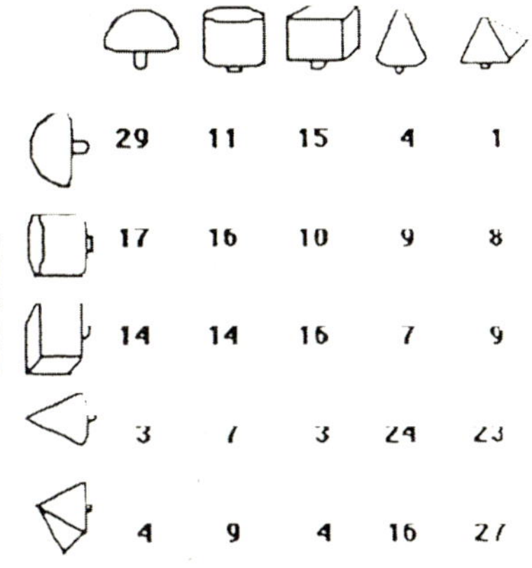

그림 3. 형태를 식별하는 실험의 결과. 뾰족한 형태와 뾰족하지 않은 형태는 식별하기 쉽다.

1m | 늙다

의사(疑似) 고령자 체험

「타인이 체험하는 환경을 자신이 의사적(疑似的)으로 체험한다」라고 하면, 버추얼 리얼리티(가상현실)의 세계를 상상하기 쉽지만 시각 이외의 운동감각으로는 좀처럼 곤란하다. 그러나 이런 종류의 체험장치로서 나이가 듦에 따른 신체기능변화를 운동감각으로 체험하는 장비가 있다. 그림 1, 2에 나타나듯이 관절을 서포트로 고정하고, 무게를 주는 장비는 알려져 있지만 원리가 아주 원시적인 것이다.

그러던 중에 독립행정법인 건축연구소에서는 제품개발자와 설계자에게 고령자의 생활환경을 알기 쉽게 제시하는 것을 목적으로 나이가 듦에 따라 아주 상세하게 단계적으로 체험 가능한 가변형 인스턴트시니어가 개발되었다(그림 3). 관절에 걸친 부하는 덤퍼를 사용하여 조절이 가능하도록 하는 것 외에 서있는 경우는 부하를 주고, 앉은 경우에 부하를 주지 않도록 실제운동을 고려하여 라체트기구를 사용하여 토크 덤퍼의 부하를 일회전방향만으로 했다. 또한 다리부분과 팔부분에는 일상생활에서 동작이 다르기 때문에 각각 기구가 달라진다. 유니버설디자인을 근거로 한 제품과 생활환경을 디자인하는 개발자와 설계자가 사용자인 고령자의 생활환경을 구체적으로 체험하는 도구로 그 유효성이 기대된다.

◈ 가변형 인스턴트 시니어

독립행정법인 건축연구소에서 개발중인 의사가령(疑似加齡) 체험장치. 「고령자 의사체험장치도구」라는 명칭으로, 특허출원중(특허출원번호: 특허평 11-331197)

◈ 의사고령자체험(한 손으로 생활하기)

하루 동안 한 손을 사용하지 않고 생활해 보자. 「옷 입고 벗기」, 「세수」, 「목욕」 등 아무렇지 않게 행하고 있는 다양한 일상생활(ADL)에서 곤란함을 느낄 것이다. 게다가 그 상태로 일주일간 살아보자. 사용할 수 없는 한 손을 대신하여 다른 부위를 손으로 사용하여 동작하고 있는 자신을 알게 된다. 반신마비자의 생활환경을 의사적으로 체험하여 환경개선을 생각해보자.

도판출전

그림.1~3 布田健

참고문헌

그림.1~3 布田健ほか 4人「加齢を再現するインスタントシニアの試作 ユニバーサルデザインを踏まえた建築設計手法の開發」日本建築學會大會梗概集E-1, 2000.

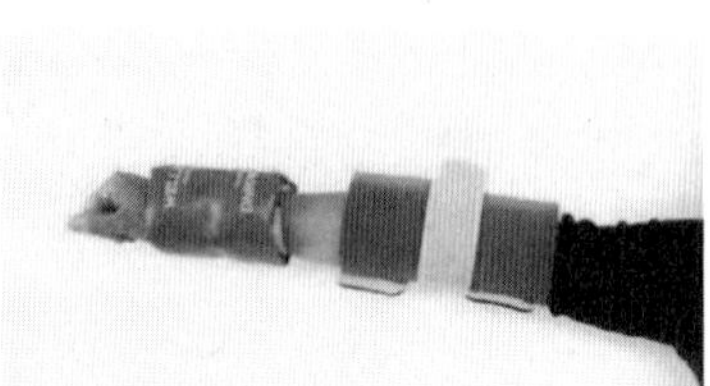

그림 1. 기존의 장구(팔부분)

그림 2. 기존의 장구(다리부분)

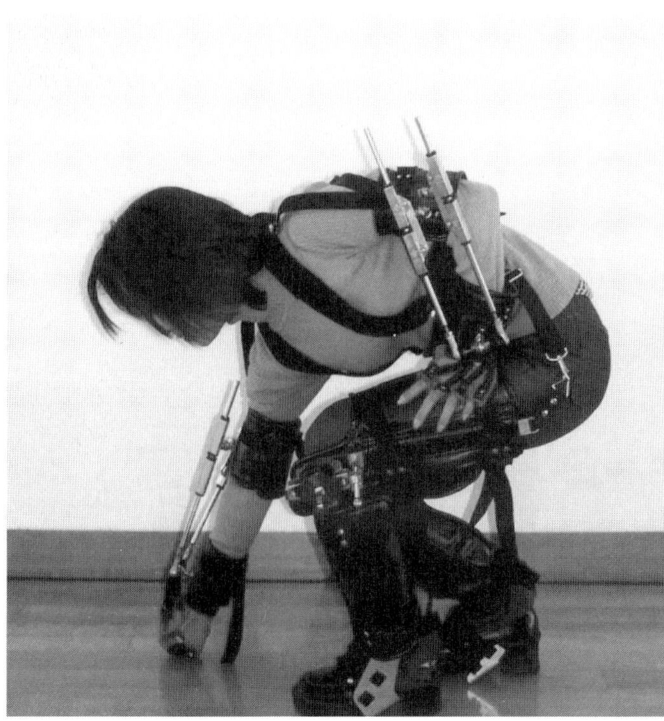

그림 3. 개발중인 인스턴트시니어

1m | 올라타고 이동하다

유아(幼兒)와 개의 시각체험

그림 1은 『생활공간의 창조』(그로피우스 지음, 1958년)에 게재된 생후 9개월 유아가 침대에서 본 세계이다. 다른 사람의 시선으로 이동하며 환경을 관찰하는 것은 새로운 발견을 많이 포함한 시점이며, 환경을 다시 보는 실마리가 되는 시점이다. 그는 홍콩, 일본, 런던에서 개를 기르는 주인의 허가를 받아 개머리부분에 카메라를 장착하여 촬영한 영상작품을 발표했다(그림 2). 런던의 홈리스와 함께 산보한 개는 식당과 쓰레기거치장의 잔반(殘飯)에 강하게 반응했다(그림 3). 반면 홍콩의 부유한 주인의 애완견은 걸어 다니려고 하지 않고, 카메라에서 얻은 영상은 애완견 주인의 차에서 "산보"한 차창 풍경뿐이다. 주인과 가장 가까운 이웃으로서 애완견이 바라본 풍경은 주인의 일상이나 생활하고 있는 환경과 거의 유사하게 나타나지만 애완견의 독자적인 환경관이 투영되어 있다.

✔관련항목체크!

「늙다」 ⇨ p32

「성장하다」 ⇨ p62

「장애인의 눈으로 보다」 ⇨ p94

촬영자

그림.2, 3 鳴海暢平(なるみ　のぶひら) 『The Universe's point of view series: Dogcam project』(1995~2002)에서

도판출전

그림.1 ワルター・グロピウス著, 藤田周忠, 戸川敬一 共譯『生活空間の創造』, 彰國社. 1958.

그림 1. 생후 9개월 유아의 시야

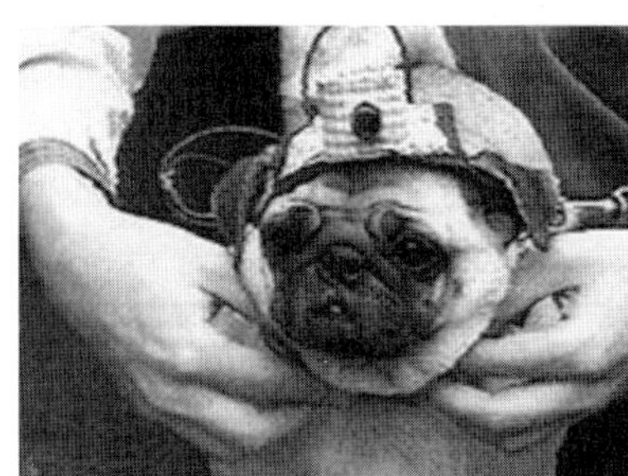

그림 2. 개에게 장착시킨 카메라

그림 3. 런던의 홈리스가 기르는 개를 통해 본 세계

1m | 두다

오피스 집무공간의 개인화

아래 사진은 건설회사에서 일하는 직원이 근무하는 개인책상의 모습을 찍은 것이다. 책상과 파티션으로 이루어진 작업공간이 직원의 개성과 작업스타일에 따라 다양한 양태로 형성되어 있음을 알 수 있다. 예를 들면 서류를 두는 방식도 평탄하게 쌓아올리는 타입과 깔끔하게 옆으로 두는 타입이 있다.

책상 정면의 파티션은 메모와 서류를 붙이는 장(場)으로 이용되는 경우가 많지만, 그 내용을 잘 들여다보면 자기 확인을 위한 요소들이 붙어 있는 것이 흥미롭다. 자신이 일과 연계된 건물 사진을 붙이고 작업의욕을 환기하는 것과 마음에 드는 일러스트와 가족사진을 붙여서 개인적 세계를 만드는 예를 볼 수 있다.

파티션으로 개인공간을 구획하고 또한 책상 주변에 자신의 짐을 두거나 메모를 붙여 공간을 개인화하고 있다. 본인이 부재하더라도 그 자리에 다른 사람이 앉기가 주저할 만큼 강력한 영역이 형성되는 것이다.

◈ 테리토리(Territory)

퍼스널 스페이스(personal space)는 인간과 타인 사이에 성립하고 인간과 함께 이동하지만, 테리토리는 인간이 그곳에 없어도 장소로서 존재한다.

✔ *관련항목체크!*

「영역을 컨트롤 하다」 ⇨ p35

「배열하다」 ⇨ p49

「영역을 확정하다」 ⇨ p59

「노지로 표출하다」 ⇨ p61

참고문헌

渡辺秀俊 外 4人「オフィスにおけるパーソナルな作業空間に関する研究(その2) デスク形状とパーティションの高さ」日本インテリア學會大會, 1992.

渡辺秀俊 外 4人「オフィスにおけるパーソナルな作業空間に関する研究(その1) パーティションの高さと物品の置かれ方」日本建築學會大會, 1993.

그림 1. 옆으로 서류두기

그림 2. 책을 세워두기

그림 3. 작업 갤러리

그림 4. 취미 갤러리

1m 영역을 컨트롤하다

주택출입구의 디자인

현재 대부분의 집합주택은 철문(도어) 1장이 집의 안팎을 나누고 있으며, 외출하는 사람은 현관열쇠를 채우면 안전하게 나갈 수 있다(그림 1). 현관의 기능에 우선시되는 것은 주택 바깥의 세계와 내부를 분리하고 방어하는 것이다. 문은 기본적으로 닫혀 있고 사람이 통과할 때만 연다.

일본의 옛 서민주택의 출입구는 「문」이 아니고 「미닫이」였다(그림 2). 미닫이는 하루 종일, 반나절 또는 전부 열어둔 상태여도 이상하지 않다. 이처럼 입구를 닫아서 안과 밖을 분리하는 것만 아니고, 열어 두어서 안팎을 연속적으로 연결하는 기능을 한다. 원래는 일과 통풍을 위한다는 목적이겠지만, 주택 내부와 외부의 사람을 연결한다는 사회적 의미를 덧붙여 주고 있다. 여기서 중요한 것은 미닫이를 여는 경우(결국 안과 바깥을 연결하는 경우)에 주인이 컨트롤한다는 점이다.

그림 3은 네덜란드의 고령자주택에 사용된 도어로서 주택의 안과 밖의 관계를 주인이 컨트롤할 수 있는 디자인의 예이다. 아래위 두 개로 나누어진 「하프도어」는 완전히 열지 않고, 완전하게 닫지 않는 반쯤 열어둔 상태를 만들 수 있다. 그에 따라 주인은 주택에 있으면서 외부의 분위기와 접할 수 있고, 외부사람도 주택 안의 모습을 엿볼 수 있으며, 현관 앞에서 커뮤니케이션을 유발할 수 있다. 그리고 물론 주인이 닫고자 하면 언제라도 닫을 수 있다.

◈ 컨트롤(Control)

여기서는 자신의 환경에 작용을 주고, 환경의 다양한 요소와 관계를 주체적으로 조정한다는 의미에서 사용하고 있다. 라포포트(Amos. Rapoport)는 프라이버시의 개념으로서 단순히 다른 사람들로부터 물리적으로 떨어져 있는 것이 아닌 「상호작용을 컨트롤하여 그것을 선택하고, 희망하는 교류를 얻을 수 있는 능력」이라고 정의하고 있다.

✓ 관련항목체크!

「두다」	⇨	p35
「영역을 확정하다」	⇨	p59
「머물다」	⇨	p60
「노지로 표출하다」	⇨	p61
「이웃으로 집을 열다」	⇨	p88

도판출전

그림.1 小林秀樹『集住のなわばり學』彰國社, 1992.

그림 .3 HERMAN HERTZBERGER "LESSONS FOR STUDENTS IN ARCHITECTURE by HERMAN HERTZBERGER" Uitgeverij OIO Publication, 1991.

그림 1. 집합주택의 철문

그림 2. 미닫이문의 현관

그림 3. 네덜란드 고령자주택의 하프도어

1m | 수납하다

수납물의 위치

일상생활에 사용하고 있는 작은 물건이나 용구, 물품을 수납하는 위치는 인체의 치수와 형상과 관계가 깊다. 생각해 보면 당연한 것이지만, 예를 들어 선 자세에서 시선보다 높은 위치에 서랍이 있다면 그 속에 무엇이 있는지 볼 수 없으며 실제로 사용하기 어렵다. 수납물의 크기와 형상, 무게만이 아니고, 서랍인지 미닫이인지 또는 슬라이드식의 책꽂이인지 수납형식 또한 작업 자세에 의해 수납하기 쉬운 책꽂이의 높이는 다르다. 그림 1은 수납책꽂이를 사용하기 쉬운 높이를 실험한 결과이다. 산에서 자라는 식물의 생태계가 표고에 따라 다르듯이 수납책꽂이라는 가구도 신체의 높이, 사용자에 따라서 다른 의미와 기능이 있음을 알 수 있다.

그림 2는 버나드 루돌프스키의 저서인『보기흉한 인체』중에서 완전한 옷차림을 한 남성이 입은 복장에서 포켓의 위치를 소개한 것이다. 루돌프스키도 지적하고 있지만, 의복의 포켓은 다분히 상징적인 의미도 있으며, 이러한 2다스에 가까운 포켓이 실제로 수납장소로 기능하는지 어떤지는 의문스럽다. 그렇지만 이 정도의 포켓 위치를 겹쳐보면「손에 물건을 넣을 수 있는 범위」가 몸 주변에 어떻게 분포하는지를 알 수 있어 재미있다.

이러한 사례는「보관할 수 있는 것」,「끄집어 낼 수 있는 것」이라는 행위의 가능성이 인간에게 수납책꽂이와 의복 등 환경의 높이와 위치에 의미를 주고 있음을 나타내고 있다.

✓관련항목체크!

「소유하다」 ⇨ p41

도판출전

그림.1 小原二郎, 加藤力, 安藤正雄『インテリアの計劃と設計』彰國社, 1986.

그림.2 Bernard Rudofsky "THE UNFASHIONABLE HUMAN BODY" Doubleday & Company Inc. 1979.

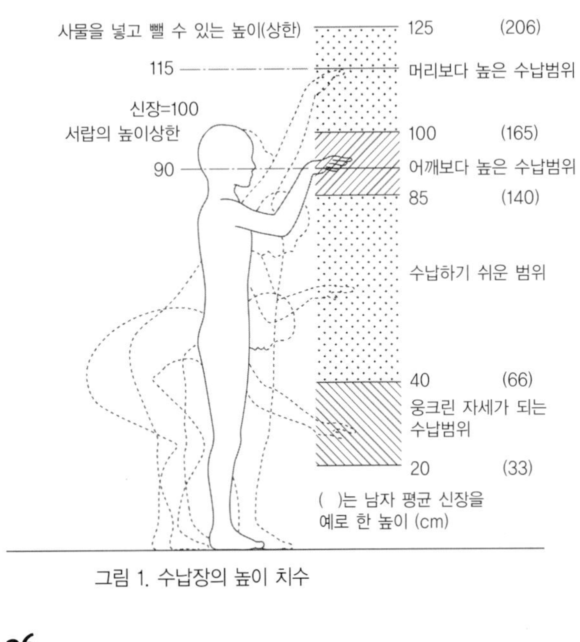

그림 1. 수납장의 높이 치수

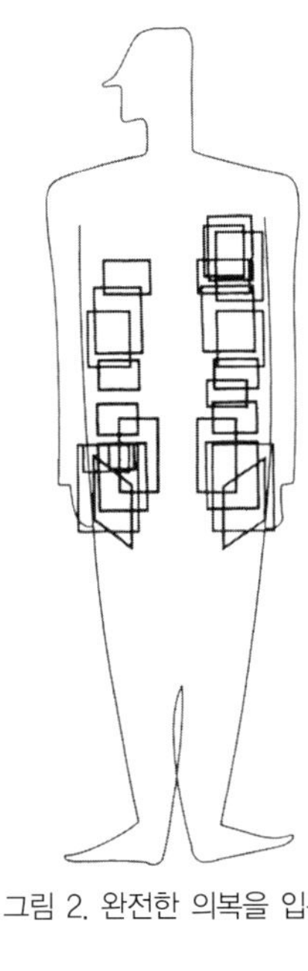
그림 2. 완전한 의복을 입은 남성의 포켓 위치

1m 마음을 편안하게 하다

새로운 공중화장실 디자인

일상의 생활공간에서 필요불가결한 공간이 화장실이다. 20년 전에는 완전히 음지였던 공간이 1987년 마츠야 긴자(松屋銀座)에서 「컴포터 스테이션」의 리뉴얼사업을 계기로 현재는 공공공간에서 「견줄 수 없는」 공간의 지위를 획득한 예도 많다. 짐을 두는 공간을 어린이 벤치로 이용하거나 소모품의 스마트한 수납이라는 구석구석에 이르는 고안은 기능적일 뿐만 아니라 쾌적성의 발상에서 만들어진 새로운 물리적 환경이다. 또한 장애인전용 화장실에서 다양한 사용방식에 대응된 범용성 높은 설계의 「편안한 화장실」도 출현하고 있다. 앞으로도 역, 백화점, 서비스 영역 등에서는 장소에 적응된 유연한 계획과 이용자뿐만 아니라 유지관리성과 균형이 지속적인 과제라 할 수 있다.

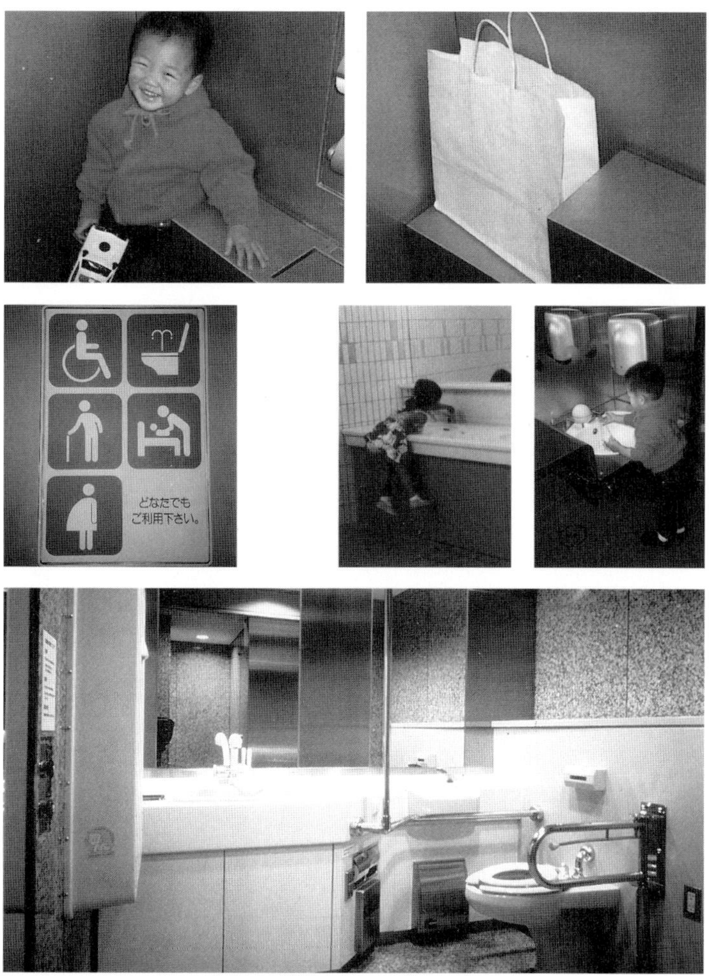

그림 1. 「대접하다」라는 생각에서 다양하게 고안된 화장실

◈ 컴포터 스테이션(Comfort Station)

영어로 「공공화장실」을 의미하는 말. 1987년 마츠야긴자(도쿄)에서 백화점 화장실의 공공성에 착안하여 각 층의 화장실을 다양한 개념을 지닌 「컴포터 스테이션」으로 개장하는 프로젝트를 시행했다. 그로 인해 화장실 공간을 다시 다루는 「화장실붐」의 선구가 되었다.

◈ 청결성(淸潔性)

문밖에 노브를 붙이지 않고, 닫힌 문 자체가 '사용중'이라는 사인을 나타내어 사용자가 기구나 부품에 최소한으로 접촉하도록 하는 고안이다. 현재는 「청결성」에 대한 배려를 센서기술로 대신하는 예도 많지만 공중의 장(場)에서 「청결성」이란 물리적 환경의 설비만으로는 다루어지지 않는다. 또한 유지관리가 될 수 없다.

그 중에서 문의 시스템이나 세면기 등의 작은 고안, 그것을 이용하는 사용자의 행동과 관계에서 보이지 않는 연속이 필요불가결한 공중의 장소에서 청결성이 크게 관련되어 있다.

거의 표준적인 설비의 신키바(新木場)역(도쿄) 화장실에 개인적으로 이용자가 유지관리에 대한 감사의 말을 쓴 메모, 스텝이 청결한 이용에 대한 감사의 말을 쓴 봉투 메모가 붙어 있다. 그 화장실이 아주 청결했던 것은 말할(마음이 편안했다) 것도 없다.

도판출전

그림.1 坂本菜子『トイレ・スタイリング』INAX 出版, 1992.

10m

10m 스케일에서 다루는 내용은 개인의 몸 주변 생활을 둘러싼 여러 가지 일이나 생활공간에 대응한다. 주(住)공간이나 가구, 손에 들고 있는 짐에 착안하여 그곳에서 전개되는 생생한 기록을 소개하는 것이 「스케치하다」, 「소유하다」이다. 주택의 방배치와 기거(起居) 양식에 대한 생활 자세와 가족의 단란을 단면도로 소개한 것이 「일본주택의 서양화」와 「단란」 항목이다. 공간의 지각과 인지 또는 개인공간이라는 개념을 통해 개인을 둘러싼 심리적 · 생리적 공간의 의미를 해설하는 것이 「개인공간(personal space)」, 「가리키다」, 「거리 · 용적을 측정하다」이다.

「레이아웃하다」는 실공간디자인의 한 측면으로 가구레이아웃과 인간행동의 관계를 오피스공간에서 해설하는 것이다. 설계방법의 도구로서 스페이스 블록의 개념을 소개하는 것이 「공간을 블록으로 다루다」이다.

인간이 일생을 살면서 주거를 바꾸는 양상을 보드게임에 비교하여 소개한 것이 「오르다」이며, 건물의 표층디자인을 조작하여 보는 사람에게 인상을 부여하고자 목표하는 수법이 「모방하여 만들다」, 「장식된 생물들」에서 소개한다. 또한 「차고(車庫) 리서치」는 지역이미지를 거주자의 소유물(자동차)에서 모색하는 독특한 조사이다. 그리고 일본주택의 전통과 형식의 전형(典型)인 연속된 다다미방의 사례가 「계승하다」에서 다루고 있다.

10m 스케일의 특징 중 하나는 주택의 내부와 외부의 관계에 대해 다루는 항목이다. 내부와 바깥의 관계를 생활영역의 개념에서 언급하는 것이 「영역을 확정하다」, 「거리로 표출하다」이다. 또한 주거를 "살아가는 용기"로 파악하고 한 개인에게 주거의 의미와 주(住)환경의 변화가 주는 심적(心的) 영향에 대해 말하는 것이 「생활의 거점을 이동하다」와 「머물다」이다. 그리고 「성장하다」는 성인이 인식하는 환경을 어린아이의 시점에서 다시 파악하는 방법을 소개한다.

10m | 스케치하다

주택의 공간구획 기록

아래의 그림은 주택에서 공간구획의 기록임과 동시에 그 당시 살아가는 방식의 기록이기도 하다. 단순히 주택의 공간구획만이 아니라 가구, 이불을 펴는 방식, 사람이 있는 위치와 자세까지 포함한 상세한 스케치를 하는 것으로 사진보다 오히려 리얼하고 생생한 당시 생활의 모습을 전해준다. 이러한 기록은 잊혀져 가는 일본인의 생활양식을 후세대에 전해주는 귀중한 자료이다. 그림 1은 도륜카이(同潤會)가 만든 다이칸야마(代官山)의 시부야아파트(1925) 평면도이다. 6량과 4량 반의 2칸으로 어른과 어린아이 한 명이 생활하는 모습이 그림 2에 자세히 기술되어 있다. 작자인 니시야마 우조우(西山夘三)는 「사첩 반을 식사실로 만들고 식침분리를 해도 2.5인까지 충분히 살 수 있다」고 했지만 「과연 그것을 위해서는 가재도구를 차근차근 조사하여 줄이는 노력이 필요하다」라고도 했으며, 좁은 주택에서 합리적이며 쾌적한 생활을 영위하는 노력이 지속된 당시 모습을 알 수 있다.

◈ 식침(食寢) 분리

2차 대전 이후 공영주택이나 주택공단에서 소규모 주택을 설계할 때, 가족 식사의 장(場)을 분리시킨다는 사고방식. 주택영단의 연구멤버인 니시야마 우조우(西山夘三)가 주거방식 조사의 결과로서 정리했다. 그 상세는 1942년 니시야마의 논문 「주거공간의 용도구성에 관한 식침분리론」(일본건축학회논문집보고)에 보고되었다.

✔ 관련항목체크!

「유지하다」 ⇨ p72

「모으다」 ⇨ p122

도판출전

그림.1, 2 西山夘三『住み方の記』文藝春秋新社, 1965.

참고문헌

江戸東京たてもの園 編『江戸東京たてもの園物語』大日本印刷

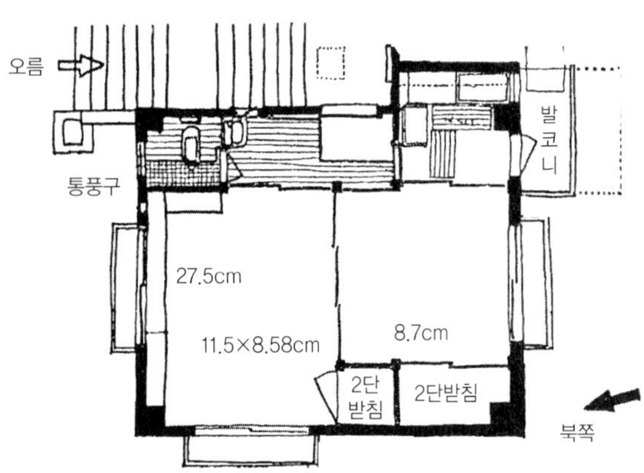

그림 1. 다이칸야마 도륜카이 시부야아파트 평면도

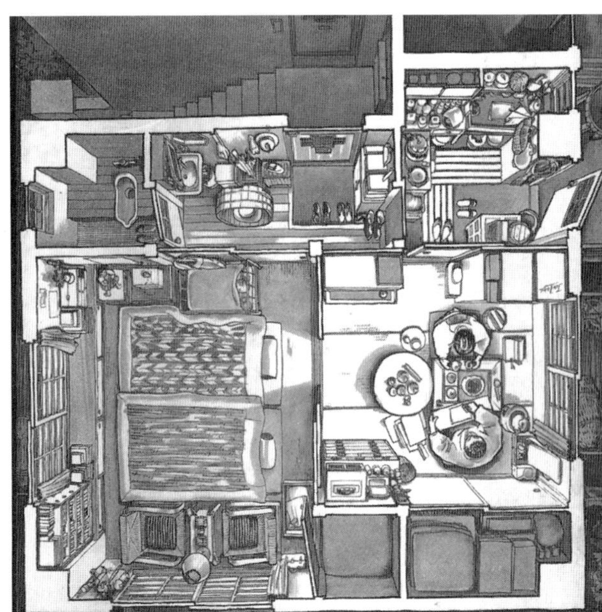

그림 2. 다이칸야마 도륜카이 시부야아파트(그림 1)에서 생활모습

10m | 소유하다

사물에서 생활을 파악하다

주택은 생활의 장(場)임과 동시에 가재도구를 보관하는 용기이기도 하다. 그렇다면 인간은 집 안에서 어떤 물건을 소유하고 있을까? 그림 1은 한 개인이 주택에서 소유한 물건 전체를 사진으로 촬영한 사례이다. 이와 같이 인간이 소유하고 있는 물건 전체를 파악하여 개인의 생활스타일을 측량하고, 그 시대의 생활방식을 파악할 수 있다. 그림 2는 도쿄의 원룸주택을 중심으로 내부의 모습 그대로를 촬영하여 「TOKYO STYLE」이라는 제목으로 소개한 사진집의 일부이다. 지금까지 그다지 주목받지 못했던 실제로 생활하는 진정한 도쿄의 모습이다. 가식 없는 일상의 삶을 사진으로 촬영한 것, 거기에서 독특한 생활스타일을 발견할 수 있다. 이러한 사진에는 소유자와 주인의 정보는 일체 나오지 않지만 소유하고 있는 물건과 방의 모습, 설치방식에서 있는 그대로의 모습과 직업, 취미 등이 저절로 전해지는 부분이 재미있다.

그림 1. 자신의 집에 있는 모든 것을 사진으로 촬영

그림 2. 원룸주택. 내부모습 그대로를 촬영한 사진

✔ 관련항목체크!

「두다」 ⇨ p34

「수납하다」 ⇨ p36

「모으다」 ⇨ p122

촬영자

그림.2 都築響一

도판출전

그림.1 須磨一清ほか 3人「住宅フィールドワーク」『10+1』No.18, 1999.

그림.2 都築響一『TOKYO STYLE』, 京都書院, 1997.

관련문헌

주택이나 가재도구에 착안하여 다양한 「생활」을 비춰내는 사진집으로는 그 밖에도 다음과 같은 문헌이 있다.

ピーター・メンチェル『地球家族 世界30國のふつうの暮らし』TOTO出版, 1994.
-세계 각지에서 촬영한 가족과 가재도구를 모은 사진집

小松義夫『地球生活記』福音館書店, 1999.
-전 세계의 집과 삶을 자세하게 찍은 것. 집모양의 다양함에 다시 놀란다.

都築響一『賃貸宇宙』筑摩書房, 2001.
-도쿄, 교토, 오사카에서 사는 300명의 임대주택을 수집

仙波喜代子ほか『小屋の力』ワールドフォトプレス, 2001.
-전 세계의 작은집을 모은 사진집. 작은집을 마이크로 아키텍처라는 시점에서 다시 보고 역사적인 진화의 모습을 문화의 차이를 배경으로 분석했다.

10m 일본주택의 서양화

방배치와 기거(起居)양식

현대 일본주택에는 화실(和室)과 양실(洋室)이 있다. 화실에는 주로 바닥에 앉고, 양실은 주로 의자에 앉아서 생활한다. 어떻게 두 가지 기거양식이 공존할까?

시간의 흐름에 따라 살펴보자. 그림 1과 그림 2는 단층주택의 공간구획이다. 제2차 세계대전 이전에는 대부분의 방이 화실이었다(그림 1). 최근에 화실은 방 하나뿐이다(그림 2). 집합주택에도 1960년대에는 다다미방이 많았지만(그림 3), 현재는 방 하나만 화실로 이루어진 공간구획이 많다(그림 4). 이처럼 전후(戰後) 일본주택에는 서양화가 두드러지게 나타났다.

메이지시대부터 일본은 근대화를 진전시켜 왔다. 다이쇼(大正)시대는 서양식 응접실의 중복도형 주택이 지어졌으며 양실 거실을 중심으로 공간구획이 시도되었고, 입식 부엌과 수세식 화장실의 주택이 만들어졌다.

현대 일본에서 서양화의 배경에는 이러한 노력이 있었다. 그 한편으로 근세부터 무가(武家)주택에도 현관에는 토간이 있고, 그곳에는 바닥에 앉은 사람과 구두를 벗은 채 누운 사람이 대응하는 장이 되었다(그림 5). 그리고 농가와 마을집에도 토간이 있었다. 즉 두 가지 기거양식의 공존은 서양화되기 이전부터 일본주택의 특징이었다.

◈ 화실(和室)

바닥에 다다미를 깔고 벽은 진벽조(眞壁造)로 둘러쳐져 있으며 천장은 사오부치竿緣 천장으로 되어 있는 방.

◈ 양실(洋室)

바닥은 판으로 깔고 벽은 대벽조(大壁造 : 기둥이 보이지 않는 벽)이며, 천장 안은 싯쿠이漆喰로 바른 방.

◈ 기거양식

방을 어떤 방식으로 사용할 것인지를 가리킨다. 구미(歐美)나 중국의 주택은 의자에 앉아서 사용하는 의자식 방으로 이루어져 있다. 우리나라나 일본의 전통적 방은 바닥에 직접 엉덩이를 붙이고 앉는 방식으로 이루어져 있다.

◈ 중복도형 주택

연속된 다다미방이 있는 전통적인 주택에 중복도를 도입하여 각 방의 독립성을 유지하고, 남쪽에 가족을 위한 다실을 확보한 근대적인 방구획의 주택. 「계승하다」의 그림 1 참조.

도판출전

그림.1 大河直躬『人類學』平凡社, 1986(青木正夫ほか「中流住宅の平面構成に関する研究」에서)

그림.5 大河直躬『人類學』平凡社, 1986.

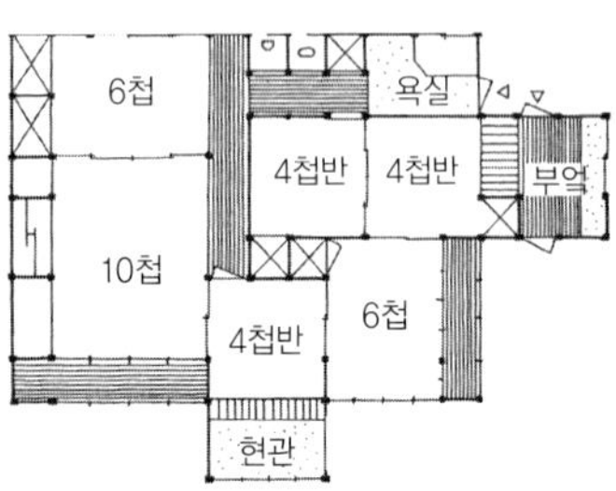

그림 1. 단층주택(1935)

그림 2. 단층주택(2002)

그림 3. 일본주택공단의 3LDK(1963)

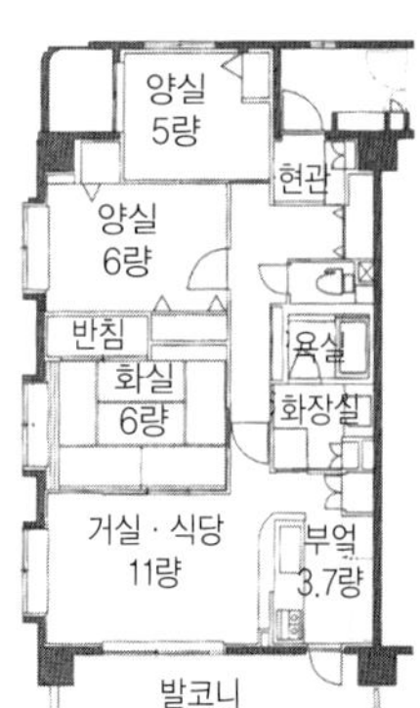

그림 4. 분양맨션(2002)

그림 5. 전통주택의 현관 토간에서 접객

10m | 단란

가족이 모이는 장면

주택에서 가족은 어느 장소, 어느 시간, 그리고 어떤 자세로 무엇을 하면서 모일까? 이러한 시점에서 가족이 모이는 다양한 장면을 채집한 조사가 있다. 이 방법으로 가족이 단란한 모습을 자세히 알 수 있다. 그림 1, 2는 도쿄 내의 모 여자대학에 다니는 대학생을 대상으로 「가족이 모이는 장면」, 즉 단란의 모습을 조사한 결과의 일례이다. 여기에서 「단란」은 반드시 모두 동일한 행동을 하는 것이 아니라 제 각각 일을 하면서 가족이 자연스럽게 함께 지내는 모습으로 파악할 수 있다. 적절한 거리를 유지하면서 함께 지내는 장소, 서로 각각의 일을 하면서 상대의 기분을 느끼는 공간이 가족이 모이기 쉬운 장소라고 생각할 수 있다.

또한 가족이 머무는 장소의 파악방식에서 그 모임의 크기를 측정하면 4~5인의 경우는 대략 1.5m의 직경임을 알 수 있다(그림 3). 이것은 대화하는 적정거리이며 회의할 때 서로 친밀하게 이야기할 수 있는 거리에 해당한다. 가족의 수가 증가하거나 접객의 경우에는 그림 4처럼 이 직경은 커지며 3m 정도까지 넓어진다.

✔관련항목체크!

「개인 공간」 ⇨ p44

도판출전

그림.1, 2 橋本都子, 高橋公子「空間のおける心理的領域に関する研究」日本女子大學 紀要家庭學研究科 人文生活研究科, 創刊號, 1994.12.

그림.3, 4 西出和彦 ほか『シリーズ〈人間と建築〉1 環境と建築』朝倉書店, 1997.

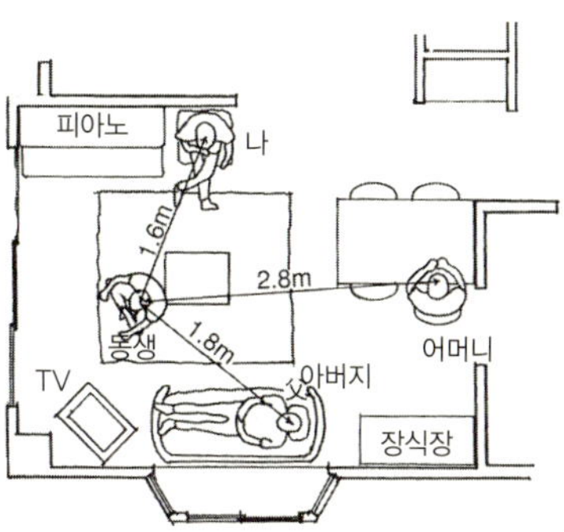

아버지는 식사를 마치면 반드시 소파에 누워서 TV 시청을 한다. 어머니는 빨래를 마치고 언제나 의자에서 수예를 하면서 TV시청을 한다. 나와 동생은 공부하는 중간에 TV를 본다. 그 때는 카펫 위나 작은 소파에 앉는다.

그림 1. 각각 다른 일을 하면서 TV를 본다.

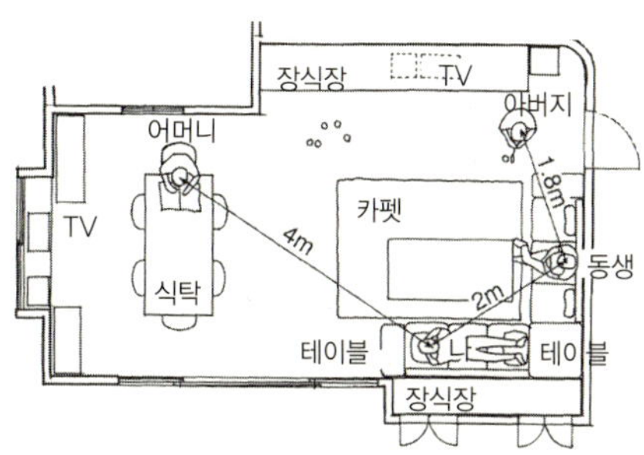

식후의 모습. 어머니는 식탁에서 신문이나 책을 읽거나 소파에 앉아서 TV시청을 한다. 아버지는 골프연습을 하거나 카펫 위에 앉아서 TV시청을 한다. 동생이나 나는 소파에 눕는 경우가 많다.

그림 2. 다른 일을 하면서 기척을 느낀다.

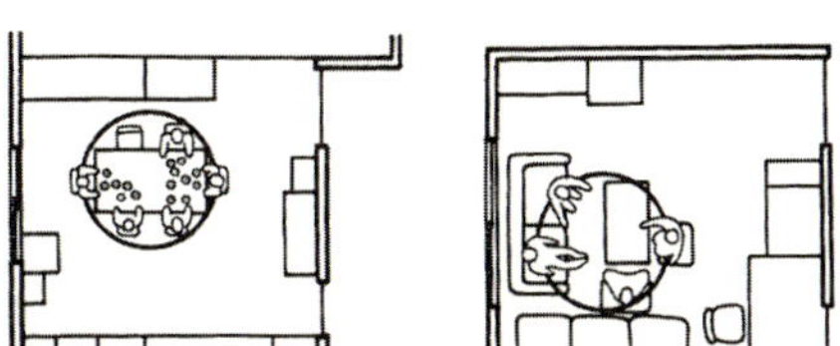

식탁이나 코타츠를 둘러싼 단란은 직경 1.5m원의 크기이다.

그림 3. 1.5m원

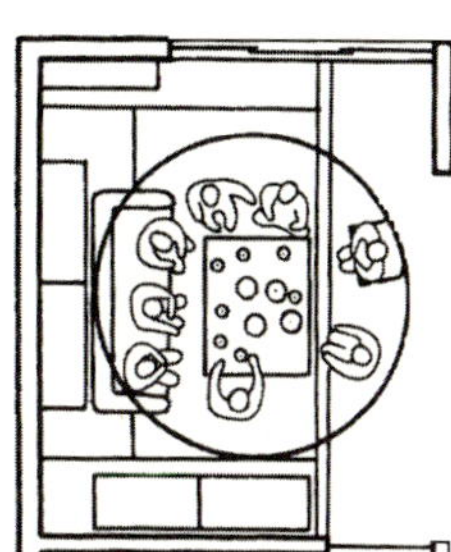

응접세트 등 많은 사람의 단란이나 접객은 최대직경 3m의 원이 된다. 이것은 대화할 수 있는 한계거리(약 3m)에 대응한다.

그림 4. 3m원

10m | 개인 공간(personal space)

들고 나를 수 있는 영역

혼잡한 전철과 엘리베이터 속에서 서로 불쾌하지 않도록 상대와의 거리나 신체의 방향을 조절했던 경험은 누구나 있을 것이다(그림 1). 우리들은 자신의 신체 주변이 타인에게 침범당하지 않는 어떤 일정한 세력권을 가진다. 그 세력권의 경계선은 눈으로 볼 수 없지만, 그 속에 타인이 침입하면 무의식중에 신체의 방향을 바꾸거나 얼굴을 돌리는 등의 행동을 하여 상대에게 어떤 메시지를 보낸다.

사회심리학자인 로버트 솜머(R. Sommer)는 이 세력권을 퍼스널 스페이스(personal space)라고 했으며 들고 나를 수 있다는 점에서 포터블 테리토리(portable territory)라고도 부른다. 그림 3은 「상대에게서 벗어나고 싶다」고 느낄 만큼의 강한 경계선을 긋고 자신 주변에 존재하는 어떤 종류의 퍼스널 스페이스의 크기를 조사한 실험의 결과이다. 사람은 뒷방향보다 앞방향에 민감한 것, 서서 이야기하는 거리는 「평가 4 : 바로 떨어지고 싶다」보다도 먼 것이 「평가 3」보다 가깝고 상당히 접근된 거리임을 파악할 수 있다.

◈ 퍼스널 스페이스(Personal Space)

개인공간 또는 개체공간이라고 한다. 로버트 솜머는 「침입자가 들어오지 못하도록 그 사람의 신체를 둘러싸고 보이지 않는 경계로 이루어진 영역」이라고 설명하고 있다. 퍼스널 스페이스의 연구는 동물행동의 연구에서 유래했다. 동물심리학자인 헤이딩거는 갈매기가 서로 일정한 거리를 유지하며 호반(湖畔)의 가장자리에 멈춰 있는 것을 관찰하고, 동물은 같은 개체 간에 어떤 특정의 거리를 유지하는 경향이 있음을 알게 되었다. 이 사고를 인간의 경우에 적용한 사람이 에드워드 홀이다. 홀은 저서인 『숨겨진 차원』(1970)에서 사람 사이의 거리를 가까운 순서에서 밀접거리, 개체거리, 사회거리, 공중거리의 4가지로 분류하여 의미를 붙여 해석했다.

◈ 소시오페탈/소시오후갈 (sociopetal/sociofugal)

Osmond(1957)가 정신병원의 자세에 대한 연구에서 공간디자인의 2가지 타입으로 제창했던 개념이다. 소시오후갈이란 인간끼리의 교류를 막는 디자인을 가리키고, 소시오페탈이란 반대로 교류를 촉진하는 디자인을 가리킨다. 그리고 특히 정신병원의 디자인에서는 이러한 2가지 디자인 개념을 구분하여 사용하는 것이 중요하다고 설명했다.

그림 1. 전철의 좌석은 가능한 타인으로부터 먼 장소에 앉고, 자신의 영역을 확보하려고 한다.

그림 2. 전철역 플랫폼에서 곁눈질로 이야기하는 두 사람. 다른 집단과 시선의 높이를 바꾸어서 대화영역을 확보하고 있다.

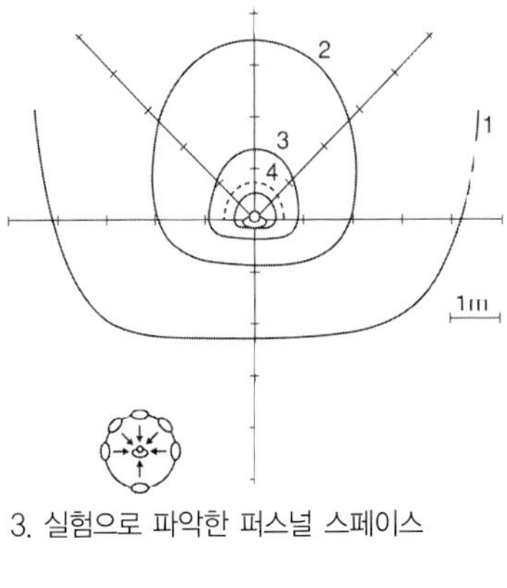

상대를 느끼는 방식
- 4 : 곧 떨어지고 싶다
- 3
- 2 : 당분간 이대로가 좋다
- 1
- 0 : 이대로가 좋다

--- 서서 이야기를 하는 위치관계

중앙의 사람에게, 주변에서 정면방향으로 다가오는 타인의 위치에 대해 중앙의 사람이 느끼는 방식 분포(남성, 선자세)

그림 3. 실험으로 파악한 퍼스널 스페이스

퍼스널 스페이스와 유사한 사고방식으로는 소시오페탈/소시오푸갈(sociopetal/sociofugal)이 있다. 이것은 공간디자인과 가구배치에 관한 개념이며, 여러 사람이 모인 경우 신체의 방향과 앉은 위치에 의해 대화를 촉진하는 디자인타입을 소시오페탈, 대화를 방해하는 디자인타입을 소시오푸갈이라 한다. 예를 들면 그림 4처럼 6인용 테이블에 두 사람이 앉았을 때, 좌석에 앉는 방식은 가장 소시오페탈한 관계에서 가장 소시오푸갈한 관계까지 5단계로 분류할 수 있다.

옥외와 역(驛) 구내에 놓인 벤치디자인에도 이 사고방식에 근거하여 볼 수 있다. 그림 5는 앉은 방향을 한정하지 않는 4인용 벤치의 디자인 예이다. 동료 두 사람이 친한 관계로 앉을 수 있고, 다른 사람끼리 2사람의 경우는 양끝에 앉고, 가까운 거리에도 신체방향을 바꾸어 서로 개인적 공간을 확보하고 있다.

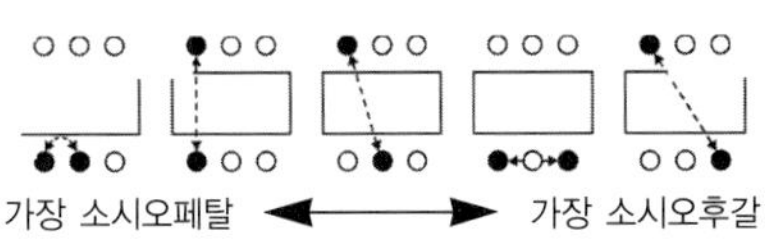

그림 4. 테이블좌석의 분류

다양한 방향으로 앉을 수 있는 벤치는 소시오페탈과 소시오후갈 어느쪽의 상황에도 대응할 수 있다.
그림 5. 앉는 방향을 한정하지 않는 옥외벤치

✔관련항목체크!

「손을 뻗다」 ⇨ p22
「두다」 ⇨ p34
「단란」 ⇨ p43
「가리키다」 ⇨ p46

도판출전

그림.3 日本建築學會 編, 『コンパクト建築設計資料集成 – 住居』, 丸善, 1991.
그림.4 デイヴィド・カンター 著, 乾正雄 編, 『環境心理學とは何か』, 彰國社, 1972.
그림.6 建築計劃敎科書研究會 編, 『建築計劃敎科書』, 彰國社, 1989.

참고문헌

R. Sommer 저, 이영회, 김정태 역, 『개인의 공간』, 기문당, 1990.
에드워드 홀 저, 최효선 역, 『숨겨진 차원』, 한길사, 2002.
心理學辭典, 平凡社, 1981.
日本建築學會 編, 『建築人間工學辭典』, 彰國社, 1999.
日本建築學會 編, 『建築・都市計劃のための空間學辭典』, 井上書院, 1996.

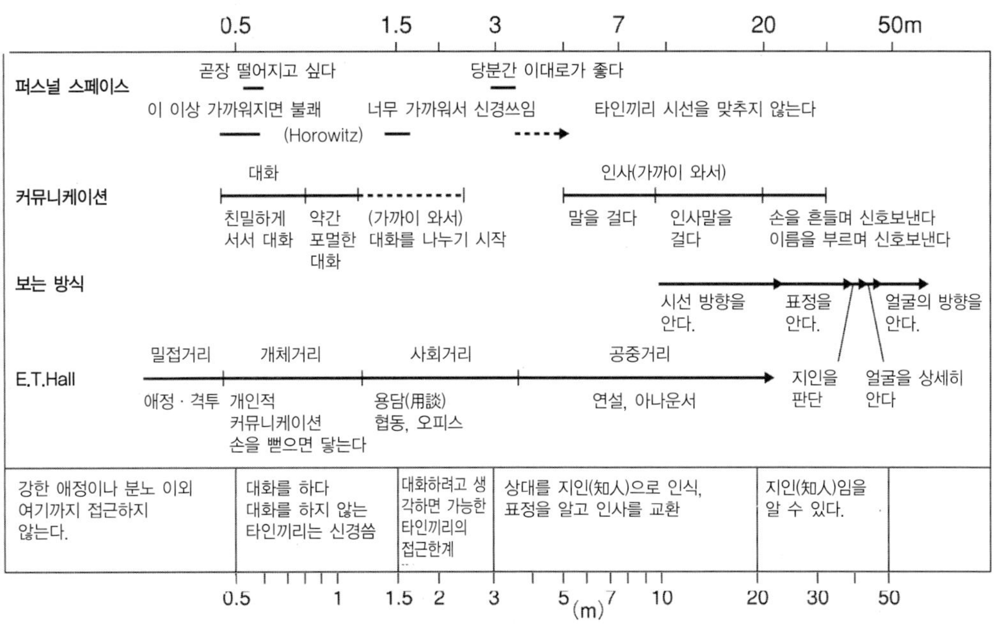

사람 사이의 거리를 두는 방식은 그림과 같이 대략적으로 분류할 수 있다(몸 중심 사이의 거리). 접촉에서 0.5m까지는 가깝지 않다. 0.5~1.5m 사이에는 대화가 이루어지지만, 대화를 하지 않는 타인끼리는 가깝지 않다. 대화를 할 수 있는 한계는 3m 정도이다. 상대의 표정을 알 수 있고, 인사를 나누는 거리는 20m 이내이며, 상대가 누구인지를 알 수 있는 거리는 50m 이내이다.
그림 6. 사람과 사람 사이의 거리구분과 의미 형성

10m | 가리키다

지시대명사 이것 · 그것 · 저것

우리나라나 일본어의 지시대명사에는 「이것 · 그것 · 저것」이라는 말이 있지만, 일상적으로 어떤 경우에 사용할까? 우선 자신의 바로 가까이에 있는 물체를 가리킬 때는 「이것」을 사용할 것이다. 반대로 먼 장소에 있는 물체는 「저것」을 사용하고, 그 중간에 「그것」을 사용한다. 이처럼 우리들은 지시대명사 「이것 · 그것 · 저것」을 나누어 사용하면서 무의식적으로 거리의 「가까움 · 중간 · 멈」을 구분하여 선택한다.

인간은 자신의 신체를 중심으로 무한히 확장하는 공간의 어느 정도 거리까지를 「가깝다」고 느끼고, 얼마만큼 떨어지면 「멀다」고 느낄까? 그것은 얼마만큼 떨어진 지시물을 「이것」, 「그것」, 「저것」이라 부를까라고 지시어를 나누어 사용하는 현상에 대응하여 생각할 수 있다.

그림 1은 실험에서 지시대명사 「이것 · 그것 · 저것」 영역의 크기를 구한 결과이다. 23명의 피험자에 대한 지시물과 거리와 높이를 무작위로 섞어 다음과 같은 질문을 했다. 『누군가 당신에게 와서 지시한 물체를 오른손으로 가리키며 「○○는 무엇일까」, 「○○는 공이다」라고 말했을 때, ○○가 있는 곳에 「이것 · 그것 · 저것」 중 어떤 지시대명사를 사용할까?』이다. 그 결과 「이것」의 영역은 인간의 신체를 포함하는 높이 240cm 정도까지 넓어지고 앞 방향과 비스듬한 앞방향의 높이 90cm 주

◈ 지시대명사

지시대명사 「이것」은 「공간적, 시간적 또는 심리적으로 말하는 사람의 가까이에 있는 것을 지시하는 말」이며, 「그것」은 「공간적, 시간적 또는 심리적으로 상대편에 가까이에 있는 것을 지시하는 말」, 그리고 「저것」은 「공간적, 시간적 또는 심리적으로 자신이나 상대로부터 떨어져 있는 물체 또는 장소를 지시하는 말」이다.

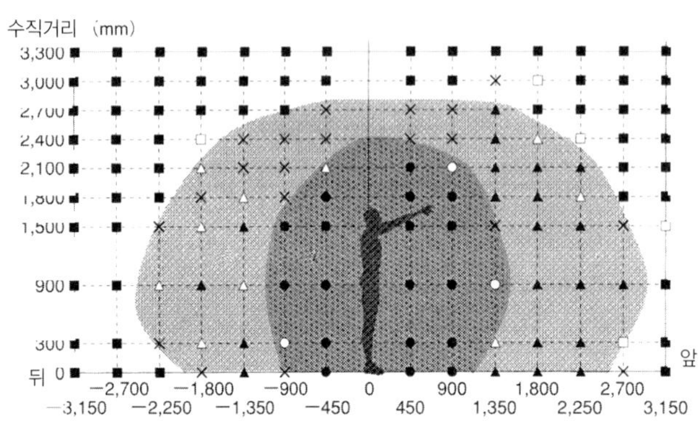

어떤 일정한 장소에 선 사람이 자신의 주변에 있는 사물을 가리킬 때 「이것, 그것, 저것」 중에서 어떤 지시어를 사용할까를 조사함으로써 인간이 무의식중에 인식하고 있는 거리의 「가까움, 중간, 멈」의 범위를 조사할 수 있었다.

그림 1. 지시대명사 「이것, 그것, 저것」이 사용된 상황과 그 영역

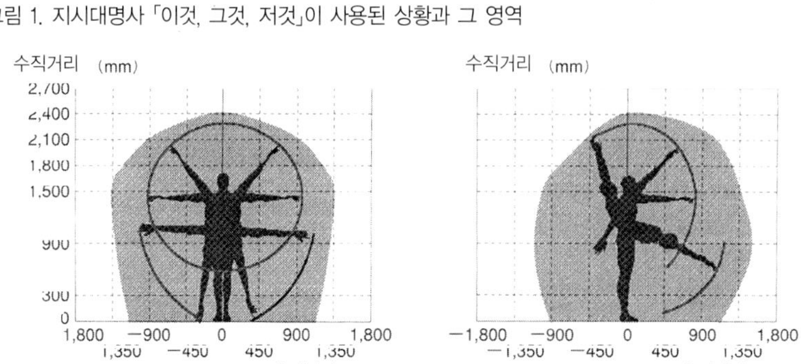

그림 2. 지시대명사 「이것」의 영역과 동작영역의 비교

변에서 조금 팽창된 형태로 이루어짐을 알 수 있다. 「그것」의 영역은 「이것」의 바깥쪽이며 개인차가 많이 보였다. 한편 「저것」의 영역은 「그것」의 더욱 바깥쪽으로 확장했다. 높이, 거리와 함께 3m 이상 떨어지면 거의 「저것」의 지시대명사가 사용됨을 알 수 있다.

그림 2를 보면 「이것」의 영역은 사람이 손과 발을 뻗어서 닿는 범위와 거의 같음을 알 수 있다. 사람이 심리적으로 「가깝다」라고 느끼는 거리는 어쩌면 「자신의 손과 발을 뻗어 닿는 동작영역」과 관련된다고 생각할 수 있다.

게다가 실험결과의 데이터에서 「이것」의 영역을 3차원으로 표현하면 그림 3처럼 되고 신체를 둘러싸고 확장되는 계란형이 된다. 그림 3을 근거로 실물 크기의 모델을 작성한 것이 그림 4이다. 「이것」 영역의 용적은 약 10m³이지만 모델공간 속에 들어가서 그 용적량을 체험할 수 있다. 여기서 나타난 「이것」 영역의 공간모델은 사람이 자신의 주변 「인접영역」으로 지각하는 입체공간의 최소단위로 위치함을 알 수 있다.

✔관련항목체크!

「손을 뻗다」	⇨	p22
「개인 공간」	⇨	p44

도판출전

橋本都子, 西出和彦, 高橋鷹志『指示代名詞の使い分けによる3次元空間の領域分節』No.552, 日本建築學會計劃系論文集, 2002.2.

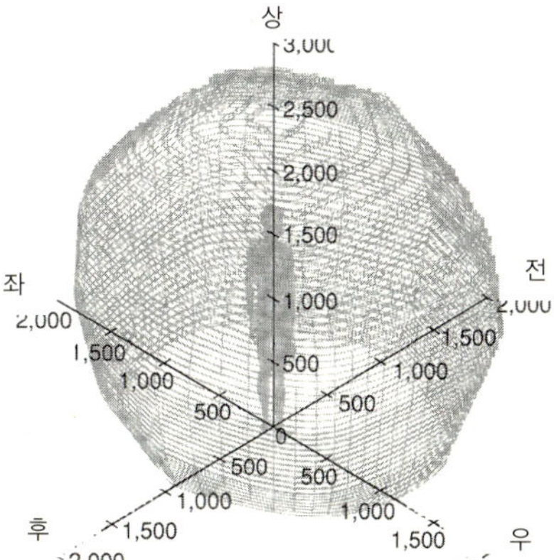

「이것」의 영역은 사람을 둘러싸고 확장하며, 달걀모양을 이루고 있음을 알 수 있다. 바닥 위의 면적은 약 3.3㎡(1평), 용적은 약 10㎥이다.

그림 3. 지시대명사 「이것」의 영역을 입체적으로 표현

왼쪽 : 외부 피막을 붙인 상태
오른쪽 : 외피를 벗겨낸 가운데 사람이 선 상태

그림 4. 그림 3의 「이것」의 영역을 근거로 작성한 실물 크기 모델은(프레임은 목제, 막은 천이며 떼낼 수 있다)

10m | 거리 · 용적을 측정하다

거리감 · 용적감은 어떻게 파악할 수 있을까?

인간은 공간 속에서 생활한다. 벽과 천장으로 둘러싸인 건축의 내부 공간을 우리들은 어떻게 지각하고 있을까? 예를 들면 자신의 방 크기에 대해 생각해보자. 「당신 방은 얼마만큼 넓은가?」라고 질문을 받으면 대부분의 경우는 면적(m^2와 평)으로 대답할 것이다. 그러나 면적만이 아닌 실제로 천장고가 방의 크기에 대한 인간의 감각에 크게 영향을 주고 있음을 알 수 있다. 이처럼 인간의 공간지각에 관한 특성에 대응하여 최근에는 천장이 높은 주택이 증가하고 있다. 면적이 좁은 도시주택에서 천장을 높여 수직방향으로 확장하여 공간의 세장함을 해소하는 효과가 있다(그림 1).

인간이 지각한 거리와 공간의 크기는 실제 물리적인 크기와 반드시 일치하지 않으며 양자 사이에는 어느 정도의 왜곡이 발생한다. 예를 들어 거리를 지각할 때 올려다보는 경우와 내려다보는 경우의 차이를 조사한 결과, 그림 2처럼 올려다보는 쪽(앙각)이 거리를 멀게 느끼고 내려다보는 쪽(부각)은 거리를 가깝게 느낀다. 눈으로 지각하는 용적과 실제 용적 사이에도 왜곡이 발생한다. 그림 3처럼 용적은 같고 비례가 다른 2개의 공간에서, 종단면의 공간은 횡단면의 공간에 비해 실제보다 0~10%(평균 6%) 용적을 크게 지각한다는 실험결과가 나왔다. 이처럼 방의 천장을 높이는 것은 그 방의 용적을 크게 느끼도록 하는 것과 연결되지만 동시에 개구부를 뚫는 방식과 바닥면과 천장고의 균형도 고려할 필요가 있다.

도판출전

그림.2 内藤惠介, 初見學「見上げと見下ろしの距離感−距離の認知に關する研究」日本建築學會大會學術講演梗概集, 1993.9.

그림.3 高橋鷹志ほか『シリーズ〈人間と建築〉1 環境と建築』朝倉書店, 1997.

그림 1. 수직방향으로 공간을 확장하여, 좁은 바닥면적에도 공간의 여유를 만들어내는 주택은 증가하고 있다.

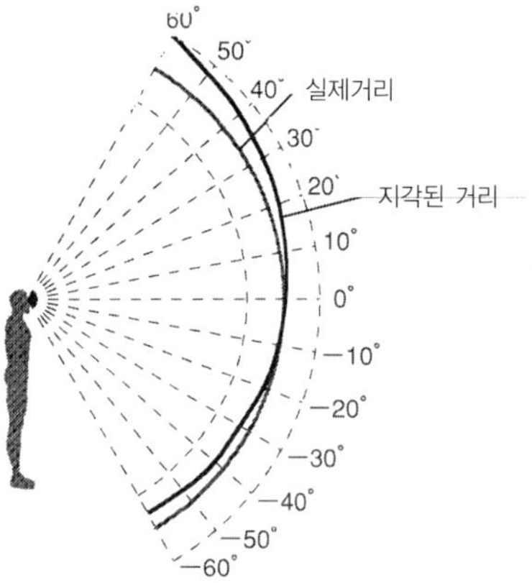

내려다 볼 때는 거리를 가깝게, 올려다볼 때는 거리를 멀게 지각한다. 실제 거리와 지각된 거리가 같아지는 것은 부각(俯角) 13.6도 전후이며, 인간의 시선이 보통 아래로 향하는 것과 일치한다.

그림 2. 올려보기와 내려보기의 거리감

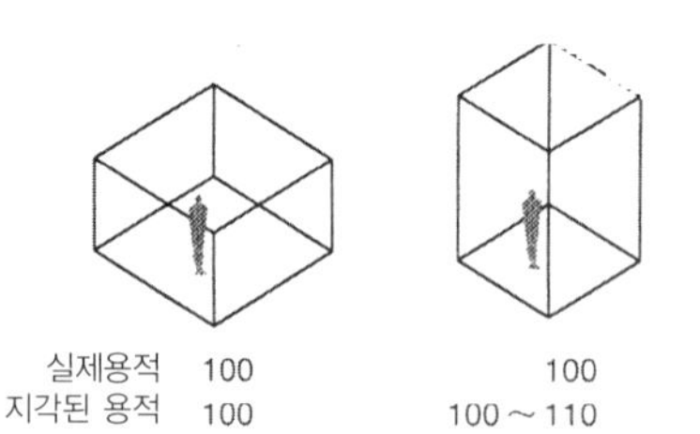

2개의 공간 적용이 물리적으로 같은 경우, 바닥면적이 작고 천장이 높은 공간이 0~10%(평균 6%) 큰 용적으로 지각된다.

그림 3. 용적의 지각과 공간의 비례

10m | 레이아웃하다

오피스 레이아웃으로 살펴 본 집무환경

오피스에서는 가구 · 집기를 레이아웃하여 집무하는데 적합한 환경을 마련한다. 오피스의 책상 레이아웃은 서로 마주보는 방식, 동일한 방향(학교)식, 좌우 마주보는 방식으로 크게 구분할 수 있다. 오피스는 책상과 수납가구를 배치하고, 시선을 차단하는 낮은 패널로 공간을 적절하게 분할하여 형태를 만들 수 있다. 그림 1은 키높이 정도의 패널로 둘러싸인 부스식 오피스, 마주보기식 오픈오피스의 공간파악으로 이루어진 방식을 스케치맵으로 조사한 결과이다. 두꺼운 선으로 표시한 개소(個所)만큼 공간의 연결을 파악하기 어렵다. 같은 건물에도 레이아웃에 의해 파악된 공간의 크기가 다름을 알 수 있다.

일반적으로 공간분절에는 오피스에 입주하는 조직구성이 반영된다. 예를 들면 일반기업에는 부서단위가 공간분절의 기본이 된다. 또한 오피스 랜드스케이프가 있으며, 이것은 서류와 정보의 흐름에 따라 개방된 책상을 레이아웃하여 만드는 방법도 있다.

오피스에는 개인전용 좌석이 정해지는 것이 일반적이지만, 공간을 효율적으로 이용하기 위해 프리어드레스방식을 채용한 기업도 증가하고 있다. 특히 컴퓨터의 모바일화와 PDA의 발달로 정보 네트워크의 플러그인(plug-in)화, 무선화 또는 취업형태와 재량(裁量) 노동제 등 시간과 장소에 구애받지 않는 노동방식을 반영한 오피스도 증가하고 있다. 그림 2는 프리어드레스 오피스에서 행동조사한 결과이며 사용방식의 차이를 유형화한 그림이다. 이러한 좌석 선택의 차이는 업무내용보다 개인속성에 의해 나타난다.

◈ 오피스 랜드스케이프
1960년대에 독일의 크이츠크보너사(社)가 제창하고, 실현시킨 오피스형식. 공간효율이 좋지 않아서 현재 그다지 보급되지 않았다.

◈ 프리 어드레스(free address) 오피스
재적자의 좌석을 결정하지 않고, 도서관의 좌석처럼 자유롭게 이용하는 방식으로 부재자의 스페이스를 실질적으로 유효하게 이용하는 오피스형식이다. 논테리토리얼 오피스, 모바일 오피스라고도 불린다. 1987년에 일본의 아오미즈건설에서 시행된 이후, IT기술의 진보에 따라 구미(歐美)에서도 실현되었고, 오피스혁명의 대명사가 되었다.

◈ PDA
휴대정보단말. Personal Digital(Data) Assistants)의 약칭이다. 전자수첩에 전자메일 등의 인터넷기능을 덧붙인 것이다.

◈ 플러그 인(PLUG-IN)
콘센트에 전원플러그를 꽂는 것처럼 정보네트워크에 액세스할 수 있는 것, 꼽는 것만으로 사용할 수 있는 것을 의미한다.

참고문헌

日本建築學會 編『建築空間のヒューマナイジング』彰國社, 2001.
日本建築學會 編『人間環境學』朝倉書店 1998.
日本建築學會 編『人間-環境系デザイン』彰國社, 1997.

---: 30% 이상 ---: 25% 이상 ---: 20% 이상

스케치맵에 의해 그림이 연속하지 않는 개소(個所)와 그러한 그림의 출현율

그림 1. 부스형 오피스(위), 오픈형 오피스(아래)의 공간파악

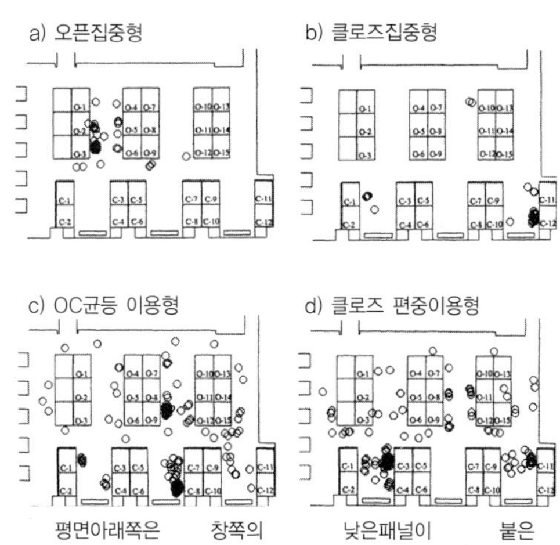

평면아래쪽은 창쪽의 낮은패널이 붙은 클로즈좌석(C-번호), 위쪽 중복도쪽의 오픈좌석(O-번호)

그림 2. 프리어드레스 오피스에서 자리의 선택 패턴

10m | 공간을 블록으로 다룬다

입체적 공간설계 툴(TOOL)

내부나 외부가 건물의 벽으로 둘러싸인 곳이 있다면 한 번에 파악할 수 있는 보이드 부분에 주목해 보자. 이 보이드는 둘러싸인 벽에 의해 다양한 형태를 이루고 있다. 이것을 잘라내어 투명한 블록(레고블록)처럼 생각해보자(그림 1). 이와 같은 공간의 블록을 스페이스블록(SB)이라 부르기로 한다.

재미있게 아래 위로 뚫린 공간이 있는 내부공간을 SB로 나타내 보자. 역사적으로 평가가 높은 건축에는 이러한 공간이 많이 발견된다(그림 2, 3). 외부공간에서는 빌딩 사이의 오픈스페이스(그림 4)와 중정형 주거의 중정 등이 SB로 표현된다. 경사면으로 전개되는 작은 광장이 아름다운 도시(그림 5)처럼 세계적으로 다양한 사례가 많다.

◈ 스페이스 블록

건축이나 도시공간의 보이드를 입체적으로 네거티브나 포지티브로 반전하여 실체화하고, 블록처럼 구분하여 표현한 것. 설계집단 시라칸스가 하우징 앤 커뮤니티재단 조성에 의한 「입체화된 주(住)공간에 관한 연구」(1994)에서 착상했다.

◈ 중정형 주택

지중해안의 도시, 이슬람도시, 중국의 도시 등 도시주택의 기본형이 중정형인 문화권은 많다. 중정이 정리되어 있으면 고밀도로 집합했을 때에도 비교적 안정된 환경의 질이 유지된다.

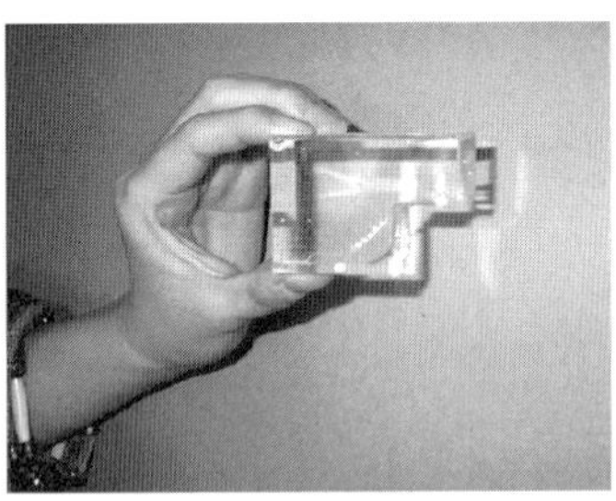

그림 1. 실리콘제품의 스페이스 블록

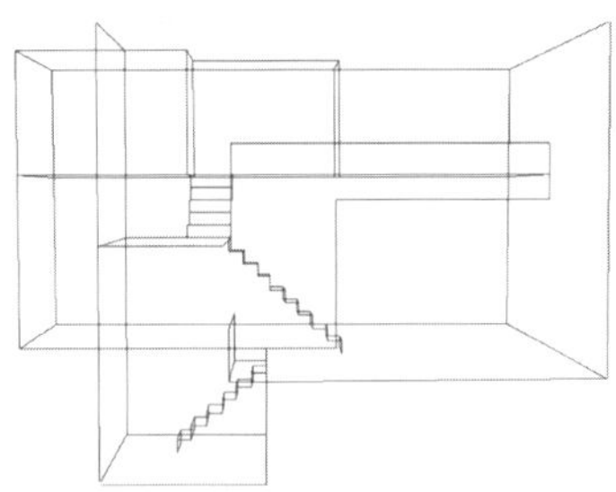

그림 2. 츠치우라 카메키의 자택

그림 3. 라로쉬 잔느레주택(1923) 입구홀(르 코르뷔지에)

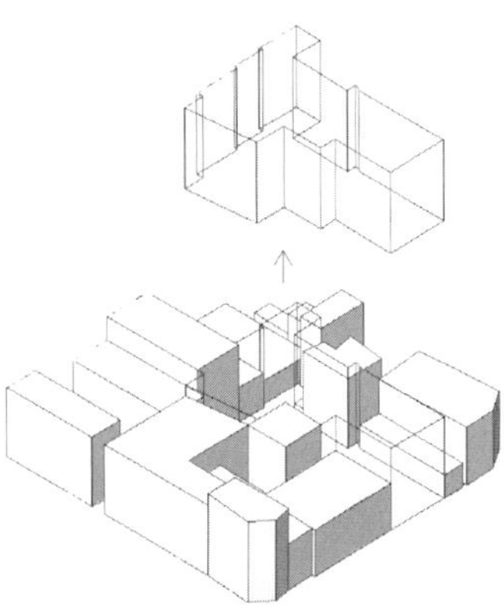

그림 4. 가구(街區) 속의 오픈스페이스를 끄집어냄(나고야)

그림 5. 리스본, 알파마지구의 소광장

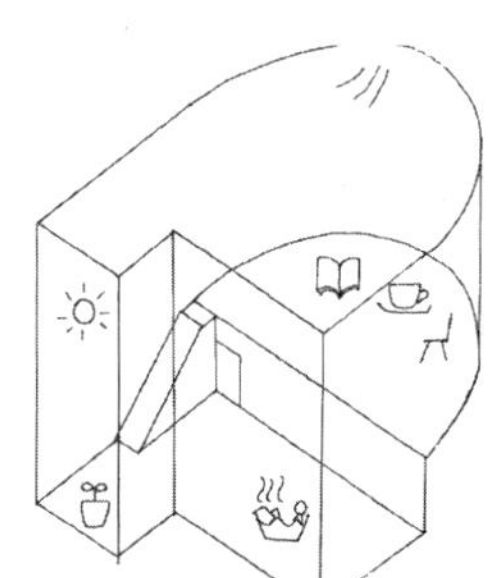

그림 6. 어느 스페이스블록에서 일어나는 다양한 상황(학생작품)

샘플을 수집하는 것만이 아니라 설계도구로 사용해 보자. 휘어지고 독특한 형태의 SB를 몇 개 준비한다. 하나를 선택하여 그 속에 어떤 일이 일어날 것인지 상상해보자. 올려보거나 내려다보거나, 소리를 지르고, 햇빛이 들어오고, 바람이 통과할지도 모른다(그림 6). 벽의 소재를 다양하게 선택하면 분위기가 달라질 것이다. 같은 SB일지라도 다른 방향으로 놓으면 또한 새로운 스토리가 만들어진다. 몇 개를 조합하면 집합체의 스토리를 상상할 수 있다. 그다지 특징이 없는 SB일지라도 조합해 보면 내부를 체험하게 되는 매력이 생긴다(그림 7). 블록의 특징으로서 몇 가지를 조합시키면 전체 외관은 예기치 못한 형태가 되기도 하며(그림 8, 9, 10) 실제 설계에도 유용하게 이용할 수 있다(그림 11).

촬영자

그림.8~9 中川敦玲
그림.11 平井廣行

도판 작성자

그림.2 クラオ ヒロイ アーキテクツ

참고문헌

日色眞帆＋シーラカンス「立體化した住空間に関する研究」財團報告書 1994.

日色眞帆, 小嶋一浩「SB(スペースブロック)によるデザインスタディ」『建築文化』1996.3.

日色眞帆, 多羅尾直子(クラオ ヒロイ アーキテクツ)「都市型住宅立體構成」『コンフォルト』2001.6.

日色眞帆「空間と出來事をプログラムする：積木と繪文字の設計手法」日本建築學會編『空間計劃學』井上書院 2002.

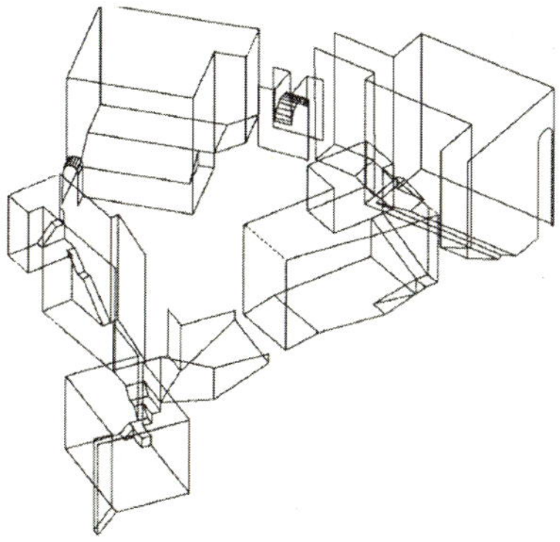

그림 7. 스페이스 블록의 조합

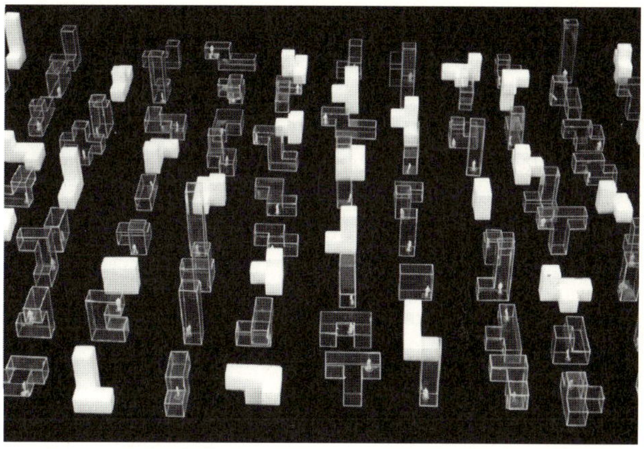

그림 8. 베이직 스페이스 블록(BSBO : 2.5m 큐브를 3에서 5개 L형으로 조합한 것

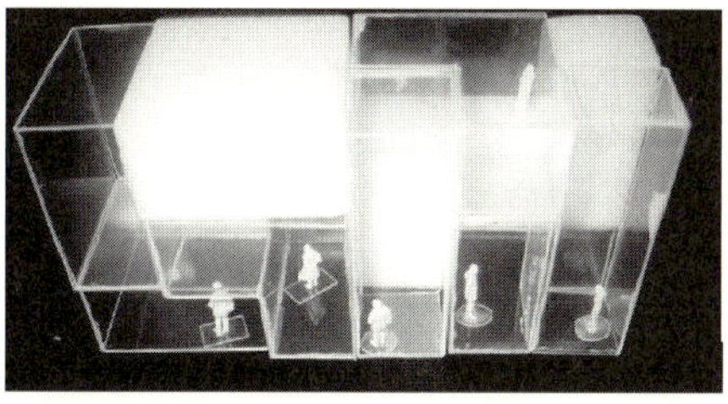

그림 9. BSB로 주택공간을 만들어보자

그림 10. BSB에서 착상한 학생작품

그림 11. 스페이스 블록 카미신조(C+A설계)

10m | 오르다

주택보드게임

그림 1은 보드게임의 「출발점」에서 「끝」까지를 일본의 주택 사정을 비교한 것이다. 혼자 상경한 노동자가 하숙, 임차(賃借), 아파트를 거쳐 집으로 옮겨 살기까지의 주택편력을 더듬어 가는 형태로 만들어졌다. 현재의 주택 실정을 보면, 이 보드게임처럼 단순하게 진행되지는 않지만 일본사람의 전형적 주거희망을 알기 쉽게 표현한 예라 할 수 있다.

주택보드게임은 1973년에 우에다 아츠시(上田篤) 연구실에서 제작하여 아사히신문에 발표한 것이 기원이다. 이후에 「주택보드게임」이라는 말은 주택문제를 생각할 때 프레임워크로 사용된 적도 많다. 「주택보드게임」의 끝은 무엇인가? 정가물건(定價物件)은 「주택보드게임」을 어떻게 바꾸었는가? 등 다양한 논의의 발단이 되었다.

✓ 관련항목체크!

「돌아다니다」 ⇨ p139

도판출전

그림.1 上田篤研究室制作「住宅双六」朝日新聞

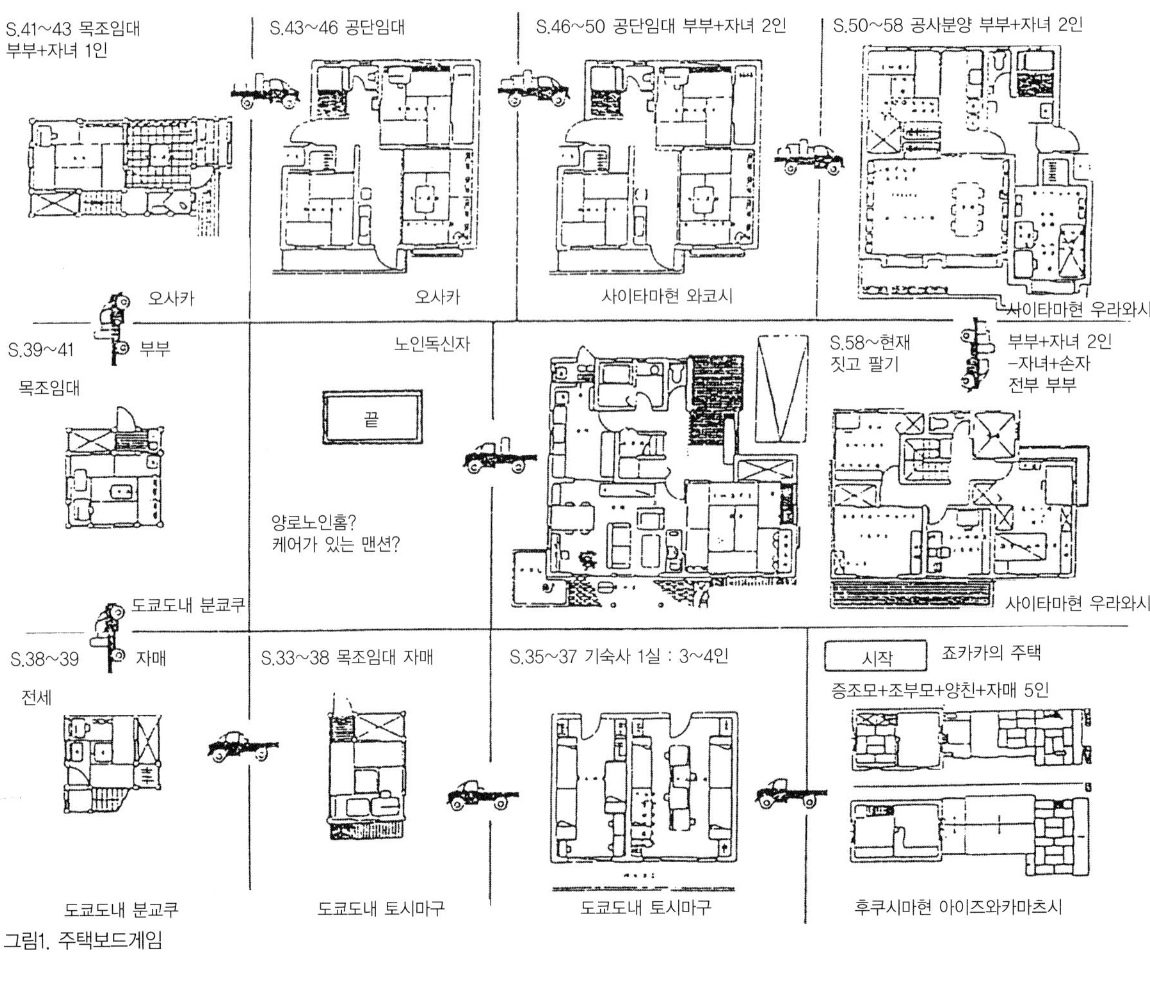

그림1. 주택보드게임

10m 모방하여 만들다

메르헨건축

그림 1 왼쪽은 언뜻 도쿄역처럼 보이지만, 앞에 주차된 차의 크기가 아주 부자연스럽다. 이것은 후지야마현 오야베시에 있는 도쿄역 1/5 크기의 사이클링 터미널이다. 후지야마현 오야베시를 방문해서 놀란 것은 그 외에도 나카노시마회당, 동경대학 야스다강당, 파리개선문, 게이오 키슈쿠대학 도서관 등 어디선가 본 유명건축을 여기저기에서 볼 수 있는 점이다. 이것은 오야베시의 시장을 맡은 마츠모토 씨가 추진한「메르헨건축」으로서 유명건축을 모방한 공공건축으로 시축제를 겨냥한 건축물이다.

도쿄역이 사이클링 터미널과 같은 모양, 다른 메르헨건축도 초등학교이거나 무도장(武道場)으로 실물과 완전히 다른 용도로 만들어졌다. 복제된 것은 RC조의 건축에 붙은 표면적인 의장뿐이며, 도쿄역 등 유명건축의 기호화된 이미지만으로 만들어진 건축이라 할 수 있다. 원래의 장소에서 벗어나서 카탈로그화된 건축이 나열된 광경은 왠지 슬픈 느낌이 든다. 기호화된 건축의 예는 그 밖에도 많이 볼 수 있다. 그림 2는 도쿄 혼고 부근에 만들어진 2개의 AT&T풍 건물이다. AT&T 건물은 포스트모던의 대표작으로서 어쩌면 포스트모던의 알기 쉬운 기호로 채용된 디자인은 아닐까? 설계협의중 [포스트모던이라는 빌딩을 설계해 달라]는 건축주의 목소리가 들리는 듯하다.

이렇게 고도로 장식화된 공공건축이 만들어진 현상을 나카가와리(中川理)는 [디즈니랜다이제이션]이라는 개념으로 설명하고 있다. 디즈니랜드와 같은 테마파크를 만드는 발상으로 공공건축이 만들어진 것이다.

✓관련항목체크!

「장식된 생물들」 ⇨ p54

「표상하다」 ⇨ p165

도판출전

그림.1 中川理『偽装するニッポン』彰國社, 1996.

도쿄역(사이클링 터미널)

나카노시마 공회당(체육관)

아카시아 프린스호텔(보육원)

게이오 키슈쿠대학도서관(무도장)

그림 1. 후쿠야마현 오야베시 메르헨건축

그림 2. 혼고의 AT&T풍 빌딩

10m 장식된 생물들

심벌건축

복어가 위에 붙어 있는 전화박스, 도깨비얼굴의 전화박스, 토우(土偶)가 붙어 있는 역사건물, 이 모두는 일본 거리에 있는 공공건축이다. 이렇게 기상천외한 외관의 건물이 공공공간으로 만들어진 현상을 나카가와리(中川理)는 [디즈니랜다이제이션]이라 말하고 있다. 이것은 디즈니랜드 등의 테마파크와 함께 공공건축 디자인이 어떤 테마를 붙여 디자인한 것으로 그 지방에서 옛날부터 전승된 민화의 주인공, 특산물, 명산물 등 알기 쉬운 그 지역의 상징을 테마로 인용하고 있다.

이러한 현상의 배경에 있는 것은 무미건조한 공공건축에 대한 반성, 지방의 아이덴티티 확립, 지역의 심벌만들기 등으로 일본의 버블경제시기 [고향 만들기 10억 원]에 이것을 후원하는 형식이 되었다.

결국 이러한 건축물은 농담의 결과로 만들어진 것이 아니고 마을의 쇠퇴를 우려하는 마음, 마을을 생각하는 마음, 마을의 자랑을 나타내고자 하는 마음과 같은 각 자치체·공무원의 진지한 마음이 조금 공회전하여 만들어진 성과물이다.

✓관련항목체크!

「모조(模造)하다」 ⇨ p53

「표상하다」 ⇨ p165

도판출전

그림.1 中川理「偽装するニッポン」彰國社 1996.

토우의 역사(驛舍)

거북이 역사

고래 전화박스

복어 전화박스

뱀장어 공중화장실

도깨비얼굴 전화박스

그림 1. 지역과 관련된 캐릭터를 사용한 공공건축

10m | 차고(車庫) 리서치

차종으로 측정하는 지역이미지

[언젠가는 BMW!!!]라는 차의 캐치카피가 있었다. 그만큼 극단적이지는 않지만, 차는 자주 눈에 보이는 소유물로서 소유주의 지위와 관련해서 이야기되는 경우도 많다. 또한 사람을 태우고 운반하는 기구인 까닭에 라이프스타일이나 가족구성을 반영하고 있다.

차고 리서치는 잡지 『BRUTUS』 437호에서 기획한 차종으로 스테레오타입의 소유자상(像)을 설정하고, 차고에 어떤 차가 들어가 있는가로서 그 지역이미지를 측정한다는 약간 과격한 지역리서치이다. 조사대상지역도 「덴엔조후(田園調布)」, 「아시야(芦屋)」, 「카사이(葛西)」 등 알기 쉽게 지역이미지가 유포되어 있는 지역이다. 「매스이미지 대(代) 매스이미지」의 대결 또는 「서민의 질투(嫉妬)×서민의 질투」라고 말할 수 있는 이 리서치의 결과는 그림 1처럼 나타났다.

덴엔조후(田園調布)는 고급외제차가 많고, 디스카운터스토어에는 가족을 많이 태우는 뉴패밀리형의 왜건차가 많으며 고급부티크가(街)에는 외제차가 아주 많은 「의외일 만큼」 상상했던 만큼의 결과가 나타난 곳이 보였다. 「결국 집이나 차도 지위의 상징(State's Symbol)」이라는 슬픈 사회정보가 나타난 조사였다.

✔ 관련항목체크!

「차와 공존하다」 ⇨ p107

도판출전

그림.1 『BRUTUS』 No.473, 2001.3

히로(廣尾)의 고급맨션

주민 전용 스페이스에는 연속으로 7대의 벤츠! 차주는 누구인가?

순위	차종	대수
1위	벤츠	14대
2위	BMW	9대
3위	오펠	3대
	볼보	3대
	아코드	3대

조사한 곳은 히로교차점에 있는 고급맨션, 히로홈즈 & 타워즈 주민은 외국인과 일본인이 반반 정도 있음. 주민과 같이 자동차도 외제차와 국산차가 반반 정도라는 결과이다. 의외로 많은 차가 혼다와 일본차 원박스이다. 돈 많은 일본인은 벤츠를 몰고, 기업 주재원 외국인은 중후한 느낌의 일본차를 모는 패턴인가?

니시아자부(西麻布)의 교차점 부근

도로 위에 외제차가 6%. 경기가 좋아졌는가?

순위	차종	대수
1위	벤츠	38대
2위	BMW	15대
3위	볼보	9대

「최근 페라리가 2대 주차된 것을 보았다」라는 정보도 있었던 밤의 니시아자부. 조사한 곳은 가이엔니시 (外苑西) 거리의 카오단 라멘집에서 적십자병원 아래 교차점과 안쪽 히스트로 거리에 노상에 있는 차. 외제차로 단연 인기는 여기서도 벤츠이다. 다른 곳에서 볼 수 없었던 마셀라티 2대와 아스톤마틴도 노상주차된 것도 니시아자부다운 광경이다.

덴엔조후(田園調布) 3번지

덴엔조후의 1위는 「보이지 않는」 주차장

순위	차종	대수
1위	없음	103대
2위	벤츠	37대
3위	크라운	15대

나가시마씨나 후루야마(헝)씨도 살고 있는 덴엔조후에서 가장 살기 좋은 영역이 덴엔조후 3번지이다. 1위는 셔터가 닫혀 있거나 도로에서 주차장까지 부지가 넓어서 「볼 수 없다」라는 결과였다. 조사 중 우연히 셔터가 열린 차고를 보았는데, 그곳에는 포르쉐+(벤츠 3)가 연달아 주차되어 있었다! 이런 까닭에 「보여줄 수 없다」였다.

돈키호테 카사이 지점

한 가족 8인도 사이좋게 타는 하이에스가 가장 인기

순위	차종	대수
1위	하이에스	4대
2위	카리나	3대
3위	카롤라	2대
	세르시오	2대
	무 브	2대

카사이바시거리를 따라 돈키호테에서 평일 낮동안 가장 인기 있었던 것은 유아용 시티가 붙은 패밀리용 하이에스였다. 누구나 한가족 4인보다 8인이 사용할 수 있는 풍정을 연출한다. 다음으로 인기 있는 차는 여기서도 카리나, 카롤라, 세르시오와 같은 도요타 차종이었다. 1대밖에 없었던 벤츠는 구식타입의 560SEL이었다.

10m 계승(繼承)하다

연결된 다다미방의 의미

2개의 화실(和室)이 맹장지만으로 연결되어 있다. 한쪽에 토코노마(床の間)가 있는 「다다미」, 또 다른 한쪽은 츠기노마(次の間)로 이루어진 소위 「연결된 다다미방」이다. 맹장지를 떼어내면 하나의 큰 다다미방으로 사용할 수도 있다.

연속된 다다미방은 무사(武士)주택의 흐름을 담은 공간이며, 이전에는 대부분의 일본 주택이 지니고 있었다. 무사(武士) 사회에서는 상하관계를 근거로 한 격식적인 접객이 주택의 중요한 역할이었고 연결된 다다미방은 그것을 위한 공간이었다. 그리고 메이지(明治) 이후도 그러한 격식이 계승되어 주택의 중심적 존재로서 위치를 지니게 되었다.

2차 대전 이후 일본의 주택은 크게 변화했다. 특히 대도시에서는 연속된 다다미방이 있는 주택은 그다지 만들어지지 않게 되었다. 그러나 지방에서는 새롭게 만들어진 주택 중에도 연속된 방이 확보되었고 도후쿠(東北)지방에서는 그 비율이 50% 이상이었다고 한다.

그 이유로는 아래와 같은 사실을 들 수 있다.

1. 많은 사람들의 모임에 사용하기 위한 목적이다. 지방에서는 관혼상제와 같은 사람들이 많이 모이는 관습이 지금도 뿌리 깊게 남아 있다. 또한 친척이나 이웃의 모임에도 널리 사용되는 연결된 다다미방은 유효하다.
2. 공간의 플렉시블한 사용방식이 가능하다. 화실(和室)은 침실, 거실, 객실과 같은 다양한 용도에 대응할 수 있고, 2개의 방을 연결하거나 분리하면서 적절하게 사용할 수 있다.

◈ 연결된 다다미방의 지방성

한마디로 연결된 다다미방이라고 해도, 그 형식은 지역에 따라 조금 다르며 일반적으로 간구(間口)방향으로 방을 나열하는 가로형 연결방이 대부분이지만, 호쿠리쿠(北陸) 등에서는 세로형의 연결방이 많다. 다만, 현대는 지방성이 약해지고, 전국적으로 획일화되고 있음을 지적할 수 있다.

◈ 역자주 –토코노마(床の間)

일본주택의 다다미방에서 볼 수 있는 객실 장식의 하나이다. 화려한 공간인 객실의 한 구석에 만들며, 토코바시라(床柱 : 나무기둥), 토코카마치(床框 : 나무로 단을 한 단 높인 곳) 등으로 구성된다. 족자나 꽃꽂이를 장식하는 장소이다.

◈ 역자주 –츠기노마(次の間)

주요한 방에 인접한 빈 공간

제2차 세계대전 전의 일본주택 전형의 하나였던 「중복도형 주택」의 사례. 접객 위주의 전통적인 다다미방이 특징이지만, 이 예에서는 츠기노마를 다실에 두어 남쪽에 면하도록 했다.

그림 1. 1920년대의 중복도형 주택

현대의 연결된 방 주택의 사례. 남쪽에 면하여 연속된 다다미방이 있지만, 1층에는 그 외에도 DK나 거실 등이 있다. 그리고 현관에서 이어지는 복도가 여러 실을 연결하고 있다.

그림 2. 현대의 연속된 다다미방 주택

3. 머물기 편하다. 다다미에 앉는 것과 개방적인 공간특성은 일본사람의 생활이나 선호에 잘 맞는다.
4. 집의 상징이다. 이전의 다다미는 상징적 역할이 컸다. 최근의 사례 중에서도 상당히 호화롭고 다다미구조가 근사한 연결된 방을 볼 수 있다.

그리고 도후쿠(東北) 지방도시에서 이루어진 거주자의 앙케트 조사에서는(그림. 3) 「멋짐」보다도 「사용하기 쉬움」, 「머물기가 편함」쪽을 많은 사람들이 평가하는 결과를 얻었다.

다만, 유난히 호화롭게 연결된 다다미방이 만들어지고 있는 상황은 결국 그것이 주택의 「멋짐」을 표현하고 있음을 나타내고 있다. 그것은 이전의 전통적 주택의 「격식성」과는 의미가 상당히 다르다. 전후(戰後) 시기의 주택을 둘러싼 논의에서는 토코노마(床の間)가 있는 연결된 다다미방은 봉건성의 유산으로 비판받았다.* 그러나 그로부터 반세기 이상 지난 지금도 연결된 다다미방은 여전히 건재하다. 단지 그것은 공간의 「형식」을 계속해서 채용할 뿐이며 종래의 의미가 그대로 이어지는 것은 아니다. 그런 까닭에 간단히 사라지지 않은 것이 또한 흥미롭다. 일본의 주문화(住文化) 행방을 예상할 때 「연결된 다다미방」은 주목받는 존재의 하나라고 말할 수 있다.

*浜口ミホ「일본주택의 봉건성」(1949)에서 현관, 바닥의 칸이나 방의 격식성이 봉건적인 사고방식에 근거해서 만들어졌기 때문에 사라져야 한다고 주장했다.

도판출전

그림.1 平井聖「茶の間を中心とする住まいを見直そう」住宅建築研究所報, No.13, 1986.
그림.3 戸部榮一「東北地方都市住居の構え方に関する研究」東京大學博士論文, 1987のデータをもとに作成
그림.4 積水化學工業팸플릿에서

참고문헌

戸部榮一「東北地方都市住居の構え方に関する研究」東京大學博士論文, 1987.
鈴木成文『住まいを読む－現代日本住居論』建築資料研究社, 1999.

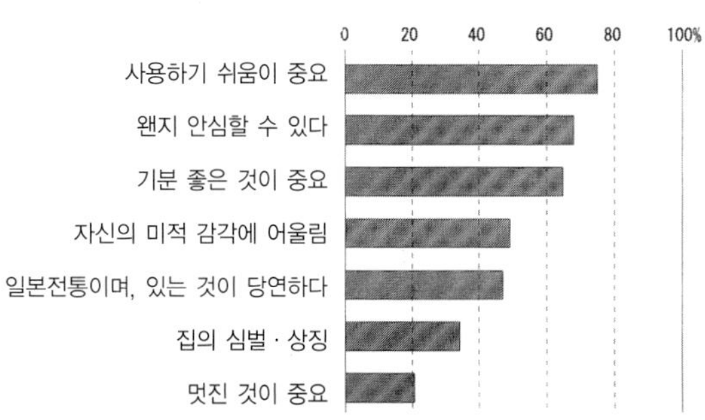

그림 3. 연속된 다다미방에 대한 의식

그림 4. 현대의 프리패브리케이션 주택에서 연속된 다다미방

10m 생활의 거점을 이동하다

고령자의 환경이행

이사는 자신의 생활거점을 이동하는 것이며, 그에 따라 주변 환경도 변화하는 거대한 이벤트이다. 새로운 환경에 익숙할 때까지 그 나름의 시간과 노력이 요구된다. 특히 고령자의 경우 이사에 따른 환경의 변화는 심신(心身)과 함께 거대한 부담이다. 신체적으로 피곤할 뿐만 아니라 생활하는데 익숙한 주거와 오랫 동안 사귄 이웃 사람들과의 다양한 네트워크를 잃게 되는 심리적 영향이 크다. 또한 고령자가 이사하는 이유는 자발적인 것만이 아니다. 자녀의 집에서 동거하는 것이나 고령자시설에 입거 등은 가족의 상태나 주환경이 빈곤하기 때문에 이동이 여의치 않는 경우가 많고, 이러한 경우 특히 고령자에게 큰 위험을 주게 됨을 알 수 있다. 그림 1, 2는 자신의 집에서 오랫 동안 남편을 잃고 스스로 고령자시설(서비스 하우스)로 이사한 스웨덴 여성의 사례이며, 이사하기 전후(前後) 방모양의 변화를 나타내었다. 다양한 가구를 자신의 집에서 가지고 들어가 새로운 환경 속에서도 어느 정도 과거의 문맥을 유지했다. 그러나 면적의 제약 때문에 이전에 확보했던 죽은 남편의 가구나 공간을 새로운 주환경에 갖고 들어갈 수 없게 되어 남편과의 연결을 잃는 것에서 큰 상실감을 맛보고 있다.

◈ **환경이행**

익숙한 주거환경에서 이사와 주변환경의 재개발 등 환경이 변하는 경우 또는 결혼이나 퇴직 등에 의한 사회적 지위의 변화, 병에 의한 신체능력의 저하 등, 사람에게 커다란 변화가 찾아온 경우, 그때까지 쌓아두었던 환경과 안정된 관계는 크게 흔들리고 불안정한 상태가 된다. 그 변화가 너무 급격하게 큰 경우는 환경에 적응하지 못하고 정신적으로 심각한 타격을 받기도 하며, 위기적 이행이라 부른다.

✓관련항목체크!

「익숙하다(안정되다)」 ⇨ p66

「그림책에서 이해하다」 ⇨ p83

도판출전

그림.1, 2 中島義明, 大野隆造 編,『住まう－住行動の心理學』(人間行動學講座3), 朝倉書店, 1996.

참고문헌

Tadashi Toyama, Identity and Milieu, The Royal Institute of Technology, 1988.

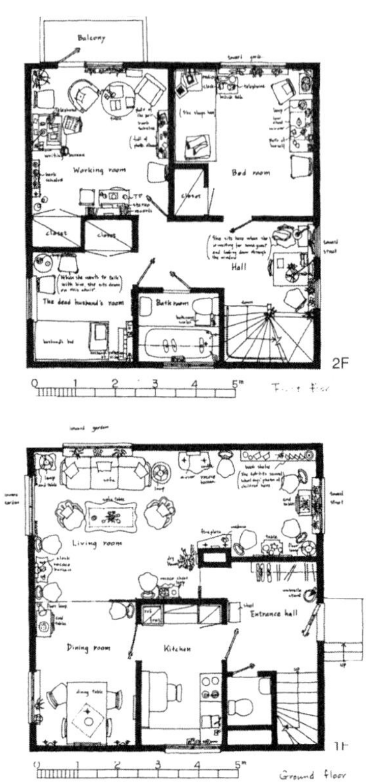

그림 1. 생활거점 이동 전의 단독주택 모습

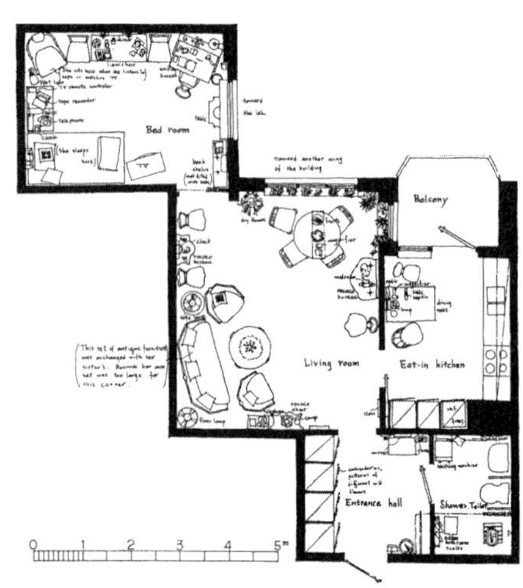

그림 2. 생활거점 이동 후의 서비스 하우스 모습

10m 영역을 확정하다

문화에 의한 주호(住戸) 안과 밖의 경계 차이

주택의 기본적인 기능 중 하나는 누구에게나 열린 외부영역(공공영역)과 주택 내부의 개인 또는 가족영역(사적 영역)을 구획하고 표시하는 것이다. 공공영역과 사적 영역의 경계는 반드시 부지경계와 일치하는 것은 아니며 문화에 따라 다르다. 인도의 고급주택에서는 부지를 담으로 둘러싸고 사적 영역과 공적 영역을 명확히 나누고 있다. 하지만 미국의 교외주택에서는 정원 잔디를 담으로 에워싸지 않고 거의 외부로 열린 반공공영역으로 되어 있다. 공공영역과 사적 영역의 경계가 인도에서는 담에 설치된 문이지만, 미국에서는 주택의 입구가 된다(영국은 두 가지의 중간적인 형태라고 할 수 있다). 이처럼 내부와 외부 구획방식의 차이는 각각의 주택을 만드는 방식에도 차이를 나타냄과 동시에 그 연장으로서 거리형 건물에도 차이가 있다. 각각의 문화에서는 주택이라는 사적 영역의 의미가 다름과 동시에 가로라는 공공영역의 의미도 다르다. 이러한 사적 영역과 공적 영역의 총체로서 주환경은 각 문화에 속한 사람들의 테리토리(영역)의식과 생활형태를 반영하면서 그곳에서 생활하는 사람의 의식이나 생활스타일에 다시 영향을 미치고 있다. 환경의 형태와 사는 사람의 생활형태는 이처럼 서로 작용하면서 서서히 형태를 만들어왔고(지금도 형태를 만들고 있으며) 사람들에게 공유된 형태야말로 「문화」로서 역할을 한다.

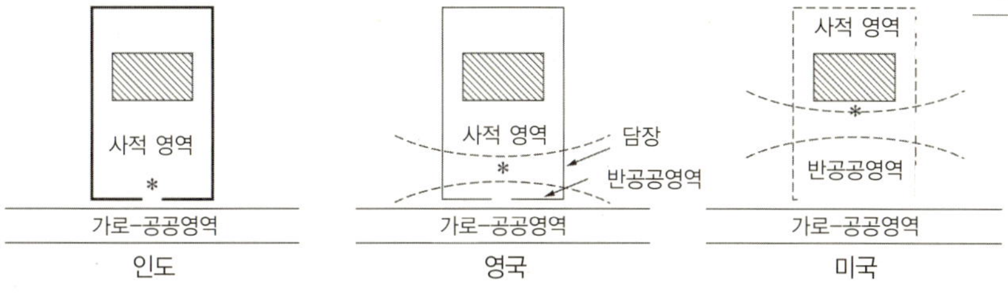

그림 1. 3가지 문화에서 공공영역과 사적 영역의 경계

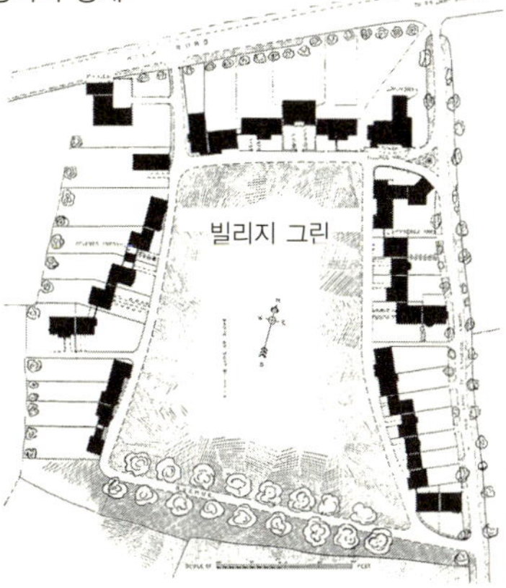

소집단에서 계급혼재의 실현을 목표로 한 구상계획(1898년), 크고 작은 다양한 주택과 부지를 빌리지 그린의 주변에 배치하며, 부유한 사람이나 가난한 사람이나 같은 장소에서 함께 살고, 그곳에서 커뮤니티 의식을 키우는 고안이다.

그림 2. 영국의 도시계획가 앤비의 함렛(소집락)계획

◈ **영역**

영역이라는 말은 아주 많은 의미에서 사용되고 있다. 명확히 구획된 자신의 세력권처럼 공간에 각인된 범위를 나타내는 경우도 있지만, 사람에게 다른 인지적·행동적 생활영역의 넓이를 가리키는 경우 또는 각 사람의 주변을 항상 둘러싸고 있는 퍼스널 스페이스를 나타내는 경우도 있다. 여기서 말하는 「사적 영역」은 처음의 의미에 가깝고 특정 사람이 지배하는 공간 또는 그것을 모두 공통으로 이해하는 범위를 나타낸다.

✓ 관련항목체크!

「두다」	⇨	p34
「영역을 컨트롤하다」	⇨	p35
「머물다」	⇨	p60
「영역을 나누다」	⇨	p75
「근린으로 집을 열다」	⇨	p88

도판출전

그림.1 아모스 라포포트 저, 이계목 역, 『주거형태와 문화』, 열화당, 1985.

그림.2 R. Uwin "The Art of Building a House", Longmans, Green & Co, 1901.

10m 머물다

독거노인이 주택에서 머무는 곳

일반적으로 혼자 사는 고령자들은 생활의 중심으로서 머무는 장소(「居」)와 자는 장소(「寢」)가 한 곳에 집약된다는 이미지가 있을 법하지만 실제로 조사해보면 그렇지 않다. 오히려 「자는(寢)」 장소를 「머무는(居)」 장소와 다르게 확보하는 경우가 많다. 이러한 경우 현관에서 보면, 「머무는(居)」것 보다도 안쪽 위치에 「자는(寢)」 장소를 마련하는 경향이 엿보였다. 현관을 외부와 접하는 공공영역이라고 할 때 「잔다(寢)」라는 프라이빗한 영역을 가장 안쪽 장소에 두고 「머문다(居)」는 외부 손님에게 개방된 약간의 공공영역이며 그 중간 장소에서 고령자 자신이 머무는 장소가 이루어지고 있다.

다만, 집합주택단지와 상공업구역의 거리형 주택에서는 「머문다(居)」는 외부의 관계가 크게 다르게 나타나고 있다. 집합주택단지에서는 현관문을 닫으면 내부와 외부는 완전히 분리된다. 「머무는(居)」 장소와 접하는 외부는 현관의 반대쪽에 있는 베란다에서 볼 수 있는 풍경이며, 직접 외부와 관계하지 않는다. 이에 대해 거리형 주택의 현관은 문을 거의 열어두고, 지붕천막이나 발을 달거나 식목을 두어서 폐쇄적이지 않고 부드러운 경계를 만드는 경우가 많다. 「머문다(居)」고 해도 외부의 분위기를 느끼고 외부사람의 말소리가 들리거나 이웃에 사는 사람이 가볍게 내부의 모습을 엿볼 수 있다. 그만큼 외부와 직접적, 간접적으로 관계를 유지하기 쉬운 「머무는(居)」 장소이다. 그것은 동시에 사람의 기분을 느끼게 하는 마을의 분위기를 만드는 요인 중의 한 가지인지도 모른다.

◈ 「머물다(居)」

여기서는 하루 중 주로 앉아서 지내는 장소를 「머무는(居)」 장소라고 한다. 혼자 거주하는 고령자의 경우, 식사장소나 접객장소를 겸하는 경우가 많고 자택에서 지내는 시간이 많은 고령자에게 일상생활의 중심적 역할을 달성하는 장소이다. 반드시 한 곳에만 한정된 것은 아니며 사람에 따라 여러 곳에 「머무는(居)」 장소를 나누어 사용하기도 한다.

✔ 관련항목체크!

「영역을 컨트롤하다」 ⇨ p35

「영역을 확정하다」 ⇨ p59

「노지로 표출하다」 ⇨ p61

도판출전

그림.1 橘弘志ほか「1人暮らし高齢者の生活における住戸内外の関わりに関する考察」日本建築學會計劃系論文集515, 1991.1.

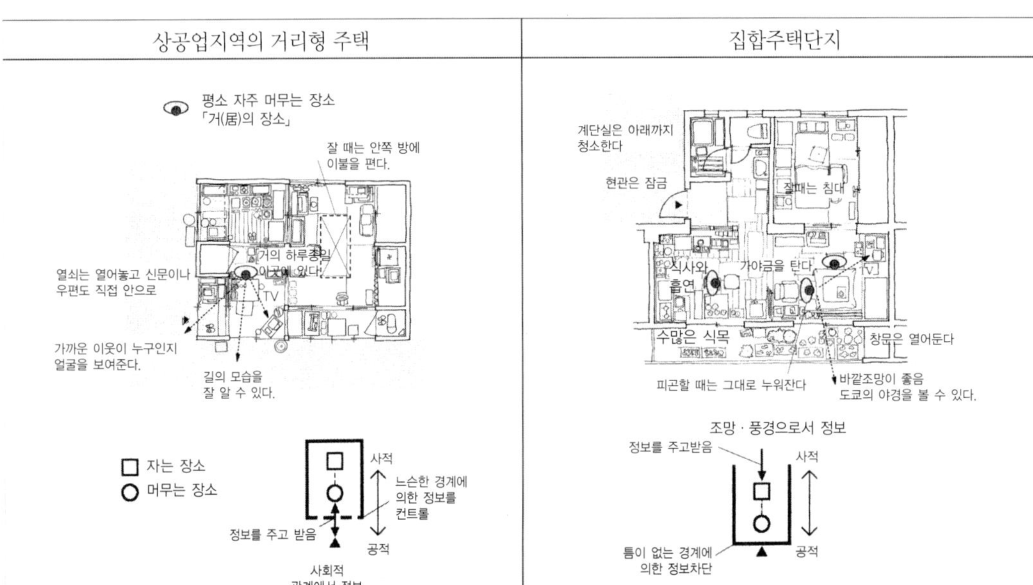

그림 1. 주택 내에서 거주자가 머무는 장소와 주택 내 · 외부 관계의 모델

10m | 노지(路地)로 표출하다

츠키시마(月島) 길 위에서 본 경계의 디자인

「상공업구역」으로 알려진 츠키시마(東京都 中央區)는 전쟁으로 불타고 남은 옛 거리형 주거건물이지만, 당시의 생활 모습이 짙게 남아 있는 지역이다. 노지를 걸어가 보면, 길 양옆의 집들의 생활이 직접 노지에 마주하고 있음을 알 수 있다. 또한 노지에는 많은 식목의 화분이 나열되어 있다. 이 식목은 「표출」이라고 하며, 주인에게 길의 영역화를 나타내는 한 가지 지표이다. 결국 주인이 집 앞의 노지를 자신의 영역으로 느끼는 정도가 높을수록 식목은 많이 표출되며, 집은 노지에 대해 개방적이면서 동시에 거주자 이외의 사람이 편안하게 들어가기 어려운 분위기를 만든다.

다만, 이와 같은 노지는 외부의 사람을 일방적으로 배제하지는 않는다. 집 앞에 둔 식목은 개방적인 주호 앞에 스크린 역할을 하고 집안 생활의 기분과 분위기는 전달되지만 전부 새어나가서 외부인의 눈에 드러나는 것은 아니다. 이러한 식목은 단순히 외부에 두는 주인의 취미활동을 표시하는 것만이 아니며 주거 내부와 외부정보의 전달을 조절하는 역할을 한다. 그로 인해 노지를 걸어가는 사람도 조심하면서 노지로 들어가서 빠져나가는 것이 허용된다. 철문과 같이 단순히 열 것인가 닫을 것인가의 양자 선택이 아닌 노지의 부드러운 경계디자인은 개방적인 주호의 형태, 사는 사람의 생활행위, 노지로 통행하는 사람의 의식 등 딱딱함과 부드러움의 상호침투관계에서 성립한다.

◈ **표출**

주택 현관 앞의 식목이나 꽃을 장식하거나 외부를 향해 장식하는 것과 같이 집 바깥을 향한 자기표현으로 꾸미는 행위를 「표출」이라고 한다. 이와 달리 사람들의 눈에 숨어 있어야 할 잡동사니나 쓰레기통을 마구 섞어 문밖에 내는 것은 「흘러넘친다」고 말하여 구별한다.

✔ 관련항목체크!

「두다」	⇨	p34
「영역을 컨트롤하다」	⇨	p35
「머물다」	⇨	p60
「거리형 건물을 읽다」	⇨	p86
「근린으로 집을 열다」	⇨	p88

도판출전

그림.1 青木義次, 湯淺義晴「物と行爲のあふれ出しからみた露地空間の役割」日本建築學會大會學術講演梗概集 建築計劃, 1989.

참고문헌

그림.1 小林秀樹『集住のなわばり學』彰國社, 1992.

그림 1. 츠키시마의 단면도
표출이 외부와 내부의 관계를 컨트롤한다.

그림 2. 츠키시마의 노지와 「표출」의 모습

10m | 성장하다

유아의 발달과 환경과의 관계

지금 막 태어난 아기는 단지 침대 위에 있는 존재이지만, 반년이 지나면 스스로 이동할 수 있게 된다. 처음에는 바닥 위를 구르면서 이동하거나 중얼거리면서 바닥 구석구석을 탐색한다. 1살 정도에 안정적으로 앉을 수 있게 되면 관심은 바닥 위에서 눈높이로 향한다. 그리고 일어서서 붙잡을 수 있게 되면 관심은 의자나 책상 위, 책장 위에 놓인 사물 등으로 서서히 이동한다. 처음에는 몰랐던 책상 위의 세계가 있음을 알기 시작하고, 지금까지 미지였던 세계를 조금씩 보기 시작하면서 손으로 만지게 된다. 지금까지 생활의 중심이었던 바닥 차원에는 이제 관심을 두지 않고 보다 높은 세계의 사물로 손을 뻗으며, 그곳에 자신의 사물을 나열하게 된다. 그리고 부모는 아이가 어느새 이런 부분까지 손을 뻗는 것에 놀라게 된다. 이와 같이 어린아이에게 방의 환경은 어른이 편리함과 쾌적함이라는 척도로 조절하려는 환경과 완전히 다른 의미이다. 그것은 어린아이가 누운 자리에서 웅얼거리고, 앉은자리, 선 자리로 조금씩 성장함에 따라 높이에 대응하여 조금씩 보이고 나타나는 세계가 있다. 아기의 성장은 신체발달에 따라 탐색의 범위를 확장하고, 다양한 세계와 관계를 넓혀가는 것에 필적한다. 오히려 조금씩이지만 지금 보이는 미지의 세계를 향해 탐색의 손을 뻗으려고 하는 것이 일어서서 올라가려는 아기의 노력을 재촉한다고 말할 수 있다.

◈ 유아의 발달

발달의 개념은 일반적으로 어린아이가 계단을 오르는 심신(心身)과 함께 성장하며, 그에 따라 외부환경과 관계하는 방식(인지능력과 사회성, 지식 · 기술 등)을 습득해가는 것이라 이해할 수 있다(그것을 이론으로 만든 사람이 피아제이다). 이것에 대해 비고츠키는 어린아이는 본질적으로 외부환경과 능동적으로 관계하는 존재이며, 그와 같은 외부환경과 관계를 개인 속에 정착시키는 프로세스야말로 발달이라고 주장했다.

✔ 관련항목체크!

「올라타고 이동하다」 ⇨ p33

「양육하다」 ⇨ p104

도판출전

그림.1 空間認知の發達研究會 編『空間に生きる－空間認知の發達的研究』 北大路書房, 1995.

참고문헌

鯨岡峻『關係發達論の構築 － 間主觀的アプローチによる』ミネルヴァ書房, 1999.

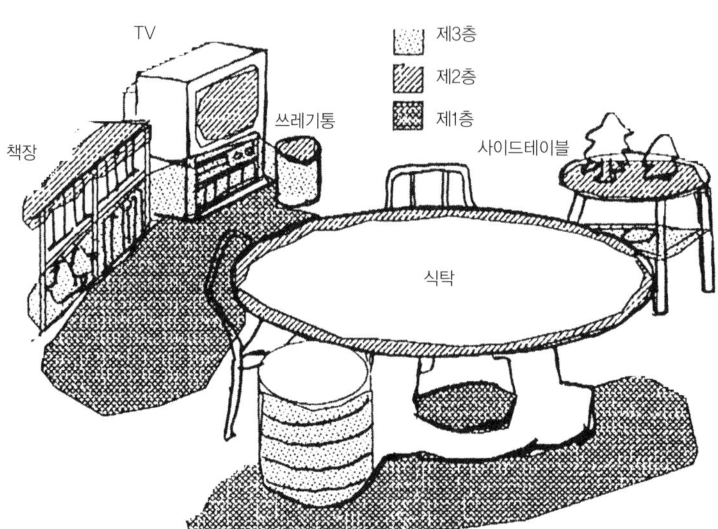

그림 1. 아이들 성장에 따라 나타나는 실내환경의 높이방향 구조

연습문제

외출용 휴대품을 두는 곳을 조사해보자

당신은 외출할 때 가지고 가는 물건을 어디에 두는가? 곧 바로 눈에 닿는 곳(OUT)과 그렇지 않은 곳(IN)으로 구분하여 그것을 어디에, 어떤 상태로 두고 있는지 적어 보시오. 언제나 제자리에 있는가?

(예) OUT 안경/시계/휴대전화/카드케이스/동전지갑/휴지/거울/티슈/펜/가방
IN 열쇠+경보장치물/전철카드/손수건

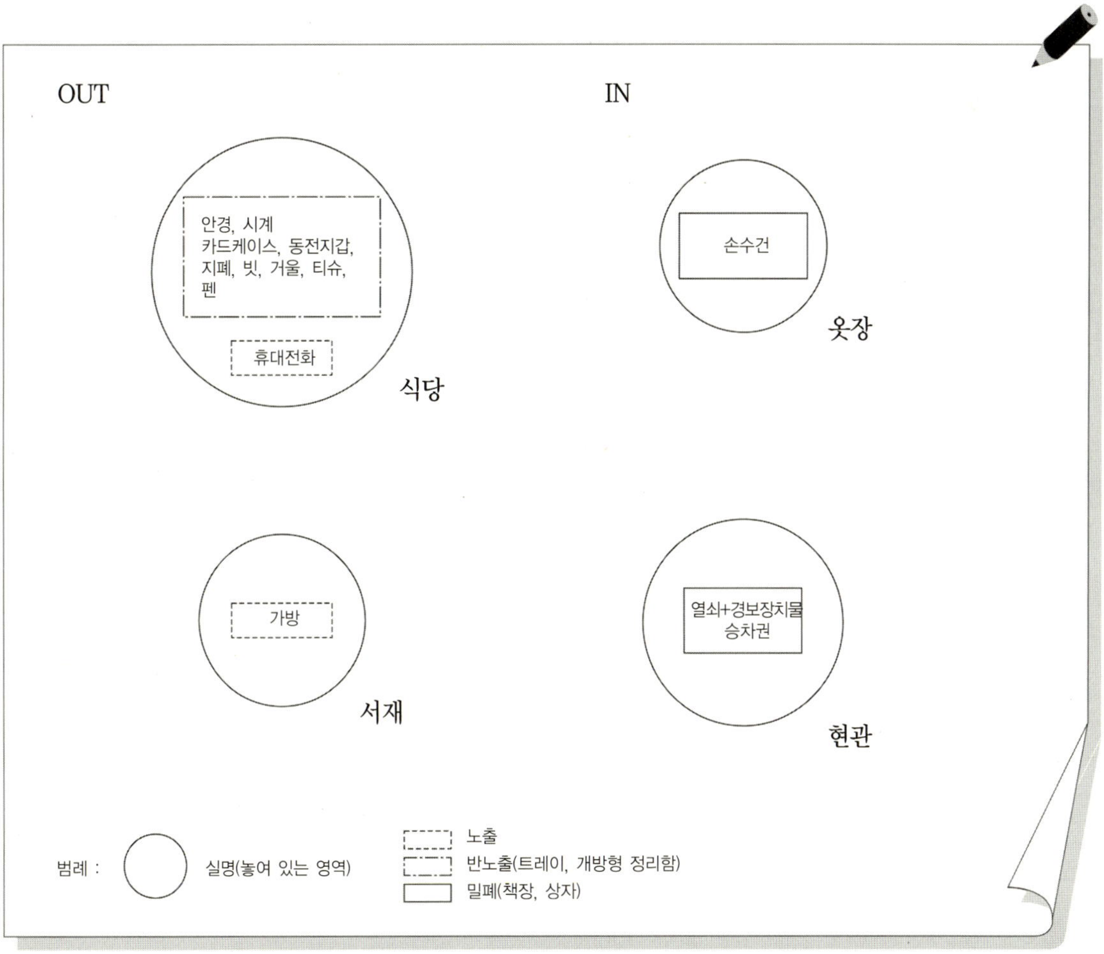

이 연습으로 이것을 알 수 있다

자신의 건망증이나 정리정돈의 부족을 자각하게 해준다. 동거가족이 있는 경우, 작은 물건을 두는 곳이나 놓는 방식이 공용영역에서는 어떠한 상황인지 알 필요가 있으며, 서로 배려할 수 있는 공간이용 형성의 계기가 된다.

10^2m

10^2m(100m) 스케일은 주택 한 채 한 채의 스케일을 넘어 집합을 이룬 주택과 학교, 병원 등의 다양한 시설뿐만 아니라 그러한 건물을 포함한 근린공간, 지역공간의 스케일이다.

이러한 상황에서는 필연적으로 가족 이외에 타인과 만나고, 타인과 관계하면서 생활하는 공간이 만들어진다(「가깝게 사귀다」). 이 스케일은 물리적 환경 속에서 행동하는 것을 좋아하거나 좋아하지 않음에도 불구하고 사회환경 속에 몸을 두게 된다(「활동이 공존하다」, 「영역을 나누다」). 우리들의 행동은 이와 같이 물리적 · 사회적 환경에 강한 영향을 받는다(「에워싸다」, 「타인의 눈을 주의하다」, 「머무는 방식」).

또한 이 스케일은 한 번에 환경을 보기에는 너무 크기 때문에 우리들은 그 속에서 돌아다니면서 환경을 둘러본다. 자신이 스스로 움직이면서 환경 속에서 다양한 가치를 발견하거나(「도시에 머물다」, 「거리에서 놀다」), 그곳에서 자기 나름의 질서를 만든다는 프로세스를 거쳐 (「익숙하다」, 「배우다」, 「거주하다」) 자신을 환경 속에 위치시킨다(「애착을 가지다」).

이렇게 우리들의 몸 주변으로 확장되는 환경은 우리 자신의 관계에 의해 만들어지며(「바닥을 밝게 하다」, 「거리형 건물을 읽다」), 그와 같은 환경 속에 몸을 두는 것이야말로 우리들은 생생하고 풍부하게 지낼 수 있다(「그림책으로 이해하다」).

이 스케일로 분류된 대다수 시설의 각각에 주어진 기능을 안전하고 쾌적하며 편리하게 달성하도록 디자인되었다. 결과로서 시설의 스테레오타입화가 진행되면서 어떤 타입의 건축은 사람의 행동까지 닮는다(「기다리다」). 그러나 실제로 우리들의 일상생활에서 사람과 환경의 관계방식을 주의 깊게 살펴보면, 안전성, 쾌적성, 편리성만이 아닌 주변 사람들과의 사회성 구축 (「이웃으로 집을 열다」)이나 스스로의 환경을 만들어가는 주체성, 자립성 (「유지하다」, 「참가하다」, 「나누지 않다」)이 중요한 요소임을 알 수 있다. 그것은 우리들이 환경을 디자인하려는 전제조건으로서 빠트릴 수 없는 사항이다.

10^2m | 익숙하다(안정되다)

치매성 고령자의 친숙함을 뒷받침하는 환경요소

새로운 환경에 익숙해지는 것은 사람과 환경을 구성하는 여러 요소가 서로 관계를 이루면서 점차 안정된 생활이 완성되어가는 과정이다. 특히 치매가 발생하여 인지력, 적응력이 저하되는 고령자에게 환경의 변화가 주는 영향은 크다고 할 수 있다. 그들이 그룹홈[1]에 입거하면서부터 새로운 생활환경에 익숙해가는 환경을 3년 반에 걸쳐 추적했다. 그룹홈에 입거한 당초는 주변의 분위기에 좌우되는 경우가 많고, 익숙하지 않은 공간과 타인에 대해서도 당황하는 경우가 있었으며, 공간의 이용은 직원의 유도에 따르며, 안정감이 없는 생활을 반복했다. 어떤 시점에서 일정한 생활패턴과 리듬이 형성되면서 공간의 이용과 타인과의 관계에서도 안정되고, 치매증상의 개선도 보이면서 환경에 익숙해졌다고 생각된다(그림 1). 친숙함을 뒷받침하는 것은 소규모, 소수의 사람에 의한 개별적인 케어이며, 공간적인 환경요소도 큰 역할을 달성했다. 홈 안의 난방기구, 가장자리 다다미가 조금 올라온 곳, 도서실의 창, 거실 앞 현관과 같은 전실(前室) 등 고령자가 익숙한 공간요소가 있는 상황에 다른 생활문맥을 가진 입거자의 개별성에 대응하는 가능성도 잠재해 있다. 이러한 공간요소가 다양한 행동을 유발하고, 입거자가 새로운 생활공간으로서의 그룹홈에 익숙한 가능성을 주었다(그림 2). 이처럼 치매성 고령자의 환경에 대한 친숙함은 「시간」, 「공간」, 「케어」로 구성된 환경요소가 뒷받침하고 있다.

1) 5~9명의 입거자가 직원과 함께 가족적인 환경 속에서 생활해가는 주거형태로 치매증상을 완화하고, 그 진행을 늦추는 효과가 있다고 한다.

일본식 난로에서 조망

거실 전실에 서서 대화

마음에 드는 조금 솟은 코너부분

참고문헌

Yan Shuanほか「グループホームにおける空間利用の時系列的變化に関する考察」日本建築學會計劃系論文集523, 1999.9.

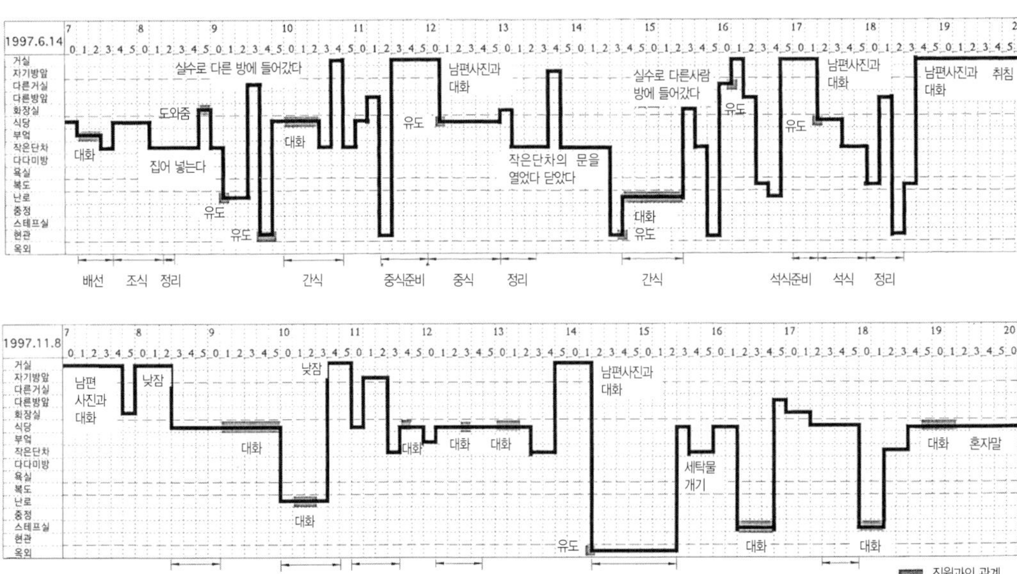

입거(入居) 직후의 생활

머무는 장소를 빈번하게 바꾸는 등 안정되지 않는 공간이용의 양태

직원과의 관계가 많아도 공간유도가 대부분이다.

반년 후, 환경에 익숙해진 시점의 생활

공간이용에서 일정한 패턴이 형성되어 안정감 있는 생활모습이 보인다.

직원과의 관계방식도 「유도」에서 「대화」로 변했다.

그림 1. 환경에 익숙하기 전후(前後)의 공간 이용과 생활의 전개 사례

10^2m 배우다

초등학교의 가능성

많은 초등학교 건축은 어느 건물이나 서로 비슷하다. 학교건물은 교정의 북쪽에 배치되어 있고 북쪽에 길게 뻗은 복도의 남쪽에는 교실이 규격대로 나열되어 있다. 이것은 모두 교실의 조건이 될 수 있는 통일된 배치이며, 1명의 선생님이 40명의 학생에게 일방적으로 수업하기 위한 교실규격이다. 한편으로 어린이들의 자율적 학습을 중시한 「팀티칭」 등의 교육프로그램에 대응한 새로운 학교건축도 나타나기 시작했다. 그림 1은 학교건축을 표현한 것으로서 기능이 아닌 어린이 활동의 포텐샬(가능성)로서 학생의 밀도를 등고선으로 나타낸 것이다(쉬는 시간의 예). 기존 타입의 초등학교에서는 기본적으로 교실과 교정 이외에 머무는 장소가 없었다. 한편 오픈플랜의 초등학교에서는 교실과 오픈스페이스, 체육관 등 다양한 장소에서 어린이가 모여 활동하는 모습을 알 수 있다. 어린이에게 인기 있는 장소가 여러 군데 있으며 놀이에 대응하여 선택된 곳이다. 그것은 다양하게 디자인된 공간이 어린이의 활동을 유발하고 가능성을 높이는 것이기도 하다.

기존의 초등학교

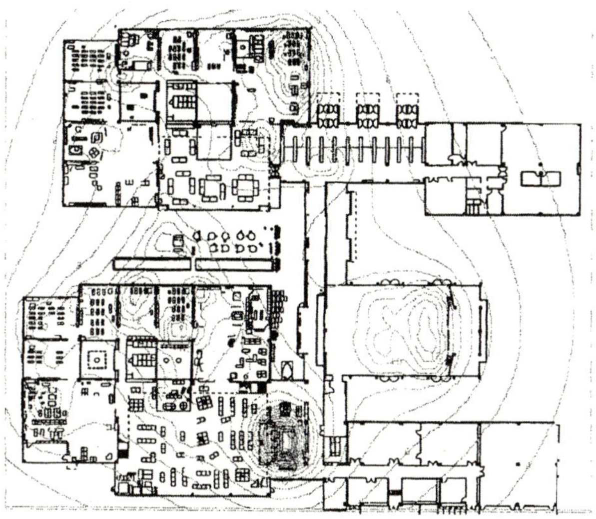

오픈플랜타입의 초등학교

그림 1. 2개 초등학교의 휴식시간 중 학생들의 포텐샬

◈ 포텐샬(가능성)

그림1의 포텐샬 그림은 어느 시간대에 학교 안에서 어린이가 머무는 장소를 뽑은 것으로 각각의 장소에서 어린이의 모임방식의 편향(밀도)을 측정하고, 그것을 단계적으로 변화하는 등고선으로 나타내었다. 등고선이 가깝게 산을 이룬 부분은 어린이가 밀도 높게 모인 장소이며, 그곳은 어린이가 모이기 쉬운 공간적 힘(포텐샬)이 높은 장소로 파악할 수 있다.

◈ 오픈플랜 초등학교

초등학교의 교육프로그램에서 학급단위의 전체 수업이 아니고, 학급의 틀을 넘어 개인의 학습이해도나 관심에 따른 그룹학습(팀티칭) 등이 제창되면서 그 움직임에 맞도록 초등학교의 건축계획도 학급을 벽으로 구분하지 않고, 일체의 공간으로 플렉시빌리티를 높이거나 교실 바깥에 오픈스페이스를 설치하는 오픈플랜 초등학교가 제안되었다. 실제로 상당수의 학교가 이렇게 만들어졌다. 다양한 공간에 의해 학생의 활동이 높아졌지만, 그 교육효과에 대해서는 운용하기 나름이며, 한마디로 단정지어 말할 수 없는 상황에 있다.

✔ 관련항목체크!

「기다리다」	⇨	p78
「나누지 않다」	⇨	p81
「양육하다」	⇨	p112

도판출전

그림.1 上野淳ほか「幼兒・生徒の學習 生活行動と心理に立脚した學校空間の再編成計劃に関する研究」文部省科學研究費補助金(基盤研究A)研究成果報告書, 1998.

10^2m 가깝게 사귀다

사람을 사귀는 넓이로 살펴본 근린환경

옛날과 비교하면 가깝게 사귀는 것이 희박해졌다는 말을 듣지만, 집 주변에 사는 사람과 필연적으로 얼굴을 마주할 기회가 많고 얼굴을 알게 되면 인사 정도는 나누게 된다. 이와 같이 얼굴을 아는 범위를「인사권(挨拶圈)」이라 한다. 그림 1은 서민적인 상공업지역이라 불리는「야나카(谷中)」지구와 야마노테의 고급주택지인「나카마치(中町)」지구(地區)에 사는 거주자의 가까운 곳 넓이를 나타낸 것이다. 실선은 거주자 본인이 가까운 곳이라고 생각하는 범위이며 점선은 인사권의 범위이다. 사람에 따라 그 크기나 넓이는 차이가 있으며 누구나 유사한 근린관계를 형성하고 있는 것은 아니다. 한편으로 지구에 따른 특징도 볼 수 있다.「야나카(谷中)」에서는 일상적으로 얼굴을 마주하는 길을 따라 인사권이 확대되는 것에 비해「나카마치(中町)」에서는 등을 맞댄 동료 주호를 포함한 가구단위로 확장되고 있다.

이것은 서민지구 마을과 야마노테에 사는 사람의 의식차이만은 아니다. 두 지구에서 길의 성장 차이(생활에 밀착된 길과 생활냄새가 희박한 공도(公道)의 차이)나 그것을 포함한 지구의 공간구성이 인사권의 형성을 규정하고 있다. 이처럼 가깝게 사귀는 양상도 또한 각 지구환경에서 질의 차이를 나타내는 하나의 표현이다.

◈ 인사권(挨拶圈)

옛날의 커뮤니티와 같이 구속력이 있는 관계가 아니고, 일상생활에서 얼굴을 마주하면서 인사 정도를 나누는 관계의 넓이를 나타낸다. 정말로 친숙한 관계가 되는 것은 화제성이나 성격 등, 다양한 요인이 관계하지만 인사권의 형성에는 얼굴을 마주하기 쉬운 물리적 마을의 형성이 크게 영향을 준다.

✔ **관련항목체크!**

「영역으로 나누다」 ⇨ p75

「근린으로 집을 열다」 ⇨ p88

도판출전

그림.1 小林秀樹『集住のなわばり學』彰國社, 1992.

〈나카마치〉 인사권이 지구를 2개 합해서 넓어진다.

〈야나카〉 인사권이 노지를 따라 넓어진다.

〈나카마치〉 가까운 범위쪽이 넓다. 가구단위

〈야나카〉 인사권과 주변이 거의 일치. 노지단위

그림 1. 나카마치와 야나카 두 지역에서「인사권」과「가까움의 범위」그 확장방식이 마을에 따라 다르다.

10^2m | 애착을 가지다

사진투영법으로 보는 개인환경을 향한 의미 부여

사진투영법은 사는 주인이나 이용자가 촬영한 건물과 마을 사진에서 몸 주변의 환경에 대한 인식이나 의미 부여를 분석하는 방법이다. 「좋아하는 장소」 및 「하루의 생활」이라는 구속이 적고 자유롭게 답하기 쉬운 과제로 사진을 찍게 하고 인터뷰를 한다. 무엇을 찍을 것인가? 어떻게 찍을 것인가? 무엇을 말했는지 등에서 그 사람이 본 환경의 의미를 해독한다.

사진을 보고, 사물에서 장소나 조망, 인물까지 다양한 요소가 가치를 지니고 있음을 알 수 있다(그림 1). 사람에 따라 가치를 발견하는 것은 다르고, 같은 대상을 선택하더라도 의미 부여가 다른 경우가 많다. 어떤 장소를 바라보고 좋아한다는 경우와 「○○을 하는 장소」처럼 실제 활동에 근거하여 파악하는 장소가 있으며, 의미 부여가 현재의 생활에 관계하는 경우도 있다면, 추억과 관계하는 경우도 있다. 어디에서, 어떻게 볼 것인가라는 특정 시점이나 상황이 의미를 가진 경우도 있다. 예를 들면 어떤 초등학교에서는 여러 장소에서 볼 수 있는 빌딩가의 조망을 어린이들은 언제나 보고 있으며 익숙한 시점을 선택하여 촬영하고, 그 시점 자체에 의미를 붙여 말했다(그림 2). 이 수법의 특징은 사진이라는 구체적인 행위와 사물을 근거로 하여 보통 언어화되지 않는 가치를 파악하고자 하는 점이다. 개인적 특성도 강하게 나타나며, 그 사람이 어떤 시선으로 환경을 보는가?와 그와 같은 시선으로 환경을 어떻게 볼 수 있는가?의 양면에서 개인과 환경의 관계를 해석하는 도구라고 할 수 있다.

◈ 사진투영법

사진투영법은 원래 문화정신의학자인 노다 세이쇼(野田正彰)가 어린이의 내면세계를 찾기 위해 시작한 방법이며, 건축계획과 도시계획연구에서는 공간 및 경관평가에 사용되었다. 마을조성 워크숍에도 자주 사용되고 있다. 그 경우 촬영한 사진을 자료로 그룹마다 분류하거나 서로 이야기하는 작업을 하여 환경에 대한 평가나 아이디어를 정리해가는 것이 일반적이다.

조사풍경

참고문헌

野田正彰『漂白された子供たち』情報センター出版局, 1988.

延藤安弘「寫眞投影法による環境認識からみた子供のための住環境計劃の考察」日本建築學會大會學術講演梗概集 E, 1992.

伊藤俊介, 張澤泰, 山下哲郎「小學校における場所の認識と場所の見えに関する研究－寫眞投影法による分析」日本建築學會大會學術講演梗概集 E-1, 1996.

伊藤俊介, 張澤泰, 山下哲郎「幼児の環境認識とその経時的變化に関する研究」日本建築學會大會學術講演梗概集 E-1, 1997.

교실. 자기자리가 가장 안정적이다.

휴식시간에 언제나 모이는 나무

이곳의 창모양이 예쁘다.

1학년생과 놀이가 즐겁다!
그곳(건물앞)이나 방 안에서

그림 1. 사람에 따라 다른 각각의 시점

풀에서 수영하고 있을 때, 반대쪽에 빌딩이 보인다

빌딩은... 언제나 교실에서 보인다

그림 2. 경관은 그것을 바라보는 장소나 장면(scene)을 구성하는 요소로서 애착을 가지고 있음을 알 수 있다.

10^2m | 거주하다

집합주택에 거주하는 모습

여기서는 공급되고부터 70년 정도 지난 집합주택으로서 몇 개의 도륜카이(同潤會) 아파트를 다루고 집합주택에서 오랜 기간에 걸쳐 거주할 때 공통적으로 살아가는 특징적 거주현상의 몇 가지 측면에 주목하고, 스톡형 사회에서 집합주택에 거주하는 태도의 가능성을 정리하고자 한다.

① 거주공간의 확대(1) : 증축(그림 1)

도륜카이 아파트의 대표적인 방배치는 「2침실+부엌+화장실+현관」이다. 지금으로 말하면 2K이며 표준적인 면적은 30m² 정도로 협소했다. 이 때문에 거주자는 생활하는데 필연적으로 외부공간에 증축하게 되었다. 개인이나 공동으로 증축하는 사례도 있고, 옥상이나 베란다의 증축도 있다. 그러나 언뜻 무분별하게 보이는 증축에도 기본적으로 계단실이나 주동마다 암시적 또는 명시적으로 결정된 「룰(주규범)」에 근거하고 있는 점은 빠트릴 수 없다.

② 거주공간의 확대(2) : 복수의 주호(住戶) 사용(그림 2)

시간이 지나면 거주자도 이동하고 변한다. 이러한 경우 아파트에 계속 살고자 하는 사람이 아파트 내의 빈 주호를 빌리거나 구입해서 주거공간의 확대를 꾀하는 사례를 종종 볼 수 있다. 이렇게 2호에서 5호 정도까지 사용하면서 3세대 거주를 아파트 내에서 실현하고 있는 가족도 많이 볼 수 있었다. 필요하다면 빌려서 증가시키고, 구입해서 보충한다. 불필요하다면 빌려주고 매각한다. 이렇게 유연한 주거방식이 가능한 것도 집합주택에 사는 큰 장점이라 할 수 있다.

③ 거주공간의 확대(3) : N호(戶) 1화(化)(그림 3)

복수 주호 사용의 특수 예로서 이웃 주호나 상하 주호 사이의 경계벽이나 슬래브를 제거하여 복수의 주호를 하나의 주호로 사용하는 예도 자주 볼 수 있다. 이렇게 해서 호별로 나누어진 주택에서 3세대 주택의 감각으로 집합주택에 사는 예도 있다.

④ 주호 사용방식의 변용(變容)(1) : 교체(그림 4)

집합주택의 거주자는 기본적으로 교체된다. 교체가 너무 자주 일어

◈ 도륜카이(同潤會) 아파트의 개요

도륜카이 아파트는 관동대지진의 주택복구지원, 내무성 사회국의 외곽단체로서 설치된 재단법인 도륜카이에 의해 1926년부터 1934년까지 건설된 철근콘크리트로 만든 일련의 집합주택이다.

도쿄(TOKYO)에 14개, 요코하마에 2개 건설되었지만, 2003년에는 도쿄에 2개만 현존하고 있다. 당시는 임대주택으로 경영되었지만 1951년경부터 대부분의 도륜카이 아파트 토지, 건물은 거주자에게 불하(拂下)하게 되었다. 이렇게 불하된 도륜카이 아파트에는 거주자에 의해 「지속하여 살기 위한 행위」가 이루어지게 되었다.

그림 1. 베란다 증축(우구이스타니 아파트)

그림 2. 이웃과 마주한 2호를 복수주호 사용(야나기시마 아파트)

그림 3. 2호(戶)가 하나된 주호경계벽의 개구(아오스나토오리 아파트)

나면 커뮤니티형성을 저해하지만, 반대로 교체가 없다면 거주지로서 활력이 일어나지 않는다. 같은 아파트에서도 주동이나 층에 의해 그 차이가 나타나는 것은 건설 시점에서 공간구성과 정주성이 관계하고 있음을 시사하고 있다. 또한 고령화 또는 일조가 좋은 곳을 찾아서 같은 아파트 내에서 이사하는 사례도 볼 수 있다.

⑤ 주호의 사용방식 변용(2) : 용도변경(그림 5, 6)

시간이 지나면서 거주자의 라이프스타일도 변하며 지역의 모습도 변한다. 그에 따라 주택이 점포나 집회장이 되고, 점포나 복도부분이 주택이 되는 경우도 있다. 오못테산도(表參道)의 패션타운화로 인해 아오야마(靑山)아파트에서는 도로변의 주호 점포로 용도전용을 촉진하게 되었다.

⑥ 보존행위(그림 7,8)

위의 ①에서 ⑤까지는 생활의 변화에 맞추어 유연하게 몸 주변의 환경에 작용을 주는 행위이지만「작용하지 않다」는 것도 중요한 행위이다. 그것을 여기서는 가령「보존행위」라고 한다. 계속 살기 위한 도구가 지속되기 위해서는 지상방수, 외벽보수, 배관의 교체라는 소위「유지 · 관리」가 적절하게 이루어질 필요가 있는 것은 당연하다. 그러나「유지 · 관리」가「건물의 성능을 일정수준으로 유지한다」라는 행위만으로는「계속 살고 싶은」주환경은 만들어지지 않는다. 거주하는 사람이 초기조건으로서 건축물에「애착」을 가지면서 비로소「보존행위」를 하는 것이다. 어떤 사람은 70년 전의 인테리어를 전혀 바꾸지 않고 생활하고, 어떤 사람은 전쟁의 재난으로 불타고 남은 당시의 계단손잡이 기둥을 평생 닦고 있었다. 이상과 같이 유연한 주거를 건축적으로 담당하기 위한 하나의 수법으로서 SI 주택이 최근 실천되고 있지만「가변(可變)」이 중요한 만큼 초기조건으로서 건축물의「사랑받는 요소」가 디자인되어 있는 것이 중요하다.

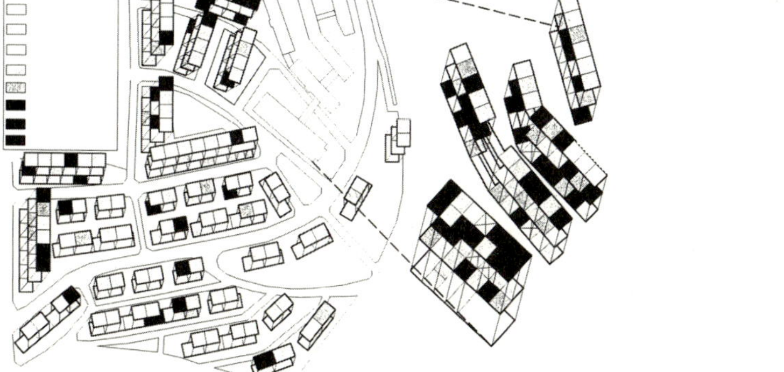

그림 4. 거주자의 교체횟수 누적(다이칸야마 아파트)

참고문헌

大月敏雄「住戸ユニットの経年變化に関する研究-同潤會代官山アパートの住みこなし-その1-」日本建築學會計劃系論文集, 日本建築學會, 1999.8.

佐藤滋ほか 4人『同潤會アパートメントとその時代』鹿島出版會, 1998.

佐藤滋『公共住宅團地の變遷』鹿島出版會, 1989.

マルク・ブルディエ『同潤會アパート遠景—日本建築史における役割』住いの図書館出版局, 1992.

同潤會江戸川アパートメント研究會『同潤會アパート生活史-〔江戸川アパート新聞〕から』住いの図書館出版局, 1998.

그림 5. 대규모 점포로 전용(아오야마 아파트)

그림 6. 전후(戰後), 회사 사옥으로 통째 전용(토라노몬 아파트)

그림 7. 내장을 바꾸지 않고 생활하는 예(에도가와 아파트)

그림 8. 소중하게 사용되는 당초의 나선계단(사루에 아파트)

10^2m 유지하다

환경의 유지관리(maintenance) · 커스터마이저(customize)

그림 1은 1927년에 제공된 도륜카이(同潤會) 아파트가 건설되고부터 60년 후 주거사용 방식의 실례이다. 3층 건물 중 1층에 살고 있던 가족이 2층의 빈 주호를 사서, 실외로 2층 건물을 증축하고 증축부분에 설치한 계단을 이용하여 상하(上下) 2개 주호의 일체화를 꾀했다. 대체로 1인당 30㎡ 정도로 제공된 주택이며 아파트 전체에서도 증축이 상당히 이루어졌지만, 건물이 건설된 후에 사용자가 환경을 보다 좋게 만들기 위한 커스터마이저로서 이러한 현상에 주목하고자 한다.

그림 2는 예전에 도쿄도(東京都) 아라카와구(荒川區)에 존재했던 목조 밀집지역의 노지(露地) 상황을 나타낸 그림이다. 노지중앙에 주변주민들이 만든 「꽃밭」이라 불리는 공지가 존재했다. 이 공지에는 원래 목조주택이 한 채 있었지만, 지구 전체의 재개발을 위한 이전(移轉)으로 사라지고 철조망으로 둘러싸인 공지로 변했다. 때문에 이 공지의 이웃 사람들은 재개발사업소에 의뢰하여 철조망 안으로 들어갈 수 있도록 열쇠를 하나씩 「잡초 제거」라는 명목으로 빌리고, 그것을 복제하여 노지에 사는 주민에게 분배했다. 결과로 협소한 노지를 따라 철조망으로 둘러싸인 곳에 주변의 주민이 생각한 꽃이나 나무를 심었고, 사계절마다 꽃이 피는 공용 「꽃밭」이 출현하게 된 것이다. 물론 지역 전체의 재개발 때문에 노지와 꽃밭도 몇 년 후에 소실되었다. 하지만 일시적으로나마 몸 주변 환경을 유지하고 개선하고픈 인간의 요구에 적합한 공간적인 구상과 사회적인 구상을 어떻게 마련해야 할 것인지를 생각하는 현재, 예전에 존재했던 이 「꽃밭」이 시사하는 바는 크다.

20세기의 한국, 특히 동란 이후 우리나라의 환경형성 방향은 기본적

◈ 도륜카이(同潤會)

1923년 일어난 관동대지진으로 기부된 모금 중 1천만 엔(약 1억 원)을 기금으로 조성하고, 주로 주택복구를 위해 설립된 내무성의 외곽단체이다. 도륜카이는 피해자용 가설주택, 목조주택단지, 단층분양주택을 공급했다. 그 중에도 도쿄, 요코하마의 16곳에 건설된 도륜카이 아파트는 디자인, 시설계획, 배치계획 등에서 아주 뛰어나며 일본에서 본격적 집합주택의 시작으로 유명하지만 현존하는 아파트는 거의 없다.

◈ 유니버설 스페이스

건축공간을 다목적으로 이용할 수 있도록 설계된 공간. 대공간에서 상황의 변화에 대응하여 다양하게 공간을 구획할 수 있도록 제안한 것이다. 주택에서는 니콜라스 존 하브라켄의 서포트 · 인필의 개념이 유명하다.

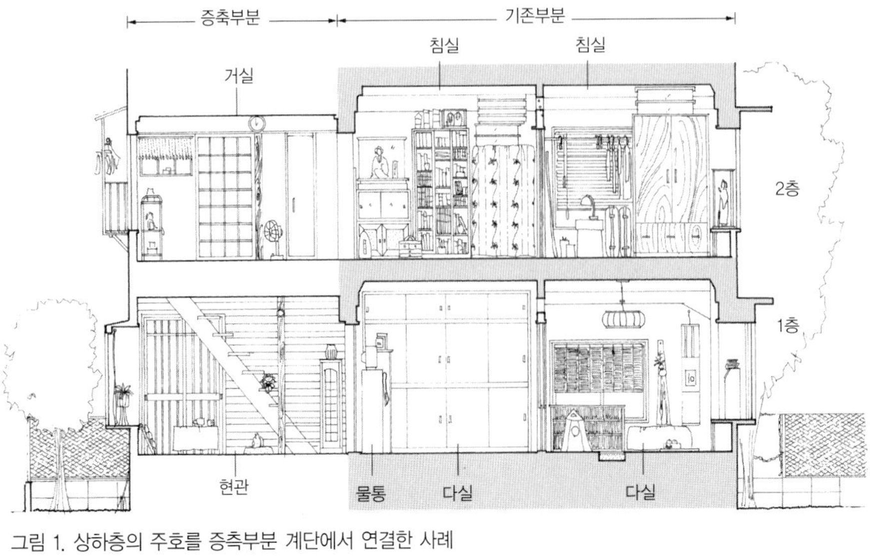

그림 1. 상하층의 주호를 증축부분 계단에서 연결한 사례

으로 「새롭게 만들기」였지만, 고령화와 인구감소, 저성장, 환경문제라는 일련의 키워드에서 나타나듯이 21세기의 환경형성 방향은 「기존의 환경을 유지한다(maintenance)」 또는 「기존의 환경을 다시 만든다(customize)」의 방향으로 나아갈 것이 요구되고 있으며 또한 그렇게 해야만 될 것이다. 거기에는 당연히 세계적으로 유행하고 있는 서스테이너빌리티(Sustainability)라는 용어로 상징되는 환경의 「지속성」이 중요한 테마가 된다.

특히 건축공간의 경우 새롭게 건설하기 위해 미리 수 십 년 후의 사회환경, 사용자의 변화, 건물의 성능 약화 상황을 완벽하게 예상하고 설계하기란 불가능하다. 이러한 구상은 유니버설 스페이스로서 20세기에 다양하게 제안되었고 실천되어 왔지만, 그 주된 내용은 건축물 내의 공간을 자유롭게 재구획한다는 것이었다. 앞으로는 기존 건축 안팎의 공간을 사용 가능한 자원으로 다시 다루고 그 때마다의 상황에 맞춘다면 「즉시적(卽時的)·즉지적(卽地的) 계획」을 물리적 측면과 운용적 측면의 양쪽을 겸한 계획으로 추구해야 할 것이다. 예를 들어 공공임대주택에서 증개축으로 기존 공간을 재편성하는 시도나 분양맨션에 새롭게 공용주차장을 설치하여 비용의 상승을 유지관리비로 충당하는 소프트웨어 방식과 하드웨어 방식을 결합한 시도를 들 수 있다.

이처럼 환경이 가진 기본적인 성능을 물리적, 경제적으로 장기간 지속하기 위해 실시하는 유지관리활동(maintenance)을 지원하는 구상을 미리 준비하는 것이 환경을 설계할 때 기본 요건으로 필요불가결한 요소이다. 이에 덧붙여 시간과 함께 환경을 보다 낫게 만들기 위한 방책이 더욱 요구되고 있지만, 여기서 소개한 것처럼 몸 주변의 주택이나 마을의 변용 과정에서 그 힌트를 얻는 것도 중요하다.

✔관련항목체크!

「스케치하다」	⇨	p40
「참가하다」	⇨	p74
「나누지 않다」	⇨	p81
「근린으로 집을 열다」	⇨	p88
「지속하다」	⇨	p98
「머무는 장소를 만들다」	⇨	p126

참고문헌

佐藤滋ほか 4人『同潤會アパートメントとその時代』鹿島出版會, 1998.

稲垣榮三ほか『東京周縁の居住地形成と變容関する歴史・計畫學的研究－汐入の「まち」の記錄－』住宅總合研究財團, 1994.

그림2. 꽃밭이 있는 노지(露地)

10^2m 참가하다

코퍼레이티브 주택에서 본 거주자참가에 의한 환경구축

그림 1은 코퍼레이티브 주택에서 하나의 주호(住戶) 플랜이 결정되기까지의 변화프로세스를 나타낸 것이다. 종래의 집합주택에서는 설계완료의 선택 여지가 일방적으로 제시되었고 거주자는 설계과정 속에서 선택할 뿐인 관계였지만 코퍼레이티브 주택에서는 설계자와 거주자가 서로 조정하는 가운데 주택플랜을 조금씩 형태화한다. 그림 1에서 처음으로 설계자가 제시한 평면계획안을 보면서 거주하게 될 주인부부가 그 집에 대해 생각한다. 다시 그 말을 들은 설계자가 다음 안에 활용하는 방식으로 설계자와 거주자가 서로 응답해가는 과정이 나타났다.

여기서 중요한 것은 최종적으로 개성적인 주택이 실현되었다는 사실 이상으로 거주자가 설계프로세스에 참가하여 주거와 주생활에 대한 의식을 갖게 되었다는 것, 그리고 그 의식이 다른 거주자와 공유되는 것에 있다. 결국 거주자야말로 주거를 만드는 주체이며 사회에서 공동으로 생활하는 주체임을 전제로 하여 주환경을 창출하려는 시도이다.

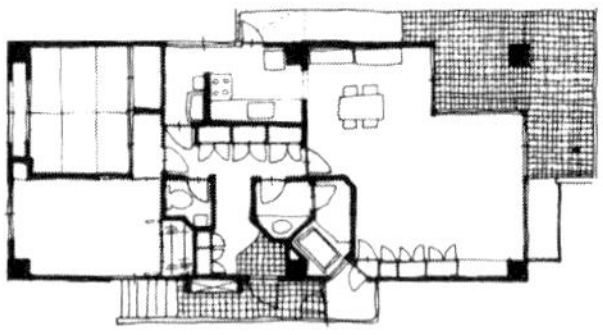

모쪼록 거실을 조금이라도 넓힌다.

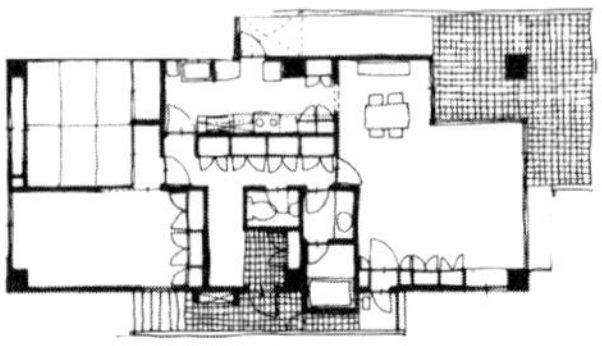

주방에 서비스통로를 만든다.

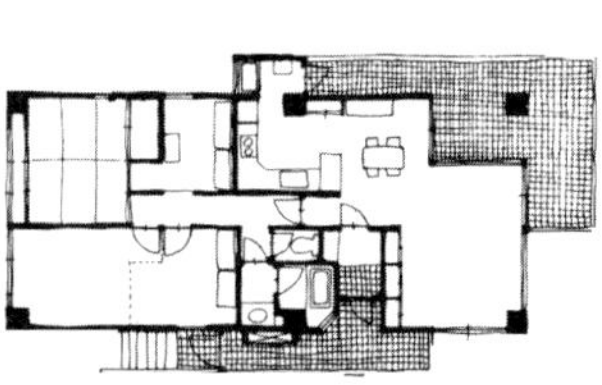

넓은 발코니에 화초를 심고 욕실에서는 록코산을 바라보고 싶다.

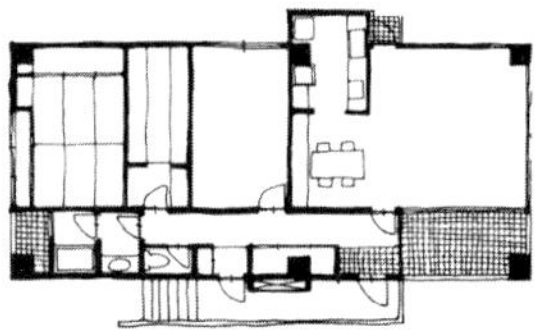

그림 1. 거주자와 설계자의 응답에 의한 평면의 변화 과정

◈ 코퍼레이티브 주택

실제 건물의 설계나 설계 이전에 미리 뜻에 맞는 거주예정자가 모여 주거에 대한 의식을 공유하여 건물설계에도 거주자가 참가하고 관계함으로써 협동하여 완성하는 집합주택.

◈ 참가

거주자 참가형태에는 1. 형식형, 2. 위로형, 3. 알림형, 4. 의견청취형, 5. 회유형, 6. 파트너십형, 7. 위임 권력형, 8. 주민컨트롤형 등 다양한 형태가 있다. 거주자 참가가 무조건 질 높은 디자인과 연결되는 것은 아니다.

✔ 관련항목체크!

「거주하다」	⇨	p70
「유지하다」	⇨	p72
「거리에서 놀다」	⇨	p79
「도시에 머물다」	⇨	p87

도판출전

그림.1 延藤安弘,『集まって住むことは樂しいな 住宅でまちをつくる』, 鹿島出版會, 1987.

10^2m 영역을 나누다

거주자의 생활을 지원하는 시설의 영역구조

여기서 다루는 것은 고령자를 위한 거주시설로서 비교적 대규모의 특별요양 노인홈이다. 이와 같은 시설의 공간구성을 다루고자 할 때, 우선 기능으로 분류하는 것이 많다(거주부문, 관리부문, 서비스부문 등). 그러나 거주자에게 시설공간의 의미는 이와 같은 기능적 분류에서 반드시 보이지는 않는다. 동일한 이동을 위한 복도에서도 자신의 방 앞과 시설현관 앞은 그 의미가 크게 다르다.

시설공간의 단계적 영역성에 주목하는 것은 입주자의 생활범위와 관계된 공간의 질을 나타내는 한 가지 힌트이다. 그림1은 거주자가 공간의 친밀도나 영역화의 용이성에 따라 시설공간을 private에서 public까지 4단계로 나눈 것이다. 이것을 보면 시설공간의 질을 평가하는데 다음과 같은 의문이 생긴다. 개개인의 private zone은 확보되어 있는가? 몇 사람의 커뮤니케이션에 적합한 semi-private zone은 너무 빈약하지 않는가? 전체가 공용하는 semi-public zone은 너무 크지 않는가?

다만, 각각의 영역이 적절하게 기능하는가를 살펴보기 위해 실제 거주자의 생활행동을 겹쳐볼 필요가 있다(그림 2). 거주자의 행동은 각 공간의 질에 영향을 받으면서 각 거주자 행동의 모임이 영역을 의미 있게 만든다. 그리고 그 상호관계의 총체가 바로 환경의 질이 된다.

◈ **private에서 public까지 4단계**

인간은 자신의 프라이버시를 지키고 사회적 관계를 안정시키기 위해 단계적으로 영역을 형태화한다. 뉴먼(O. Newman)은 이 영역성을 배려한 공간디자인의 중요성을 제창했다. 그림 1은 거주자의 생활범위와 관계하는 환경의 질로서 시설공간을 누가 컨트롤하는가의 시점에서 4단계로 분류한 것이다. 그리고 거주자의 생활이 반드시 단계적인(거실을 중심으로 동심원 모양) 확장을 의미하는 것은 아니다.

✔관련항목체크!

「영역을 확정하다」	⇨	p59
「익숙하다(안정되다)」	⇨	p66
「가깝게 사귀다」	⇨	p68
「행동하다」	⇨	p114

도판출전

그림.1 橘弘志はか『個室型特別養護老人ホームの空間構成に関する研究』日本 建築學會計劃系論文集 512, 1998.10.

그림.2 大野隆造, 中島義明編『住まう―住行動の心理學(人間行動學講座3』朝倉書店, 1996.

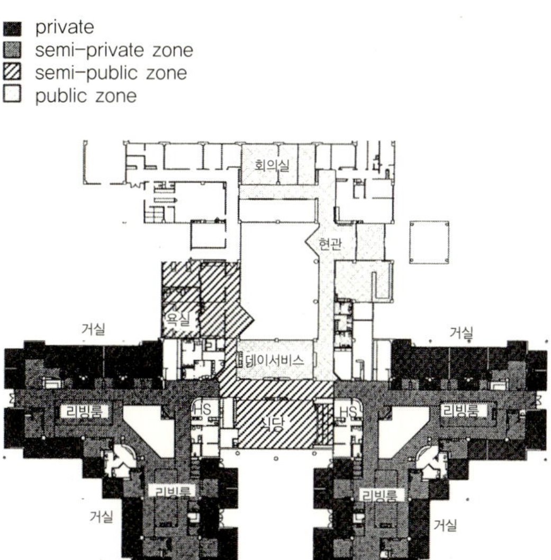

그림 1. 시설공간의 4단계 영역구분

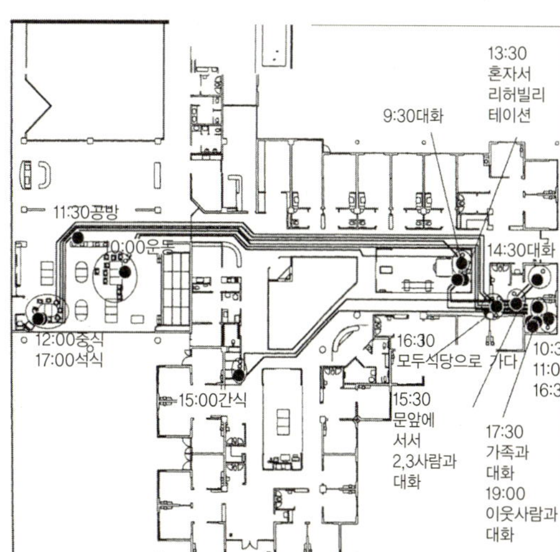

그림 2. 시설공간에서 전개되는 거주자의 생활행동

10^2m | 타인의 눈을 주의하다

행동하기 쉽게 만드는 환경

가로경관을 형성하는 요소에는 무엇이 있을까? 일반적으로 길 양쪽에 늘어선 건축과 가로에 넘치는 다양한 물품 또는 식목과 수목과 같이 물적인 요소가 풍경의 인상을 결정한다. 그러나 상점가나 번화가의 분위기는 물적 요소에 덧붙여 보다 중요한 요소로서 그 장(場)에 있는 사람들에 의해 크게 좌우된다. 그것은 오전에 한산한 상점가와 저녁에 쇼핑할 때 혼잡한 상점가의 인상이 완전히 다른 것을 관찰할 수 있다. 그렇다면 사람이 있다는 점이 경관에 어떤 영향을 주는 것일까? 인상(印象)의 수준에서는 넉넉한 분위기를 만든다. 행동의 수준에서는 그 장에서 자신의 행동에 실제로 다양한 영향을 주게 된다. 상점가에서 「도로변에서 햄버거를 먹는다」라는 실험의 결과가 있다. 그 장에 있는 타인의 눈을 주의하면서 먹는다는 행동에 나름대로 적합한 장소를 탐색하여 선택하고 있다. 가로(街路)에서 행위란 언제나 타인의 존재가 포함된 환경 속에서 이루어지고 있다.

경관이란 시각적인 환경이지만, 특히 상점가와 같은 풍경의 가치는 멀리서 보고 즐기면서 평가하는 것이 아니라 그 속에 들어가서 걸어보거나 행동할 때 나타나게 된다. 그때 경관 속에서 사람들의 존재의미도 상당히 커지고 자신도 또한 타인에게 경관요소가 됨을 의식할 수 있다.

◈ **경관**

경관이란 독일어 Landschft 를 번역한 말이며, 「시각성」과 「지역성」의 개념을 포함한 단어이다. 자연이나 도시, 거리형 건물 등의 시각적 양상을 나타내어 사용하는 경우가 많다. 건축에 관계하는 사람은 풍경을 디자인의 대상으로 다루고 눈으로 볼 때 「좋은 경관」을 탐구하고 있다. 하지만 대부분의 심리학자는 경관을 사람에 대한 자극으로 파악하고 있으며, 사람에게 주어진 영향의 해명에 관심을 두고 있다. 그러나 이러한 접근도 경관 속에서 사람이 생활하고 행동하는 경관을 의미 부여하여 실천의 무대로서 파악하려는 것은 아니다.

✔ 관련항목체크!

「머무는 방식」	⇨	p84
「길을 헤매다 · 찾다」	⇨	p102

도판출전

그림.1 小林茂雄ほか「路上行動の行いやすさに与える環境要因と對人的要因」日本建築學會計劃系論文集515, 1999.1.

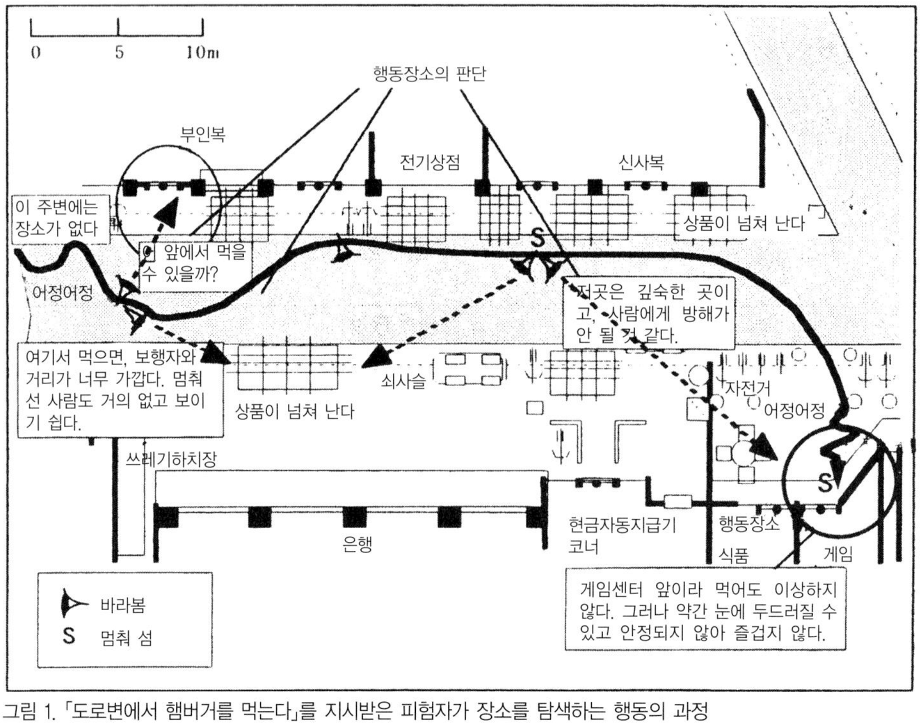

그림 1. 「도로변에서 햄버거를 먹는다」를 지시받은 피험자가 장소를 탐색하는 행동의 과정

10^2m | 활동이 공존하다

다양한 활동을 포함한 공원환경

건축에는 다양한 빌딩타입이 있다. 예를 들면 초등학교나 오피스빌딩이나 스포츠시설이 있다. 각 건물이 달성하는 기능은 한정되어 있으며, 각각의 기능에 적합한 건축이 대응된다. 건축의 외부에 만들어진 길과 광장, 공원 등도 마찬가지이다. 예를 들면 공원은 도시에 녹지를 주고, 여가와 휴식 등의 기능을 줄 수 있다. 그러나 실제는 고정된 기능만으로 설명할 수 없는 사용방식이 이루어지고, 의미가 부여되어 있다. 그림1~3은 대만의 공원에서 아침의 일상적인 풍경이다(우리나라 공원에서는 그다지 볼 수 없는 풍경이기도 하다). 그곳에서는 다양한 사람들이 모여서 어떤 장소에서는 체조, 어떤 장소에서는 댄스, 어떤 장소에서는 태극권을 하고 있으며, 게다가 그 모습을 바라보거나 그 사이를 통과하는 사람도 있다. 서로 간의 활동은 거의 근접해 있으면서 특별한 의미가 매개하지 않고 자신들의 활동을 계속하고 있다. 그곳에는 기능으로는 한정할 수 없는 다양한 활동이 동시다발적으로 공존하고 있다.

이곳에서 보는 공원은 우선 자신들의 선호활동을 자유롭게 행할 수 있는 장소이며 자신에게 열린 장소이다. 그리고 함께 다른 활동을 하는 사람들에게도 동시에 열려 있으며, 자신들과 이질적 존재를 인식하는 장소이기도 하다. 이러한 소위 공공성이 높은 환경은 종래의 빌딩타입에서는 카테고리를 만들 수 없다.

◈ **공공성/공공적인 공간**

공공성이라는 단어에는 몇 가지 의미가 포함되어 있다. 크게 구분할 때, 첫째 국가에 관계하는 공적인 것, 둘째 모든 사람들과 관계하는 공통의 것, 셋째 누구에게나 열려 있다는 의미가 있다. 여기에서는 세 번째 의미가 강하며, 누군가에 대해서도 시간이 제한 없이 열려 있으며, 모두가 주체적으로 관계하면서도 다양하고 이질적인 것을 허용한다. 그러한 환경의 질을 나타내는 언어로서 사용하고 있다.

✔ 관련항목체크!

「머무는 방식」 ⇨ p84

「우리나라에 광장은 있는가」 ⇨ p99

사진 제공자

그림. 1, 2 鈴木毅

도판 출전

그림.3 李威義ほか「台北市興隆公園における社會的コンタクトの考察 – 都市公園の中の居場所に関する研究」日本建築學會計劃系論文集475, 1995.9.

그림 1. 댄스하는 그룹

그림 2. 고령남성 그룹

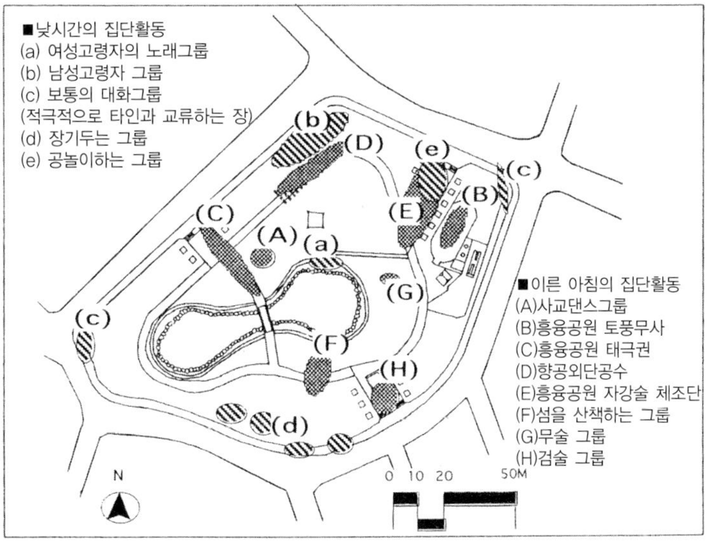

그림 3. 공원에서 매일 펼쳐지는 활동의 분포

10^2m 기다리다

병원 외래 대기공간의 스테레오타입

병원에서 진찰을 받는 사람들은 대부분 병원 안에서 「기다리는」 경험을 한다. 접수, 진찰대기, 약, 계산 등의 다양한 상황에서 상당한 시간이 걸리지만 당연하게 기다려야 하는 대기공간은 어느 병원에 가더라도 큰 차이가 없는 형태로 만들어져 있다. 대기는 전체의 접수나 계산을 위한 통합대기, 진찰실 앞의 대기실, 일단 이름을 부르면 다시 한번 기다리는 중간대기실 등 기능에 맞춘 몇 가지 스케일(그러나 어디서나 무기능적인 벤치가 단조롭게 나열된) 공간이 있고, 환자는 지시받은 채 대기공간에서 순서대로 각 장소에서 이름이 불릴 때까지 기다린다. 그런 상황에서 환자는 「이렇게 오래 기다리고 싶지 않아」 「이런 장소에서 기다리고 싶지 않아」라는 생각이 들어갈 여지는 거의 없다.

여기에서는 병원의 시스템이 형태를 규정하고, 병원의 환경이 환자의 행위를 강하게 규정하는 관계를 볼 수 있다. 스테레오타입화된 병원의 시스템이 스테레오타입화된 병원의 대기공간을 만들고 그 속에서 환자의 행동도 환경에 따라 규정되고 있다. 그 결과로 형성된 것은 어디에 가더라도 획일적인 병원 대기공간의 장면이라 할 수 있을 것이다.

◈ 환경이 행동을 규정한다.

많은 건축계획자, 설계자의 디자인은 인간의 행위(물리적, 사회적)가 환경에 의해 규정된다는 건축결정론에 근거하고 있다. 보다 좋은 생활행위나 감각을 주기 위해 보다 좋은 환경디자인이 탐구되고 있다. 그러나 그 목표가 개개인의 쾌적성이나 생활의 질을 높이는 실현이 아니라 전체 시스템이나 효율성으로 향하는 경우 사람의 행위가 일방적으로 환경에 지배받게 되는 상황을 초래할 수밖에 없다.

✔ 관련항목체크!

「레이아웃하다」 ⇨ p49

「배우다」 ⇨ p67

「나누지 않다」 ⇨ p81

도판출전

그림.1 日本建築學會 編『人間環境學 よりよい環境デザインへ』朝倉書店, 1999.

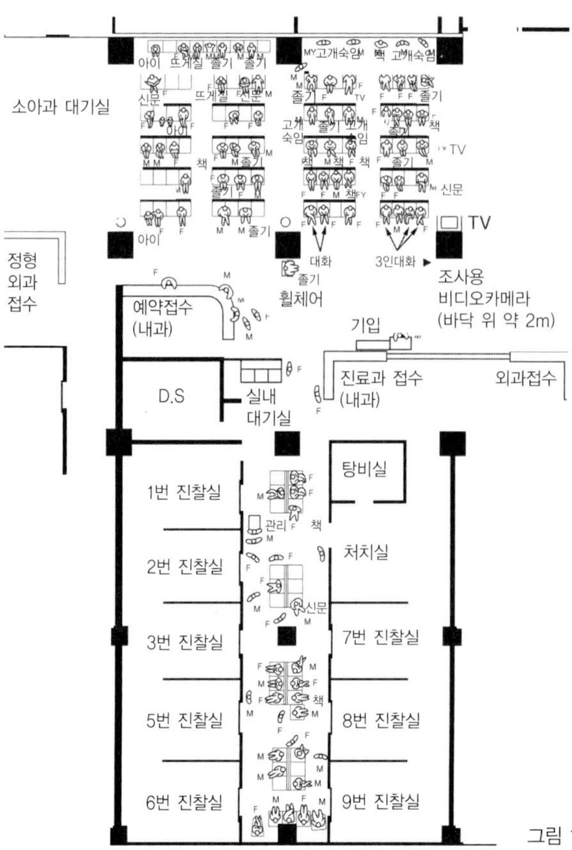

그림 1. 전형적인 병원 외래 대기스페이스

10^2m | 거리에서 놀다

3세대 놀이터 맵

어린이들은 원래 행정적으로 마련된 놀이터에 폐쇄되어서 놀지 않고, 마을을 탐색하며 자신의 놀이터가 되는 환경을 발견하는 호기심과 관찰력을 가지고 있다. 현대 도심부에는 어려운 일이겠지만 어린이들은 놀이를 통해 마을의 환경 전체와 만나고 관계했다. 어린시절의 놀이와 놀이터를 생각하는 것은 그러한 주변 환경과의 관계방식과 그 변화를 재인식하는 것이기도 하다.

그림 1의 「제3세대 놀이맵」은 마을만들기 워크숍에서 주민 스스로 또는 계획자가 그 마을의 환경을 파악하기 위해 사용되고 있다. 위로부터 1920년대, 1960년대, 현대 어린이들의 놀이터와 그 내용을 동일한 지도에 표시한 것이다. 오랜 동안 같은 땅에 살고 있는 고령자와 중년층은 어린시절의 기억을 모으고, 아이들은 현재 놀이 모습을 각각 모아서 세대별로 정리하였다. 지도는 변하지 않는 장소, 변한 장소라는 물리적 환경의 변화뿐만 아니라 모습이 달라져도 계승된 자연과의 관계, 되찾고 싶은 환경이나 변화가 풍부한 환경과의 관계방식을 파악할 수 있다. 그것은 주민만이 아니고, 새로운 도시환경의 형성과 관계하는 사람에게도 능동적으로 받아들일 수 있는 요소를 많이 포함하고 있다.

◈ **제3세대 놀이터 맵**
그 지역에서 자란 3세대에 걸친 어른과 어린이에게서 어린시절의 추억과 이야기를 듣고 세대별로 정리하여 일러스트맵으로 표현한 것이다.

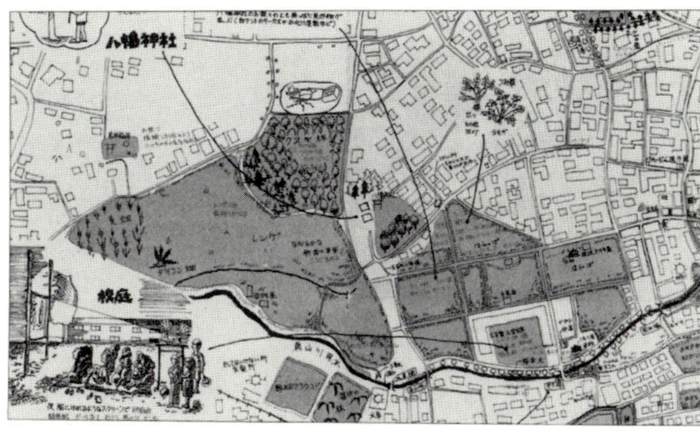

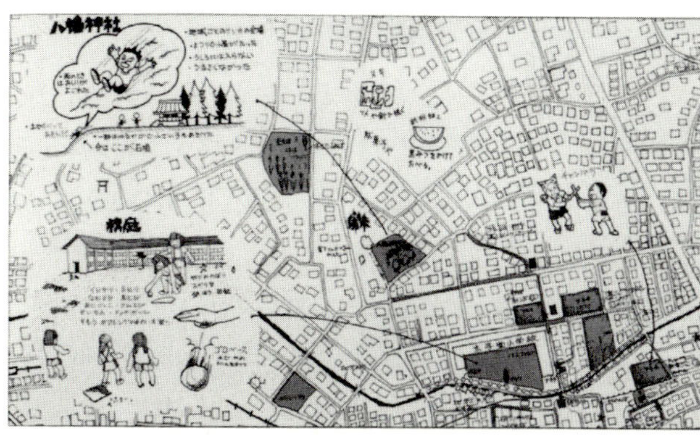

그림 1. 3세대 놀이맵의 예. 위로부터 1920년대, 중간은 1960년대, 맨 아래는 현재의 지도이다.

✔ 관련항목체크!

「참가하다」	⇨	p74
「양육하다」	⇨	p112
「계속 촬영하다」	⇨	p125
「안내받다」	⇨	p136

도판 출전

그림.1 子供の遊びと街研究會 編著『三世代遊び場マップ』, 1982.

그림.1 子供の遊びと街研究會 編著『三世代遊び場圖鑑』, 1982.

10^2m | 바닥을 밝히다

항공유도등의 야경

공항의 야경은 아주 로맨틱한 인상을 준다. 일본의 하네다공항은 약 6,000개의 지상설치형 조명기구를 사용하여 항공시설의 안전을 확보하고 있다. 그 기능은 유지관리원의 작업조도 확보, 비행기 조종사의 이륙과 착륙을 위한 빛의 사인이다. 아름다운 모습의 이면에는 항공기와 승객의 안전을 배경으로 완벽한 기능 사상이 숨어 있다.

광대한 면적에 놓인 조명기구는 매일 점검해야 하며, 3개월에 한 번은 교환한다. 수명이 다하기 전에 반드시 교환하여 조도를 유지한다. 이처럼 완전한 안전사상에 뒷받침된 철저한 유지관리가 여행을 나서는 사람들이 한 번쯤 경험하는 장대한 야경을 만들고 있다.

풍속적으로 「야경」이라는 빛환경의 대부분은 디자인된 것이기보다 생활에 필요한 빛을 만들어내는 것이 대부분이다. 고가고속도로의 빛, 차의 후미등에 비치는 붉은 라인, 오피스빌딩에 얼룩으로 점유된 창의 불빛, 고층빌딩의 붉은 항공장애등처럼 다양하지만, 그곳에는 사람이 생활하고 때로는 사람의 안전을 지키고 있다. 우리들의 생활 속에서 우리 가까이의 빛이 곧 주변의 「야경」을 만들어내고 있다는 사실도 알기 바란다.

✓ 관련항목체크!

「질서를 주다」 ⇨ p110

도판출전

그림.1 和木通(彰國社寫眞部)

참고문헌

面出 薰『あなたも照明探險團』日経BP社, 1998.

그림 1. 공항에서 바닥을 밝히는 기능사상의 부산물로서 나타난 아름다운 야경

10^2m 나누지 않다

센다이 미디어테크의 시설계획

지금까지 시설건축계획에서는 시설에 필요한 기능을 어떻게 공간에 할당하여 배치하고 관련지을 것인지가 과제였다. 그에 따라 시설의 질은 일정 이상의 수준으로 유지되어 왔지만, 동시에 건축이나 공간의 기능은 고정화되고 획일적인 시설이 많이 만들어지게 되었다. 미야기현 센다이시에 있는 센다이 미디어테크(smt)는 도서관, 갤러리, 영상미디어센터 등의 복합시설이다. 이곳에서 건축으로 제안된 것은 7층의 얇은 플랫(바닥면)과 그것을 구조적으로 지지하는 투과성 있는 튜브, 그리고 건물 전체를 덮은 유리스킨뿐이다. 각 플로어는 기능에 따른 가동식 가구나 칸막이가 레이아웃되어 다양한 장(場)이 만들어지게 되었다. 그것은 요구되는 기능이 달라지면 변경 가능하고, 이용자와 운영자의 협동작업에 의한 새로운 시도에도 대응이 가능하다. 건축이 제공하고 있는 것은 기능에 얽매이지 않는 플랫한 유니버설 스페이스와 랜덤하게 배치된 튜브기둥에 의한 어포던스뿐이며, 시설의 기능은 운영자에게 전면적으로 위탁되어 있다. 실제로 센다이 미디어테크에서는 건설 전부터 「미디어테크헌장」을 기초하여 운영, 서비스시스템 등이 상세하게 계속 논의되었다. 이 건물이 목표로 하는 것은 건축, 공간이라는 완성된 하드웨어에 의한 것이 아니고, 계속 해서 만들어지는 서비스 시스템에 의해 성립된 공공시설일 것이다.

◈ **유니버설 스페이스**

공간의 기능을 한정하지 않고, 다양한 용도로 사용할 수 있도록 균질하게 만들어진 공간이다. 일반적으로 대공간으로 계획되어 필요에 따라 공간구획이나 가구를 레이아웃하여 이용자의 선택이나 가변성을 높인다. 미스 반 데어 로에가 제창했다.

✔ 관련항목체크!

「배우다」	⇨	p67
「유지하다」	⇨	p72
「기다리다」	⇨	p78

도판출전

그림.1 伊藤豊雄建築設計事務所 編著『建築: 非線型の出来事』彰國社, 2002.

참고문헌

仙台メディアテークプロジェクトチーム編『仙台メディアテークコンセプトブック』NTT出版, 2001.

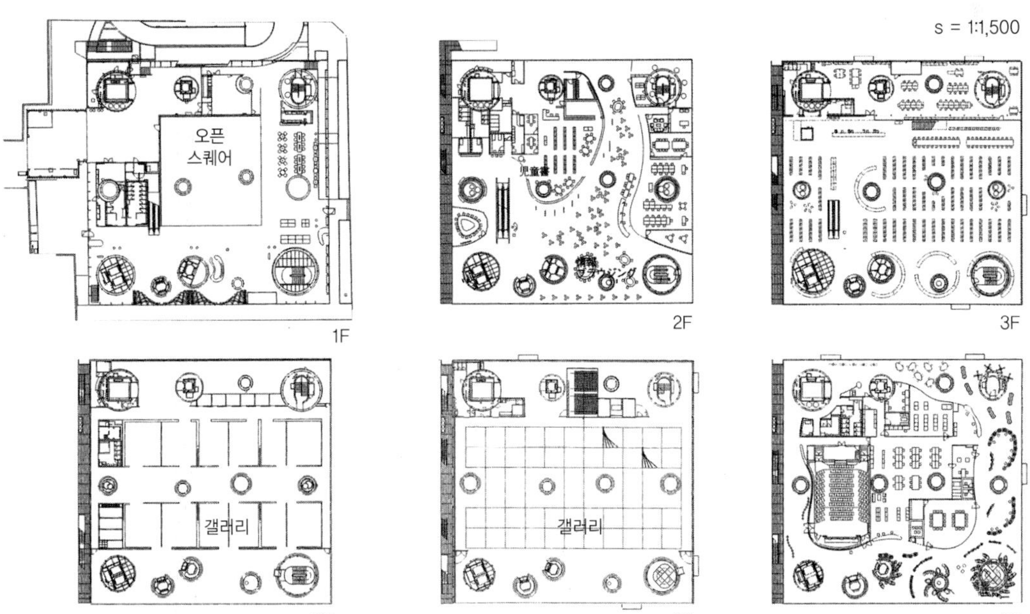

그림 1. 센다이 미디어테크의 각 바닥평면도(설계/이토 도요건축설계사무소) 1층 플라자, 2~4층 도서관, 5~6층 갤러리, 7층 영상미디어센터

10^2m | 에워싸다

길 폭(D)과 건물높이(H)의 관계 D/H

중세 도시, 르네상스시대 도시, 바로크시대 도시의 길폭과 건물 높이와의 관계를 비율로 나타낸 것이 있다(그림 1). 이 도식에서는 성벽으로 둘러싸인 이탈리아 중세 도시는 건물 높이에 대한 가로폭이 좁고, 르네상스시대에는 그 비율이 거의 1 : 1이며, 바로크시대에는 다이내믹한 도시계획이 반영되어 건물높이에 대한 길폭이 넓은 것을 알 수 있다. 이것은 길폭(D)과 건물높이(H)의 관계 D/H를 단면형상으로 나타낸 아시하라 요시노부(芦原義信)(1962, 1975)의 수법이다. 예를 들어 D/H<1은 근접하고, 좁은 느낌이 되고(그림 2, 3), D/H=2 정도는 떨어진 넓은 느낌이 된다.

단독 건물, 정형의 가로나 중정에 대해서 D/H에 의한 지표는 유용하지만, 현대의 부정형한 도시공간에서는 단순히 그 수치를 결정하기 힘들 때가 있다. 그러한 경우 복잡한 동(棟)배치에 의해 만들어진 외부공간에서 정량적으로 계측할 수 있는 척도로서 시점을 중심으로 한 전천구면(全天球面)에서 입체각 수치로 산출하는 방법이 있다.[*1]

건물의 높이는 필요한 바닥면적이나 용적, 건물의 비용, 그리고 도시계획의 제약 등에 의해 결정되는 경우가 많다. 그러나 자신이 사는 지역, 근무하는 영역이나 여행한 거리 등, 각 장소의 질을 평가하는 한 가지 축으로서 길폭과 건물높이의 관계를 관찰해 보는 것이 어떨까? 그렇게 함으로써 우리들은 사람들이 통행하고 교차하는 도시공간에서 건물이 주는 영향의 한 가지 요소를 알 수 있다.

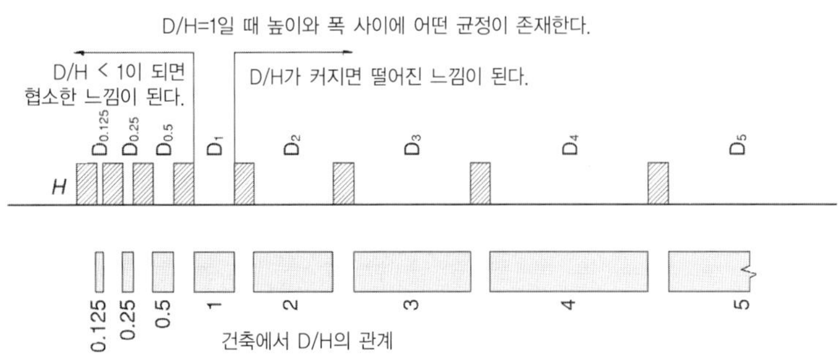

건축에서 D/H의 관계

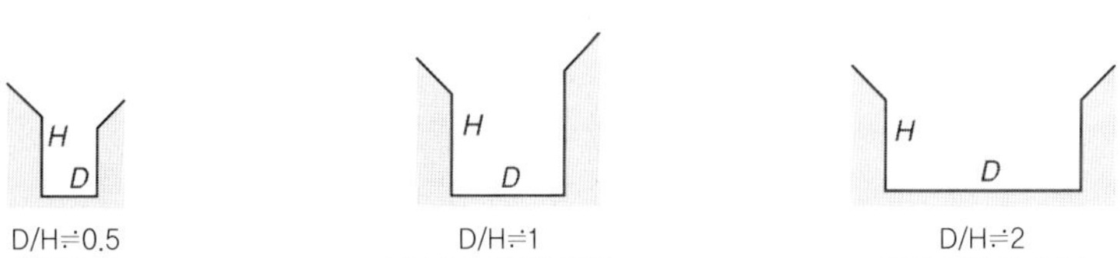

그림2. 이탈리아 가로건물의 D/H

✓관련항목체크!

「질서를 주다」 ⇨ p110

「친숙해지다」 ⇨ p127

그림 2. 고층빌딩이 늘어선 홍콩의 풍경

그림 3. 어떤 가로의 도로폭과 높이를 사진으로 파악하면 D/H=2가 된다.

도판출전

그림.1 아시하라 요시노부 저 『외부공간의 미학』 기문당, 1999.

참고문헌

그림.1 아시하라 요시노부 저 『외부공간의 미학』 기문당, 1999.

*1 岡田光正, 高橋鷹志 『新建築學大系13 建築規模論』 彰國社, 1988.

10^2m | 그림책으로 이해하다

「작은 집 이야기」의 환경이행(環境移行)

어린이용 그림책은 간혹 다양한 문제를 제기한다. 『작은 집 이야기』는 농촌에 지은 집 한 채의 시대에 따른 변모를 그린 아주 유명한 그림책이다. 처음에 「작은 집 이야기」는 주변의 자연과 커뮤니티 속에서 풍요롭게 지내고 있지만, 어느 때부터 급격한 도시화의 파도가 몰려 들어온다. 고층 빌딩군이 주변을 에워싸고, 교통기관의 발달이 혼잡과 시끄러움을 초래하며, 주변 환경과의 관계를 서서히 빼앗기면서 「작은 집」은 홀로 노후화되어 간다. 마지막으로 예전에 지어졌던 전원지대로 옮겨 가면서 다시 안정을 되찾는다.

이 이야기는 온갖 장소에서 진행되는 도시화에 대한 비판뿐만 아니라 의인화된 「작은 집 이야기」는 주변 환경의 급격한 변화라는 환경이행에 적응되어 가는 프로세스를 여실히 묘사한 것으로 볼 수 있다. 「작은 집 이야기」는 자기 자신의 노후화보다도, 환경변화에 뒤쳐지면서 주택으로서 기능이 없어지고 스스로의 존재 가치가 위기를 맞이하게 된다. 환경이행이라는 위기에 직면했을 때, 우리들도 「작은 집 이야기」와 마찬가지로 자신의 존재가 환경과 끊을 수 없는 「환경 속의 존재」임을 알게 될 것이다.

◈ **환경 속의 존재**

워프너(S. Wapner)는 인간과 환경과 끊기 어려운 상호 침투적 관계를 「환경 속의 인간(person in environment)」라고 불렀다. 인간이 환경이행에 직면했을 때, 그 관계가 붕괴되는 것이야말로 위기의 상황을 초래한다고 생각했다. 여기서는 「우리 집」이 주인공이면서 「환경 속의 존재」이다.

✔ 관련항목체크!

「생활의 거점을 이동하다」 ⇨ p58

「익숙하다」 ⇨ p66

도판출전

그림.1~2 버지니아 리 버튼 저, 홍연미 역 『작은 집 이야기』 시공주니어, 1993.

참고문헌

延藤安弘『こんな家にすまたいナ 絵本に見る住宅と都市』晶文社, 1983.

그림 1. 「작은 집」의 주변에 변화가 일어나기 시작했다.

그림 2. 주변의 도시화 속에서 남겨진 「작은집」

10^2m 머무는 방식

사람이 머무는 장면에 포함된 것 또는 환경으로서의 타인(他者)

우리들이 살고 있는 환경은 인간이 머무는 세계이다. 건물이나 식목과 마찬가지로 인간도 중요한 환경구성의 요소이다.

환경구성 요소인 인간을 파악하기 위해서는 다양한 시점이 있겠지만, 사람이 어떤 장소에 머무는 장면 자체를 기술하고 분석하기 위해 제안된 것이 「머무는 방식」이다.

예를 들어 파리의 공원모습이 우리나라 공원과 다른 점을 지적할 때 이용자의 속성이나 활동내용, 밀도가 다르다고만 말하지 않고 「사람이 머무는 방식이 다르다」고 말하는 편이 사람들이 머무는 풍경을 포함한 공원모습을 전달해준다. 바꿔 말하면 건축계획학이나 행동과학에서 사람의 행동이나 공간의 관계를 분석하는 기본으로서 「누가 어디에서 무엇을 한다(했다)」(속성, 위치, 행위)만으로는 충분하지 않은 점, 즉 사람이 그곳에서 머물면서 만드는 풍경이나 사회적 관계를 포함한 상황을 다루기 위한 개념이 「머무는 방식」이다.

인간이 살아가는 동안에는 반드시 어떤 「주거 방식」을 사용하고 있듯이 어느 장소이건 그곳에 몸을 두고 머물면서 의식적이건 무의식적인 것과 별도로 인간은 어떤 「머무는 방식」이 있다(선택하고 있다). 그 중에 몇 가지 전형적이라고 생각되는 「머무는 방식」에 대해 타입의 명칭을 붙일 수 있으며, 지금까지 「잠시 멈추어 서 있다」, 「깊이 생각하다」, 「마침 거기에 있다」라는 특징 있는 머무는 방식이 검토되고 있다. 이것은 공공공간에 인간이 어떻게 머무는가를 논의하고, 다자인하기 위한 건축어휘로서 자리매김할 수 있다. 다양하게 머무는 방식을 보고 알게 된 것은, 타인이 그곳에 머무는 것을 의미한다. 도시의 공공공간에서 액티비티의 역 대합실과 음식점(유럽카페를 떠올리면 좋다) 등, 공공성이 높은 장소에 다양한 속성의 타인끼리 간혹 동석하며 머무는 방식이다. 「모두에게 알아차리게 하지 않도록 거기에 있었다」 라고는 말하기 어려운 것에서 알 수 있듯이 그 장(場)에서 머무는 사람끼리 존재를 의식하고 있는 점이 중요하다. 즉 통합된 기성 사회집단에서는 없는 타인끼리이며, 특히 대화를 나누는 것도 없지만 서로 인식하고 교류가 전혀 없는 상태와는 명확히 다른 관계이다. 「거기에 있다」는 퍼블릭한 공간에서 사회적 관계의 기준이다.

그림 1. 「공공 속 자신의 세계」
(산슬피스 광장/파리)

그림 2. 「잠시 멈추어 섬」
(성(聖) 로카타워/도쿄)

그림 3. 「제각각」
(미스이 55광장/도쿄)

그림 4. 「거기에 있다」 (바/파리)

중요성은 J. 겔이나 W. H. 화이트로부터 지금도 지적되고 있다. 예를 들었듯이 어떤 장소에서 사람이 머무는 것만으로 그 사람과 직접 접촉하지 않더라도 그 사람을 주시하는 사람에게 다양한 정보와 인식의 틀을 제공하고 있다.

그 중에서도 중요한 것은 인간은 자신이 그 장(場)에서 머무는 모습을 간혹 이웃에 머무는 타인에게서 배운다는 점이다. 결국 타인과 환경의 관계는 관찰자 자신이 환경을 인식하는 중요한 재료를 제공하고 있다. 말하자면 「당신이 그곳에 그렇게 머무는 것은 나에게 아주 의미가 있다」, 「당신의 환경은 나에게 환경의 일부이기도 하다」라고 말할 수 있는 관계가 성립한다. 이러한 경우 환경을 디자인할 때 일반적으로 당사자를 위한 환경디자인(당사자가 요구하는 것을 제공한다)만으로는 부족하며, 그 사람과 환경의 관계가 주변에 어떤 의미를 만드는가를 고려한 시점이 필요함을 시사한다.

◈ 도시에서 타인(他者)의 존재와 활동의 의의(意義)

J. 겔은 건물 사이의 액티비티(Life between Building)에 의한 사회적 접촉에 다음과 같은 의의가 있다고 했다.
- 조심스러운 접촉
- 다른 단계의 접촉이 만드는 출발점의 가능성
- 이미 성립된 접촉을 유지하는 가능성
- 외부 사회에 대한 정보원
- 인스피레이션의 원천, 자극적인 체험의 제공

(J. 겔 지음, 『옥외공간의 생활과 디자인』, 1990에 의함)

✓관련항목체크!

「타인의 눈을 주의하다」 ⇨ p76
「활동이 공존하다」 ⇨ p77
「손란스러움을 피하다」 ⇨ p124

그림 5. 「도시를 내려보다」
(퀴니지 탑/루커)

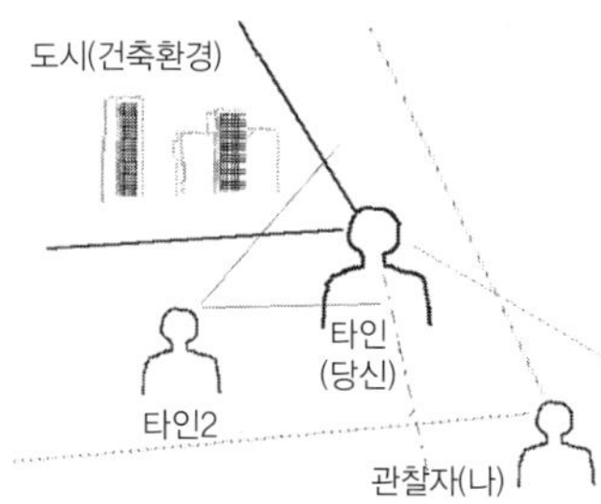

타인의 환경은 관찰자에게 환경의 일부이기도 하다.

그림 6. 타인이 머무는 방식의 의미

참고문헌

Jan Gehl 저, 편집부 역 『옥외공간의 생활과 디자인』 화영사, 1993.
場所、行動研究會(代表 高橋鷹志) 「住居における行動場面に關する研究-人の 居方から住居の公的空間を考察する」 住宅總合研究財團研究年報 No.18, 1991.
鈴木毅, 高橋鷹志 「都市の公的空間における居方の考察」 日本建築學會大會學術講演梗概集, 1992.
鈴木毅 「人の居方から環境デザイン」 建築技術, 1993.7~1995.12.
鈴木毅 「人の居方から環境デザインの試み」 『JKK大學校講義錄 I』 小學館スクウェア, 2000.
W. H. ホワイト著, 柿本照夫 譯 『都市という劇場』 日本經濟新聞社, 1994.

발전의 상징인 푸동지구를 배경으로 이른 아침 자기나름대로 시간을 보내는 사람들

그림 7. 「도시를 배경으로」(상하이)

10^2m | 거리형 건물을 읽다

표층의 구조

좋고 싫음에 관계없이 가로경관에는 유럽의 로하우스(row house)처럼 깔끔하게 정리된 건물이 있는 반면, 달동네의 안쪽거리처럼 다양한 요소가 혼잡하게 들어간 잡다한 경우도 있다. 옥부형(屋敷型)거리처럼 건물은 나무울타리의 반대쪽에 숨어서 보이지 않아도 정리된 경우가 있으므로 단순히 건물의 형태에 따른 차이라고는 말할 수 없다.

그림 1은 가로경관을 「길」과 「표층」이라는 구성요소로 정리한 것이다. 「길」이란 가로의 평면형태이며, 이것이 형태로서 연속되어 정리된 상황이다. 「표층」은 길의 양쪽을 만드는 입면 · 단면적 요소이며 건물의 벽면이 직접 길에 접해 있는 상황이다. 이러한 두 가지 축으로 주택가의 가로경관이 「옥부형(屋敷型)」, 「정옥형(町屋型)」, 「교외주택형」, 「이장옥형(裏長屋型)」의 4가지로 분류할 수 있다. 이것은 대강 형태만으로 분류한 것이다. 그러나 생각해 보면 「표층」이란 가로와 주택(부지)의 관계 자체를 기술한 것이며, 거주자의 생활이 가로에 관계되는 정도와 깊이 관련이 있다. 그것은 그림의 왼쪽 아래에서 오른쪽 위에 걸쳐 가로에 넘쳐나는 생활감이 옅어지는 것으로 나타났다. 가로경관이란 시각적인 정보이지만 단지, 형태가 깔끔한 정도의 문제가 아니라 우리들은 그곳에 사는 사람의 길에 대한 의식이나 일상생활에서 길과의 관계를 동시에 보아야 한다.

◈ **표층(表層)**

유럽의 거리형 건물(row house)은 길 양쪽에 건물의 벽이 있고, 건물이 가로공간을 한정하고 있다. 우리나라나 일본의 가로공간은 건물 벽만이 아니라 담이나 식물, 다양한 요소가 혼재하고 있다. 그러한 모든 요소의 복합 전체를 「표층(表層)」이라고 한다.

✓관련항목체크!

「노지로 표출하다」	⇨ p61
「친숙해지다」	⇨ p127

도판출전

그림.1 槇文彦 외 『SD選書162 見えがくれする都市』 鹿島出版會, 1980.

그림 1. 표층의 연속된 방식과 길이 평면 형태에 의한 주택지의 분류

10^2m 도시에 머물다

중국에서 도시에 정주하는 프로세스

우리가 어떤 장소에 「거주」라고 할 때, 빌리든지 짓든지 우선 주거를 결정하고 거주할 건물로 이사한다. 일단 머물 곳을 구축했다면 간단히 다른 곳으로 옮기지 않는다는 의미에서 우리들의 「거주」 행위는 땅과의 관계가 고정적이다. 자신의 존재 거점을 그 땅이나 주택에 일대일로 대응시켜 고정하는 것이 「주거」하는 것이라고 말해도 좋다. 그러나 그것만으로 분명히 일반적인 「거주」 형태는 아니다. 그림1은 중국 도시에 살면서 정착하는 프로세스를 나타낸 것이다. 우선 적당한 장소를 찾아서 그곳에 머무는 것에서 시작하고 점차 물적(物的) 환경을 구축하면서 도시의 어떤 장소에 자신을 정착시켜가지만 그것도 영구적이지 않고 새로운 장소로 이동을 염두에 두고 있다. 여기에서 볼 수 있는 것은 도시에 「살면서 정착하는」 것의 연속적이며 동적인 프로세스이다. 단순히 장소를 선택하는 것이 아니라 장소에 영향을 끼치고 장소와 호응하면서 관계를 구축하며 획득해 간다. 인간이 「거주하는」 것 또는 「머무는」 것은 본래 이렇게 거주하는 사람 자신의 시간을 쏟는 능동적인 프로세스를 포함한 생활행위인 것을 이 사례가 상기시켜 준다. 동시에 개개인의 「머물다」라는 생활행위야말로 도시환경을 계속 형성하고 있는 것이다.

◈ 계속 형성되고 있는 도시환경

크리스토퍼 알렉산더(C. Alexander)는 『The Timeless Way of Building』에서 「살아 있는 마을의 성장과 재생은 무수히 작은 행위의 적층으로 이루어진다」라고 적고 있다. 여기서는 상징적 의미가 아닌, 그 다이내믹한 관계가 바로 눈에 보이며 나타나고 있다.

✔ 관련항목체크!

「참가하다」 ⇨ p74

「머무는 장소 만들기」 ⇨ p126

도판출전

그림.1 中岡義介「商いが都市を動かす」(『都市、集まって住む形』) 朝日新聞社, 1990.

1. 길거리에서 걸어다니면서 판다
2. 특정장소(건물 앞)에 앉아서 판매하게 된다.
3. 판매대를 가지고 온다.
4. 판매대가 고정되고, 상설가게가 되어 상업건물이 탄생한다.
5. 견고히 만든 것으로 바꿔 짓는다.
6. 가게를 그만두면 곧바로 노점이 온다.

그림 1. 중국에서 도시에 사는 프로세스

10^2m | 이웃으로 집을 열다

공유영역론

대부분의 우리나라나 일본의 집합주택은 근린으로 폐쇄적인 구조를 계속 취해왔다. 주호(住戶)로 접근하는 계단실이나 통로에는 쇠문이나 쇠창살만 붙어 있으며, 그곳에는 삶의 분위기가 느껴지지 않는 살풍경한 정경이 연속된다. 예전에 우리나라의 골목길에 보였던 인간적이고 친근한 분위기는 느껴지지 않는다. 이러한 무기적(無機的) 정경은 주변 사람들과 관계없이 살려고 하는 도시생활자의 마음을 표현한 것이라고도 볼 수 있다.

집합주택의 역사가 짧은 일본(일본의 집합주택 역사는 80년 정도이다. 여기서는 서양의 역사에 비해 짧다는 의미이다)에서는 집합주택을 가(仮)주거라고 보는 경향이 강하며, 지역 커뮤니티의 형성에 무관계한 거주자가 많다. 그러나 최근 이러한 상황에 변화의 조짐이 나타나고 있다. 도시주택으로서 집합주택의 보급과 정착, 익숙하게 사는 장소에 계속 살고 싶은 사람들의 증가, 공동소유(또는 사용)하는 건물의 유지관리나 노후화에 대처하기 위한 거주자의 합의 형성, 환경문제에 대한 지역적인 대처, 거주자의 고령화와 서로 도움을 줄 수 있는 근린에서 인간관계의 중시이다. 이러한 요인이 서로 겹쳐서 건전한 근린관계의 형성이 요청되었다.

건축계획학의 입장에서 이러한 상황에 의문을 던지고 개선의 방향을 제시한 것이 「공유영역론」이다. 그림 1은 공유영역 형성의 메커니즘을 밝히고 이웃으로 집을 여는 것의 중요성을 지적한 연구로 자리매김할 수 있다. 통로나 계단실에 무관심했던 지금까지의 폐쇄적인 집합주택을 만드는 방식에 비해 최근에 「공유영역」 개념을 넣은 새로운 시도가 보였다. 「거실접근형」도 그중의 하나이다. 즉 가족이 일상적으로 머무는 장소인 거실이 면해 있는 쪽에서 주호(住戶)로 접근하는 방식이며 거실을

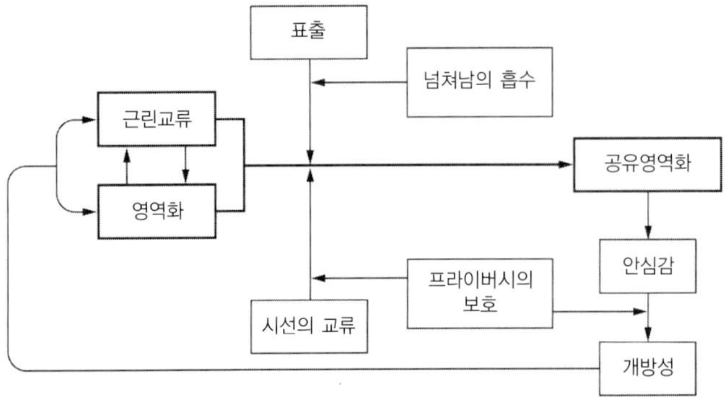

그림 1. 공유영역 형성의 메커니즘

◈ 공유영역론

1980년대 중반에 스즈키 시게부미(鈴木成文)의 연구그룹에 의해 발표된 사고방식이다. 여기서 말하는 영역이란 개인의 생활공간 속에서 일상적으로 그곳을 이용하거나 바라보는 것으로 자신의 장소라고 인식할 수 있으며 그곳의 행위나 사건을 스스로 지배하고 관리하려는 일정의 공간범위를 가리킨다. 근린소집단에 속한 사람들이 「자신들의 영역」이라고 느끼는 집단의 영역(개인영역의 일부가 서로 겹친 부분)을 「공유영역」이라고 이름 붙였다.

◈ 공유영역 형성의 메커니즘

영역화와 근린교류의 관계 / 주호 주변으로 영역이 확장되면 근린교류도 활발해지고, 근린교류가 활발해지면 영역화도 촉진되듯이 양자는 상호보완의 관계이다.

표출에 의한 영역의 강화 / 표출이란 현관 앞이나 통로에 면한 창에 꽃이나 작은 물건으로 장식하는 것으로 거주자가 외부로 향해 의식적으로 설치하는 행위를 말한다. 표출은 영역의 확정과 함께 익명성이 높은 공유공간에 거주자의 개성을 배출하고 근린교류의 계기를 제공하거나 교류를 촉진하는 작용을 한다.

시선교류에 의한 영역의 강화 / 주호 내에서 일상적으로 바라보는 범위는 영역화가 되기 싶다. 액세스공간으로 향하는 큰 개구부가 있을 때, 그 주호에 대한 친근감이 생기고 주호 안팎의 시선교류는 근린교제의 계기를 제공한다.

공유영역의 형성 / 주호 주변에 각 호의 영역이 형성되어 근린교류가 활발해지면 그곳에 공유영역이 발생하게 된다. 공유영역이 형성되면 영역 바깥의 타인에 대한 식별성이 높아지고, 공유영역 내부의 방범성이 높아진다. 그 결과로 얻어진 안심감은 주호의 개방성을 높인다. 주호 바깥에서 바라보는 주호 내부의 프라이버시가 보호된다면 주호의 개방성은 더욱 높아진다. 또한 공유영역의 형성은 영역 내에서 프라이버시의식을 완화한다.

공유영역화의 순환 / 공유영역이 형성되기 위해서는 위에서 말한 각 요소가 서로 관련되어 그림 속의 화살표 방향으로 순환되어야 한다.

최근의 리빙 액세스 사례 / 도시기반정비공단이 2003년에 임대를 개시한 고밀도 도시

통로쪽에 배치한 형식이다. 그림 2는 일본에서 거실 접근형의 초기 사례이며, 메조넷형 주호(住戸) 아래층 거실 앞에 통로가 계획되어 있다. 프라이버시를 유지하기 위해 거실바닥을 통로보다 50~60㎝ 정도 높이고, 창 앞에 화분을 놓아서 통로에서 주호 내부가 바로 보이지 않게 고안되었다. 이러한 집합주택에서는 동쪽 일조가 좋은 통로에 식목이나 꽃의 표출이 무성하고, 통로는 주부들이 서서 이야기하는 장(場)이 되면서 같은 층 8호의 근린교류도 활발하다.

그림 3은 거실접근형식을 채용한 영국의 고령자집합주택의 예이다. 여기서도 남향의 일조가 좋은 통로는 식물이 무성하고, 주호 앞 알코브모양의 테라스나 통로에 면한 거실에서 느긋하게 쉬고 있는 거주자가 통로에서 마주치는 이웃 사람과 이야기를 즐기며 일상생활에서 자연스러운 교류를 통해 서로 지켜주면서 안심하고 생활하는 모습을 볼 수 있다. 지금까지 집합주택에서 「개(個)」와 「집합」의 관계를 고쳐보고 개방적인 구축환경의 형성이 요구되고 있다.

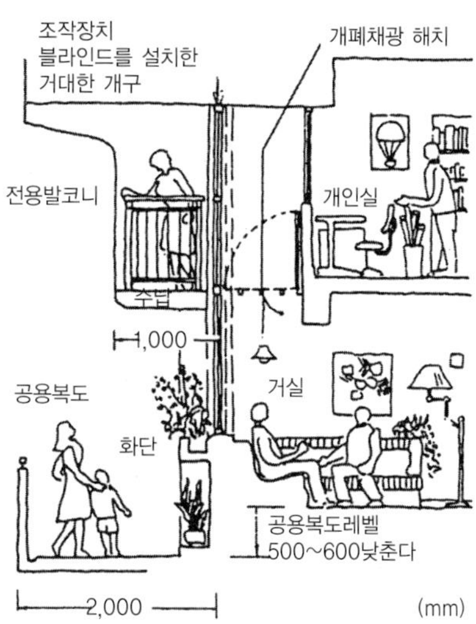

그림 2. 카사이클린타운(도쿄 에도가와, 1983)

그림 3. 론그렌단지(영국 쉐필드, 1977)

형집합주택 「시노노메 캐널코트 東雲キャナルコート」A가구(街區)(설계 : 리켄 야마모토)에서는 주호로 접근하는 복도 아래에 면한 개방적인 거실(SOHO적 이용도 고려)이 다수 설계되었다.

✔관련항목체크!

「영역을 컨트롤하다」	⇨	p35
「영역을 확정하다」	⇨	p59
「노지로 표출하다」	⇨	p61
「가깝게 사귀다」	⇨	p68
「유지하다」	⇨	p72

참고문헌

鈴木成文, 小柳津醇一, 初見學『いえとまち 住居集合の論理』鹿島出版會, 1984.

集合住宅ネットワーク 編「新都市住居の時代 集住の計劃學」建築文化, 彰國社, 1991.3.

小林秀樹『集住のなわばり學』彰國社, 1992.

木間博之, 初見學 외『住計劃論』放送大學教育振興會, 2002.

연습문제 공간의 가격을 조사해보자

유료주차장을 비롯하여 최근에 어떤 공간을 「시간」과 「돈」 단위로 빌릴 수 있는 시스템을 많이 볼 수 있다. 그것에는 어떠한 종류가 있으며, 당신은 어떻게 사용하고 있는가? 우리 주변에서 「시간을 빌리는」 공간을 찾아보자.

- 종류(유료주차장, 노래방, 영화관 등)
- 장소에 따른 차이는?
- 요금시스템

종류	장소	요금시스템	코멘트

장소나 주변지역의 환경 또는 시간에 따른 요금의 변화 등 그곳에서 무엇을 파악했는지 생각해 봅시다.

이 연습으로 이것을 알 수 있다.

현대도시의 공간은 소비의 대상이기도 하다. 돈을 사용하여 시간과 공간을 이용하는 것이 당연한 것처럼 생각하게 되었지만 그 시스템과 종류에는 무한한 변화가 있고, 그것은 늘 시대나 유행 및 통신기술의 발달을 수용하여 그 가치를 변동시키고 있다. 가격이라는 숫자에 나타나는 가치는 우리들의 공간에 대한 가치관과 깊이 관계 있다. 현재 수치에 부여된 기준으로 인간의 가치관이 지배받고 있는지도 모른다.

연습문제

근린환경을 체험해보자

주택 주변의 지도를 만들어 보자

- 자신의 집을 중심으로 조금 걸을 수 있는 정도의 범위를 그려보자.
- 지도에 그려지지 않았던 범위를 실제로 걸으면서 확인해보자.

주택 주변에 어떤 사람들이 살고 있는지 생각해 보자

- 주변에 사이좋게 지내는 사람, 인사하는 사람, 얼굴을 아는 사람은 얼마만큼 있는가?
- 집 주변에 사는 사람을 유추해보자(성별, 연령, 직업 등 ...).
- 그 때 무엇이 단서가 되는가?

주택의 주변에서 좋아하는 장소와 싫어하는 장소를 찾아보자

- 근처에 자주 가는 장소나 마음에 드는 장소가 있는가?
- 자신이 그린 지도를 들고 실제로 돌아다녀보자. 생각하지 못한 발견이 있다면 지도에 그려 넣자.

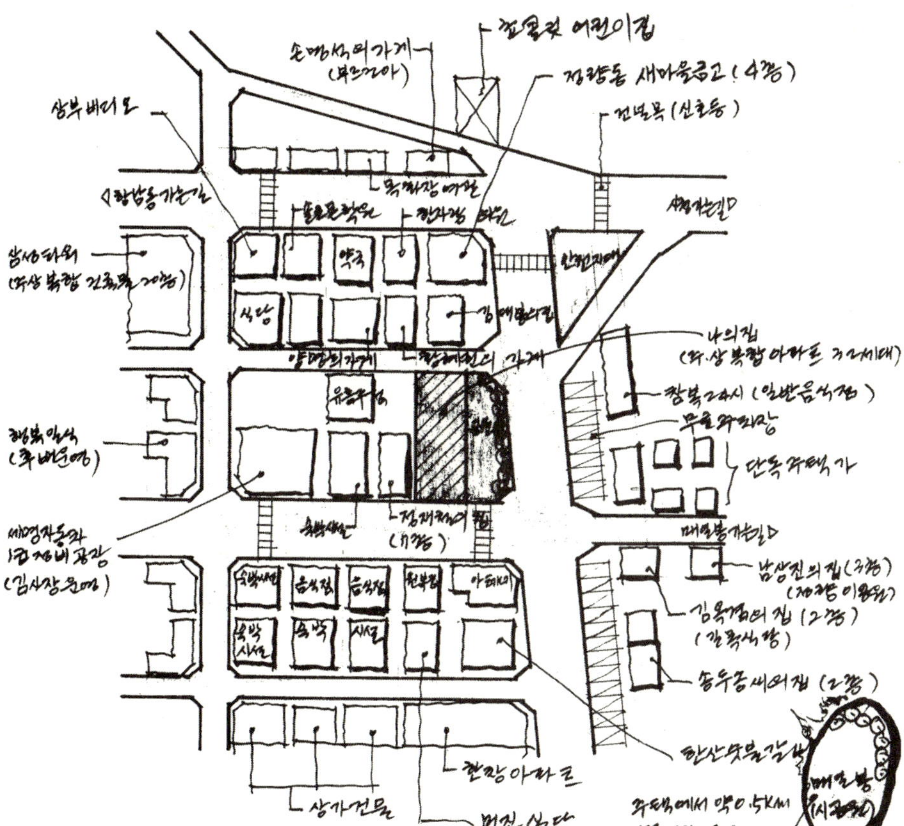

작성자 : 허상득 / 경남 통영시 정량동 159-2

이 연습으로 이것을 알 수 있다

자신이 사는 주변 지역을 잘 안다고 생각했지만 의외로 모르는 곳이 많다. 또한 상세한 정도는 아니지만 근린환경에서 다양한 시각적 · 환경적 정보를 찾아내는 경우, 주변 모습을 무심코 파악하는 경우도 있다. 다시 한번 근린환경의 체험을 통해 자신의 집을 중심으로 주변지역의 풍부함과 자신의 근린환경과 관계를 깊이 있게 재인식하는 계기가 될 것이다.

$10^3 m$

10^3m(1,000m) 의 스케일은 걸으면서 방문하는 체험 없이는 알 수 없는 세계이다. 마을의 전체 모습은 지상의 한 곳에서만 관통해서 볼 수 없다. 사람들은 이것을 어떻게 인식하고 있을까?

우선 축척이 다른 지도를 살펴보자(「지도를 비교해보자」). 자신이 사는 마을에서 사방 1,000m에는 의외로 알지 못했거나 걸어가 보지 않는 곳도 있다.

집 주변의 지도를 그려본다(「스케치 맵」). 이것은 마음과 기억에 남은 장소의 지도이다. 몇 사람의 것을 모아서 겹치면 사람이 공통적으로 가진 이미지가 나타난다.

거리를 걸어보자. 몰랐던 곳을 탐험하게 된다. 그곳에는 길을 헤매거나 발견하는 즐거움이 있다(「길을 헤매다 · 찾다」). 그 때 들리는 소리도 마을의 이미지를 좌우한다(「듣다」).

거리는 건축의 모임이다. 거리의 미추(美醜)와 건축의 외피는 확실히 관계가 있다(「질서를 주다」). 건물 사이에 널찍이 형성된 공지(空地)도 중요한 도시공간이다(「우리나라에 광장은 있는가?」). 거리의 활기나 사람의 왕래는 도로패턴에 의해 초래된다(「만남」).

거리에는 다양한 사람이 걸어 다니고 있다. 어른, 아이들, 그리고 장애인, 게다가 지방이나 외국에서 온 방문자, 어떤 사람에게 아주 매력 있는 것이 마을의 깊이와 이어진다.

사람들은 차나 전철로 이동한다. 그래서 생활범위는 1,000m를 넘는다(「행동하다」). 차는 거리에 큰 영향을 준다(「차와 공존하다」). 장애인은 어떻게 이동하는가? 주택이나 시설이나 교통기관을 사용하기 쉽게 만드는 노력이 시작되고 있다(「장애인의 눈으로 보기」). 어린이는 어떤가? 나이가 들면서 생활범위는 확장된다. 그것을 실감할 수 있는 것은 틀림없는 즐거움이다(「양육하다」).

한편, 농촌에서는 1,000m는 논과 밭이 포함된다. 농경지나 근린관계가 주거와 일체를 이루며 시스템을 만들고, 취락마다 경관을 형성한다(「모여 살다」).

거리가 계승되고 오래 이어지기 위해서는 녹지나 우수(雨水) 계획만이 아니라(「지속하다」), 문화를 계승하고 세련되게 만드는 것이 아주 중요하다(「재생하다」).

10^3m 장애인의 눈으로 보기

가로(街路)의 배리어프리(barrier free)

일본에서는 1994년에 하트빌법이 만들어졌다. 이것을 계기로 건축에 휠체어용 경사로나 손잡이를 붙이는 것이 보편화되었다. 이것은 노멀라이제이션이라는 사고에 의한 것이다. 실제로 휠체어용 통로를 입구에서 매력적으로 보이게 만들고, 안쪽에서도 즐겁게 통행할 수 있게 만든 건물의 실례도 있다(그림 1). 주택에 공적 융자를 동일한 기준으로 채용하여 개인주택의 배리어프리화(化)도 진행되고 있다.

한편 가로에는 1973년에 보도에서 도로로 내려가는 기준이 정해졌다(그림 2). 그러나 단차해소도 이용자에게는 근본적인 해결이라 할 수 없다(그림 3). 2000년에는 교통 배리어프리법이 만들어지고, 차량 및 철도역 주변의 배리어프리화를 전체적으로 진행하는 것이 법률화되었다. 그러나 특별한 승강장치로서 계단에 휠체어가 이동할 수 있게 한 것은 장애인을 너무 눈에 띄게 만들고(그림 4), 특별한 경사로를 부설하는 것은 장애인을 일반 보행자와 격리하게 되었다.

중요한 것은 매뉴얼대로 만드는 것이 아니다. 장애인 관점에서 생각하는 것이다. 실제로 휠체어를 타고 이동해 보면 열차에 올라가고자 할

◈ **하트빌 법(法)**

정식명칭은 「고령자, 신체장애인 등이 원활하게 이용할 수 있는 특정 건축물의 건축촉진에 관한 법률」 1994년에 시행되었다. 건축물에 고저차가 있는 경우에 슬로프를 설치하고, 그 구배를 1/12 이하로 할 것, 출입구에 유도 등 블록을 설치할 것, 휠체어로 이용할 수 있는 화장실 설치의 기준이 제시되어 있다.

◈ **노멀라이제이션(normalization)**

장애인이나 고령자가 일반사람들과 동등한 생활을 할 수 있는 권리를 가진다고 생각.

◈ **배리어프리(barrier free)**

장애인이 보통사람과 동일한 생활을 할 때, 그것을 막는 장해(barrier)를 제거하는 것. 원래 1950경 미국에서 사용한 단어이다.

◈ **교통 배리어프리법**

정식명칭은 「고령자, 신체장애인 등의 공공교통기관을 이용한 이동의 원활화 촉진에 관한 법률」, 2000년 시행.

그림 1. 휠체어의 통로를 적극적으로 디자인한 예
마루가메시(市) 이노쿠미겐이치로 미술관(설계/티니구치 요시오)

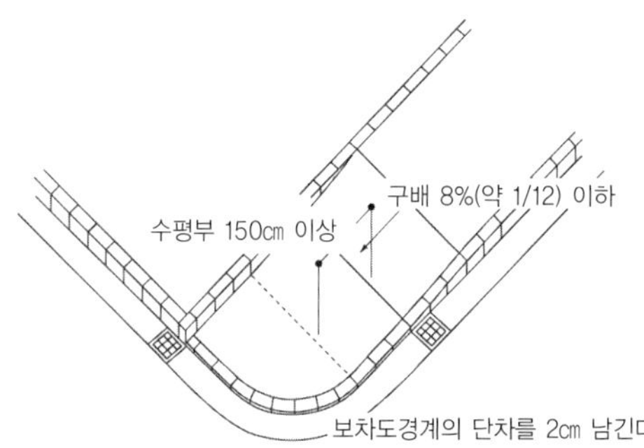

그림 2. 보도의 단차 해소 기준

그림 3. 단차 해소에 의해 급구배가 된 보도

때, 역무원의 도움을 받고자 한다면 30분 전에 도착해야만 한다. 「그렇다면 대합실에 휠체어용 화장실이 있다면 도움이 될텐데....」 라고 생각할지도 모른다.

또한 70세 후반의 노인 눈이 황색조가 되는 것을 고려하여 체험적으로 황색고글을 끼면, 좁은 범위 밖에 보이지 않고 황색의 주의 글자가 보이지 않게 된다(그림 5). 또한 건물의 담을 없애고 부지 전면을 보도와 같은 마감의 바닥을 통과할 때 특별히 기분이 좋아지는 것을 알 수 있다(그림 6).

만인이 만족하는 설계는 없다. 그러나 장애인이나 고령자 및 어린이와 같은 약자를 기본으로 설계해야만 한다. 이러한 경우 유니버설 디자인은 뛰어난 디자인이 된다. 거리를 이와 같이 디자인할 때 기존의 환경과 적합해진다. 그러므로 일률적인 기준의 적용은 쓸모가 없다. 그곳에는 거리의 사용자로서 주민의 참가가 필요하다. 그렇게 해서 자신의 장래를 볼 수 있고 동시에 자신의 환경을 다시 파악할 수 있다.

◈ 유니버설 디자인

모든 연령이나 능력 있는 사람들에게 최대한으로 사용하기 쉽게 제품과 환경을 디자인하는 것.

✔ 관련항목체크!

「올라타고 이동한다」 ⇨ p33

「강변을 찾아가다」 ⇨ p128

촬영자

그림.1 和木通(彰國社寫眞部)

도판출전

그림.2 野村みどり 編『バリア・フリーの生活環境論 第2版』醫齒藥出版, 1997.

그림.4 川內美彦『ユニバーサル・デザイン』藝術出版社, 2001.

그림.5 吉田あこ(日本建築學會 編『高齢者のための建築環境』彰國社, 1994에서)

그림 4. 특별한 리프트로 계단을 내려간다

그림 5. 보도와 부지 전면을 일체화해서 정리한 사례

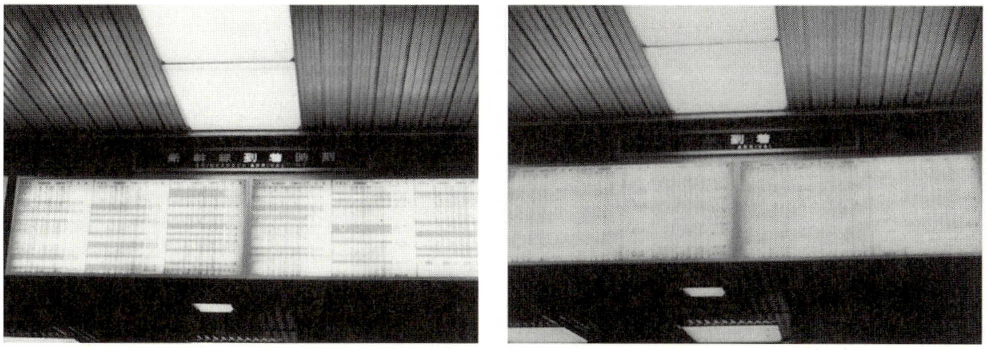

백지에 황색으로 강조한 시각표는 구별할 수 없게 된다

그림 6. 시각의 황변화

10^3m 재생하다

변환(Conversion)

교토 중심지에 새롭게 재생된 신풍관(新風館)은 원래 1912년부터 1926년에 「(구)교토중앙전화국」으로 건설되었으며, 1990년까지는 NTT 사무소로 이용되었다. 이 건물은 2001년에 상업시설로 개축되었고, L 자형의 기존 건물에 중정을 둘러싸는 형태로 "ㄷ"자형의 신축 건물이 덧붙여졌다(그림 1). 설계는 영국 건축가 리처드 로저스와 NTT facilities가 공동으로 했으며, 기존 건물의 특징인 아치창을 살리고 철골과 ALC에 의한 경쾌한 디자인을 삽입하여 대비시켰다(그림 2~4). 건물의 중정에는 라이브음악, 댄스퍼포먼스, 도자기 전시회 등의 이벤트가 이루어지고 있으며, 1층에서 3층까지 약 30개의 레스토랑과 점포는 이 중정에 면해 있어서 바깥의 거리에서 직접 각 점포로 들어올 수 없다. 교토는 역사적으로도 「거리」가 주역이지만, 여기서는 건물을 재생하면서 만들어진 「중정」이 중심이 되면서 새로운 공간이 구성되었다.

이처럼 역사적으로 문화적 가치가 인식된 건물을 보존하고, 다른 기능을 삽입하는 변환(Conversion)은 최근에 증가하기 시작했다. 그것은

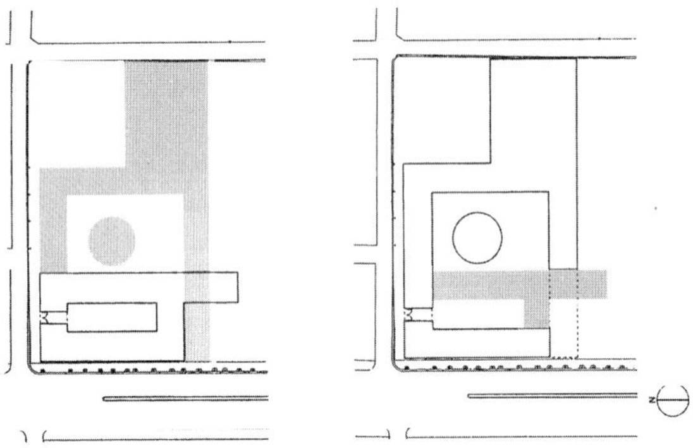

그림 1. 개축 전(좌), 개축 후(우)의 상태

그림 2. 신풍관. 기존의 파사드

그림 3. 신풍관. 철골과 ALC를 붙인 중정 회랑

그림 4. 신풍관. 아치를 남긴 중정 복도

문화적 가치를 보존하는 목적이 있고, 리사이클하는 이유가 명백하기 때문이다. 그러나 이렇게 소위 「특별한」 건물은 거의 소수이며, 지역에서는 모뉴멘트로서 하나의 점에 지나지 않는다.

이것과 달리 작은 개별 건물을 복수로 변화시켜 마을의 지역성을 바꾸어가는 재생이 있다. 예를 들면 도쿄의 다이칸야마(大官山)나 아오야마(青山) 지역은 지금까지 주택지였지만, 최근 미용실이나 레스토랑, 점포 등이 증가하면서 주택과 상업시설이 혼재하고 있다. 이 경우 우선 그 입지에 가치가 있고 재생된 건물은 건물 자체의 물리적 가치보다도 공간적 가치가 있다고 할 수 있다. 다이칸야마의 패션부티크 「A.P.C. homme」의 예는 평범한 차고에서 매력을 찾아내어 새롭게 재생시켰다(그림 5, 6). 설계를 담당한 프랑스건축가 폴 슈메토프는 「주변 환경을 무시한 무대세트처럼 숍(SHOP)이 아닌 공간만들기」를 위해 기존의 건물을 개축했다고 한다. 다이칸야마라는 단층 주택지의 장소에서 컨텍스트를 만들고, 건물의 볼륨은 기존의 차고와 목조임대 아파트를 답습하여 철과 유리로서 A.P.C.다운 심플한 공간을 만들었다(원래 2000년에는 대규모 고층집합주택이 완성되어 그 지역성은 크게 변하게 되었다).

이처럼 「평범한」 건물의 재생에는 현상(現狀)의 환경에서 무엇을 남기고 무엇을 제거할까라는 결정이 디자인의 포인트가 된다. 이것은 조금 과장해서 말하면 우리들이 과거의 문맥에서 무엇을 선택하여 미래로 전달할 것인지에 대한 프로세스라고도 할 수 있다. 결국 재생에 관련된 사람들의 가치관이 건축을 통해 전해지게 된다.

역사적으로 「건축한다」라는 것에서 그 시대의 사회나 문화를 표현했던 상황을 뒤돌아볼 때, 앞으로 「재생한다」라는 행위에 의해만 나타나고 전해질 수 있는 가치가 있다고 생각된다.

※「A.P.C. homme」- "Atelier de Production et de Creation"=「생산과 창조의 공방」이라고 이름붙인 숍(shop)이다. 형태를 만들기만 하는 의복제작으로 끝내지 않는다는 디자이너 장 토위토의 사고가 가게 안에 옷과 CD에 새겨져 있다.

도판출전

그림.5 SSC監修『東京リノベーション』廣濟堂出版, 2001.

그림 5. A.P.C.homme.
입주 전의 목조임대아파트(우)와 차고(좌)

그림 6. A.P.C.homme.(2002년)
차고는 개조되고(좌), 목조임대아파트는 동일한 볼륨으로 재생

10^3m | 지속하다

환경문제에 대한 대책

20세기 동안 지구의 평균기온은 약 0.6도 상승했다고 한다. 지구온난화의 원인은 연소에 의한 이산화탄소의 배출이라고 밝혀졌다. 지금 인간의 생활환경을 지속시키기 위한 국제적인 구상이 이루어지고 있으며, 건축에서도 그러한 대처방안이 요구되고 있다. 창문의 2중 새시화, 외장의 외벽단열공사, 간벌재의 이용, 폐자재가 나오지 않도록 하는 것, 어느 것이나 에너지부하를 줄이는 것과 연결된다. 또한 녹화(綠化)는 건축에서 주요한 대책이다. 그림 1은 옥상녹화의 예이다. 건물이나 주차장의 옥상을 주변의 도시공간이나 하천의 고수부지와 연결하고 있다. 그림 2는 벽면녹화의 예이다. 광장의 벽면에 담쟁이덩굴로 덮고 동시에 오래된 공장의 재이용을 꾀했다. 도쿄에서는 히트아일랜드현상을 완화하기 위해 2001년부터 옥상녹화를 결정한 자연보존 조례를 시행하고 있다.

이밖에도 우수(雨水)를 부지 내에 침투시키는 것은 지하수위를 유지하고, 지반침하를 방지하여 지표면의 건조와 고온화의 방지로 연결된다. 그림 3은 이러한 조례가 있는 독일마을의 예이다. 지하수를 마을 중앙에 솟아오르게 하고, 그 효과를 볼 수 있게 했다. 환경문제에 대처하는 것은 건축을 보다 거대한 스케일로 다루며, 보다 긴 시간 속에서 다루는 계기를 준다.

◈ COP3(기후변동의 틀에 관한 조약 지구온난화방지 교토의회)

이산화탄소 등의 온실효과가스를 감소하기 위한 세계적 기구이다. 1997년에 교토에서 체결되었다. 일본은 2012년까지 가스의 양을 1990년비 마이너스 6%로 한다.

◈ 히트아일랜드(Heat-Island)현상

도심에서는 밤이 되어도 주변보다 기온이 높은 장소가 있다. 이것을 히트아일랜드라고 한다. 콘크리트나 아스팔트의 열용량이 높기 때문에 태양방사열의 흡수도가 크고 기온이 내려가지 않게 된다.

◈ 교토도(都)의 자연보존 조례

10,000㎡ 이상의 민간시설과 250㎡ 이상 공공시설의 신설, 개축시에 부지의 20%, 옥상의 20% 녹화를 의무적으로 해야 한다.

참고문헌

沼田眞『都市の生態學』岩波書店, 1987.
日本建築學會 編『空間體驗』井上書院, 1998.

녹화한 옥상(가운데), 강가(오른쪽), 도시공원(왼쪽)을 연속시키고 있다.

그림 1. 옥상녹화의 예. 니가타 시(市) 시민예술센터문화회관(설계 / 이츠코 하세가와. 건축설계공방)

공장의 지붕을 떼어낸 광장에 폐자재를 깔았다.

그림 2. 벽면녹화의 예. 쿠라시키 아이비스퀘어
(설계 / 우라베 신타로)

지하수를 분수로 만들어 보이도록 했다.

그림 3. 조례에 따라 주택 주변을 투수재로 마감한 마을
(독일 / 퀘르펜)

10^3m | 우리나라에 광장은 있는가?

생활이 형태를 만든 도시시설

우리나라에 광장이 있을까? 여기서는 우리나라와 일본의 도시에 필요한 외부공간으로서 광장의 의미와 성격을 살펴보기로 한다. 예전에 우리나라의 대표적인 광장으로서 「여의도광장」은 도시의 외부공간으로 적절하게 기능하기보다 비인간적인 스케일로 만들어졌고 거대한 행사를 위해 자주 사용되었다. 지금은 다양한 공원으로 탈바꿈하여 새롭게 이용되고 있다. 일본에서 「三井미스이 55광장」(그림 1)은 성공적인 예이다. 그러나 이것은 서구(西歐)의 광장이 교회와 시청사에 면한 공공의 공지로서 확보된 것(그림 2)임에 비해 기업이 소유하는 고층빌딩의 부지 내에 한정되어 있다. 아미노 요시히코(網野善彦)는 「정원(庭)」이 공동체의 광장을 가리킴을 지적하면서 「그러한 광장-정(庭)」은 일본 사회의 경우 공동체의 구성원 스스로가 광장 형태를 다루지 않고 우두머리인 「대가大家(정부)」-「공(公)」과 연결된다고 했다. 서구에서는 고대 로마시대부터 시민홀, 격투장(그림 3), 수도시설(그림 4) 등 도시생활에 필요한 전부가 인공적으로 만들어졌다. 광장(포름)도 그러한 시설의 하나였다(그림 5). 그림 2처럼 중세 광장도 인공적인 도시계획의 전통을 계승했다. 진나이 히데노부(陣内秀信)는 이탈리아 광장의 특징적인 광경으로서 산보(파세자타)를 지적하고 있다. 이러한 생활양식이 도시의 풍경을 유지하는 힘이 되어 왔음에 틀림없다. 이벤트가 아닌 일상에 광장의 본질이 있다. 이러한 의미에서 우리나라나 일본에는 아직 광장이 없다는 것이다. 지금부터는 공공의 광장을 시민 자신의 것으로 만들어가는 것이 요구되고 있다.

✔관련항목체크!

「활동이 공존하다」 ⇨ p77

촬영자

그림.1 畑拓(彰國社寫眞部)

도판출전

그림.5 ,吉田あこ(日本建築學會 編『高齢者のための建築環境』彰國社, 1994에서)

참고문헌

網野善彦『朝日選書555 中世的世界とは何だろうか』朝日新聞社, 1996.
陣内秀信『人間講座 地中海都市のライフスタイル』2001.
稲垣榮三『歴史的町並みとくらし』, 1998.
カミロ・ジッテ著, 大石敏雄 譯『選書175 廣場の造形』鹿島出版會, 1983.
加藤晃規『南歐の廣場』プロセスアーキテクチュウア, 1990.

그림 1. 미스이(三井)55광장(도쿄 신주쿠)

그림 2. 교회와 시청사에 면한 광장(독일/고슬러)

그림 3. 격투장의 광장(이탈리아/베로나)

그림 4. 수도교(水道橋)(프랑스/봉 뒤 가르)

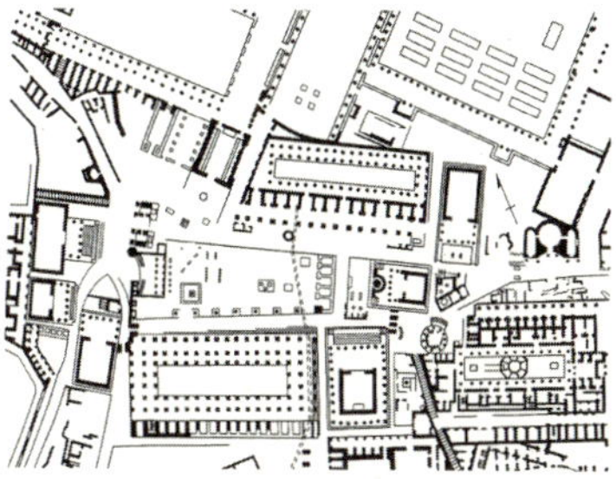

열주로 둘러싸인 사각형 광장이 몇 개 모여 있다.
그림 5. 고대로마의 광장(포름)

10^3m 모여 살다

가옥배치와 집락경관

농촌주거는 대부분의 경우 모여서 집락의 형태를 이루고 있다. 이것은 무엇을 의미하는 것일까? 여기서는 일본의 대표적인 산촌(散村)이라 불리는 토야마현(富山縣) 토나미(礪波) 평야(平野)의 촌락에 대해 고찰해 보자. 토나미 평야는 산촌(散村)이라고 일괄하여 불린다(그림 1 왼쪽). 촌락 속에는 주택부지가 점재(點在)해 있다. 각각의 모옥(母屋)은 동쪽을 향해 있고, 전면에 어량과 곳간이 배치되어 있으며, 주변의 주택부지는 나무와 돌담으로 에워싸여 있다(그림 2 왼쪽). 이처럼 주택부지는 완결된 구조를 갖추고 있다(그림 3 왼쪽). 그리고 소유경작지는 주택부지와 연결되어 그 주변으로 확장되는 것을 알 수 있다(그림 4 왼쪽). 결국 생산의 단위를 공간적으로 독립시킨 것이다. 토나미 평야를 실제로 걸어보면, 산촌(散村)이 아닌 형태의 촌락도 많이 볼 수 있다(그림 1 중간, 오른쪽). 이것은 근세의 같은 시기에 개척된 것임을 알 수 있다. 왜 주택부지가 모여 있는 것일까? 열상촌(列狀村) 〈토우카이하츠東開發〉의 주택 부지에서는 돌담이 동쪽에, 부지경계 나무가 남쪽과 서쪽에 위치해 있다(그림 2). 이것은 남쪽과 북쪽에 접하여 주택부지가 나열되어 세 방향을 부지경계 나무가 둘러싼 형태이다. 동시에 돌담은 길을 따라서 연속해 있다(그림 3 중간).

◈ 산촌散村(散居村)

택지 사이에 경작지가 확장된 상태의 촌락. 일본에서는 토나미礪波평야(토야마현), 하가와 簸川평야(시마네현) 등에서 볼 수 있다. 토나미평야는 최대규모이다.

◈ 열상촌(列狀村)

택지(宅地)가 길을 따라 일렬로 나열되고 그 층이 복수로 겹쳐진 형태의 촌락.

◈ 가로촌(街路村)

촌락에 하나의 길이 통과하고 택지가 길의 양쪽으로 나열된 형태의 촌락.

◈ 집의 영역

집 한 채의 토지소유 패턴을 보면, 택지와 연속된 경작지의 연결은 토나미평야의 어느 촌락에서나 유지되고 있음을 알 수 있다. 이러한 토지소유의 단위를 「집의 영역」이라 한다.

산촌(散村天正) 열상촌(列狀村, 토우카이하츠) 가로촌(街路村, 시로마스야마)

그림 1. 토미나 평야에서 보이는 촌락의 형태

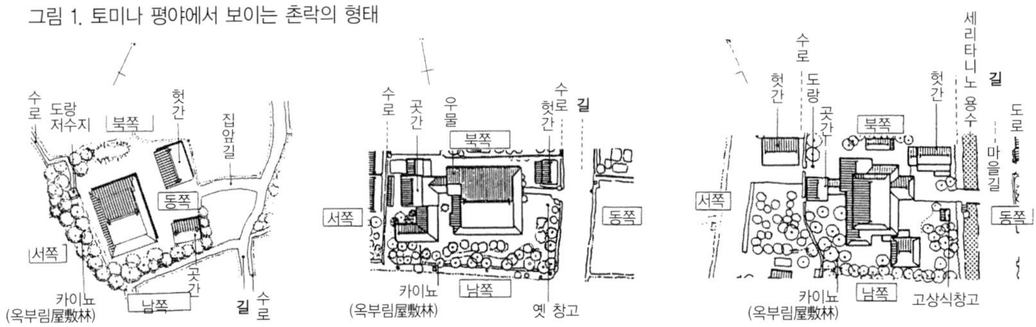

산촌 열상촌 가로촌

그림 2. 주택부지의 구조차이

가로촌(街路村) 〈시로마스야마增山〉에서 모옥(母屋)은 길의 방향으로 향한다. 그리고 모옥의 사면에 삼나무가 심겨 있고, 길을 따라서 삼나무 가로수가 조성되어 있다(그림 3 오른쪽). 이처럼 주택부지의 구성요소는 동일하지만, 그 위치가 달라지면서 독자적인 촌락경관이 생겨났다. 한편 생산 경작지(耕作地)의 넓이를 보면, 열상촌〈토우카이하츠東開發〉에서는 주택부지의 동쪽에 인접한 것과 촌락 전역에 분산된 것이 있다(그림 4 가운데). 가로촌 〈시로마스야마增山〉에서는 주택부지의 뒤쪽에 인접한 것, 길의 동쪽에 떨어져 있는 것이 있다(그림 4 오른쪽). 여기서 택지와 연속된 경작지를 하나로 묶어서 「집의 영역」으로 파악하면, 택지와 연속된 경작지라는 영역 모델은 토나미 평야의 전체 촌락에 공통된 형태이다. 촌락경관의 형성에 의해 이 택지와 연속된 경작지의 존재는 매우 크다. 열상촌〈토우카이하츠〉의 경우 경작지가 주택부지의 동쪽에 위치함에 따라 주택부지 사이에 경작지의 층(層)이 생기고 열상(列狀)으로 구성되었다. 가로촌(街路村)〈시로마스야마增山〉의 경우 경작지가 주택부지의 뒤쪽에 마련되어 부지경계나무가 조금 확고해져 있다. 취락의 경관은 모여 사는 것으로 만들어지고 있다. 주택부지의 구조나 토지소유도 산촌(散村)과 다른 부분은 거주자들에 의해 정리되고 있다. 그것이 마을마다 다른 경관을 만들어내고 있다.

◈ **주택부지의 구조**

부지 안에 있는 건물과 식목 등의 배치 형식

◈ **호칭(呼稱)**

이. 푸. 투안은 「이름붙이기」행위로 인간이 「장소의 감각」을 획득한다고 지적했다. 호칭은 이러한 의도적인 인간활동의 표현이기 때문에 특히 고딕체로 표기했다.

참고문헌

黑野弘靖, 菊地成朋 「類型比較を通じて見た礪波平野における村落構成の共通原理-礪波散居における住居特性の 分析 その5-」 日本建築學會計劃系論文集, 2001.9.

鈴木成文ほか 「集住の計劃學」 『建築文化』 1988.8.

산촌 열상촌 가로촌

그림 3. 촌락 내의 경관

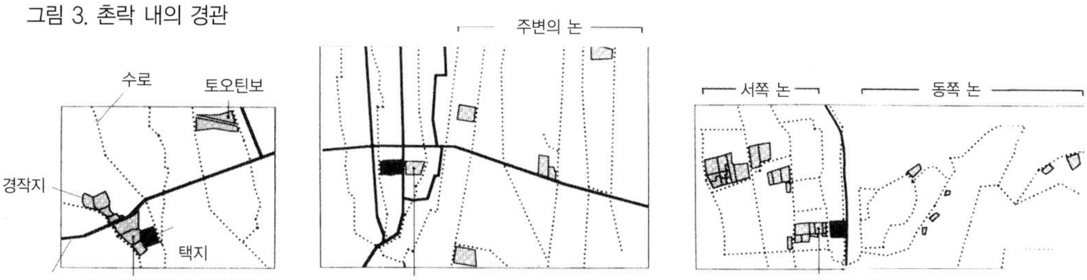

산촌 열상촌 가로촌

그림 4. 집 한 채의 영역 모델

10^3m | 길을 헤매다 · 찾다

wayfinding연구

익숙하지 않은 환경에서 사람들이 길을 잃으면서 목적지로 가는데 초점을 둔 것이 wayfinding연구이다. 미지의 세계로 출발하고, 찾고, 헤매고, 실마리를 얻어서 목적지에 도착하는 것은 인간행동의 한 가지 전형이며, 그것을 찾고자 하는 연구이다. 현대 도시에서 살아가는 사람들은 공항, 역, 상업시설, 병원, 호텔, 박물관, 다양한 복합시설, 번화가, 지하가에서 빈번하게 이와 같이 체험한다.

불특정다수의 사람들이 이용할 때 전체를 쉽게 파악할 수 없는 규모와 복잡한 도시공간이 증가하고, 사람들의 이동도 늘어났기 때문이다.

누구나 알기 쉬운(레지빌리티Legibility가 높은) 도시공간은 중요한 목표이지만 현실적으로는 쉽지 않다. 도시에는 휠체어 이용자, 다양한 정도의 시각 · 청각장애인, 고령자, 여행자, 한국어를 모르는 외국인, 몸 상태가 안 좋은 사람, 소수이지만 실로 다양한 사람들이 있기 때문이다. 더욱이 상황에 따라 요구되는 공간인지의 수준도 다르다. 긴급할 때 피난을 위해 알기 쉽게 만드는 것은 중요하지만, 오락할 때에는 다소 헤매는 쪽이 즐겁기도 하다.

◈ **wayfinding**

경로탐색이라고 한다. 심리학, 인지과학, 지리학, 로봇공학 등에서는 내비게이션 연구라고도 한다. 기초적인 인간의 인지프로세스 해명부터 응용한 안내시스템의 개발까지 다양한 관련 분야가 있다.

◈ **레지빌리티(Legibility)**

도시의 알기 쉬움을 가리키는 개념이다. 케빈 린치가 지적한 것으로 해독하기 쉬움이라는 의미가 포함되어 있다.

◈ **미궁(迷宮)**

예로부터 미궁과 미로에는 사람들의 특별한 관심이 있었다. 그리스 신화에도 다이달로스가 만든 미궁(라비린토스)에서 테세우스가 아리아드네의 실을 이용하여 탈출하는 이야기가 있다.

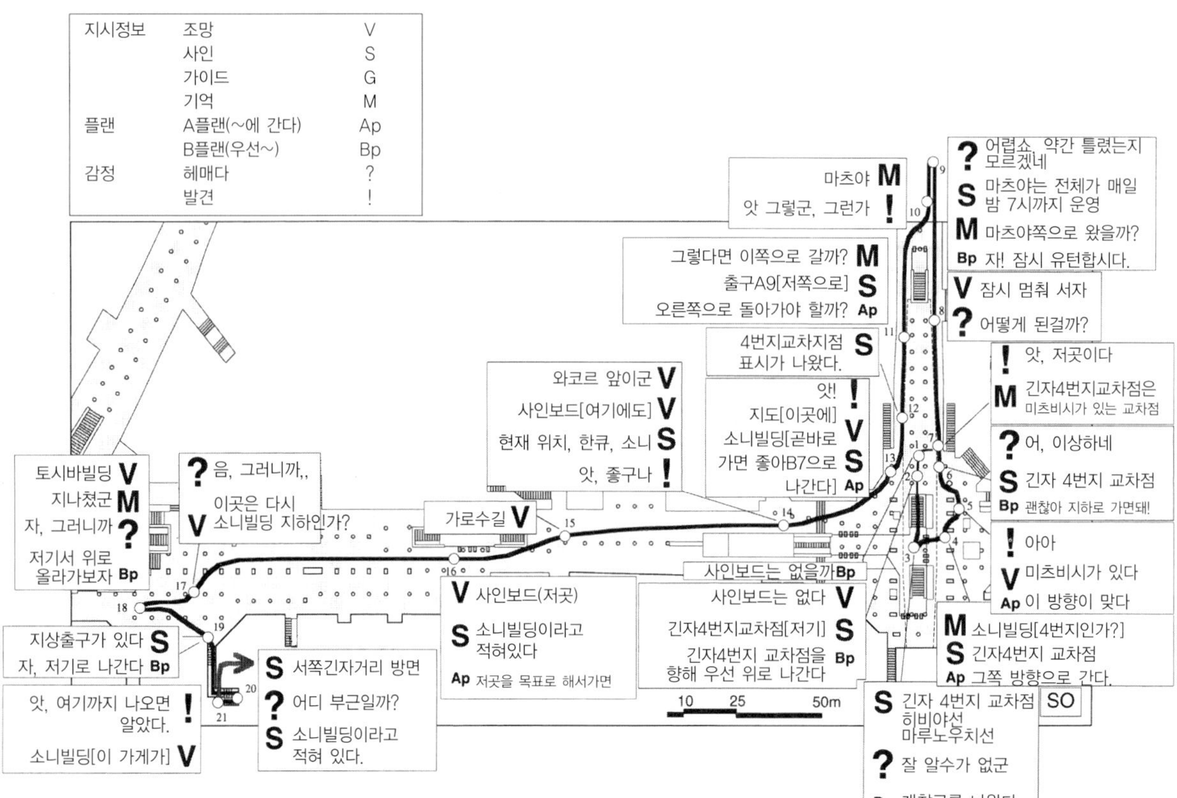

그림 1. 도쿄, 긴자의 지하통로에서 wayfinding. 이동하면서 발언(發言)(언어프로토콜)을 분석한 것. 왼쪽 위가 분석을 위한 코드, 아래는 코드를 발언 순으로 나열한 것이며 규칙성을 알 수 있다.

도시공간의 무엇이 wayfinding에 영향을 주는가? 규모, 전체 모양을 이미지하기 쉬운 정도, 평면구성, 단면구성, 내부의 조망, 싸인, 방의 이름 등과 같은 호칭도 관계하고, 색채나 소재도 관계하는 경우도 있다. 결국 설계할 때 다양한 단계가 관계한다. 사용방식이 변화하면서 급속하게 길을 헤매기 쉬운 경우도 있다. 그와 같은 경우에 건물의 소프트웨어에서 하드웨어까지 다양한 대책이 있다. 무엇을 실시할 것인지 결정하기 위해 비용을 제안하고 가구나 건축을 통합적으로 유지 · 관리하는 기능매니지먼트의 시점이 중요하다.

새로운 환경 속에서 많은 사람들은 익숙하지 않은 시기가 있지만 곧바로 환경에 익숙해진다. 그 때문에 자신이 잘 알고 있는 환경을 다른 사람에게 알기 쉽게 만드는 것은 의외로 어렵다.

도판출전

그림.1 日色眞帆, 原廣司, 文内輝行「迷いと發見を含んだ問題解決としての都市空間の經路探索」日本建築學會計劃系論文集, 1994.9.

참고문헌

R. Passini, "Wayfinding in Architecture." Van Nostrand Rheinhold, 1984.

山本多喜司, ワップナー, S 編著『人生移行の發達心理學』北大路書房, 1992(丹橋國男「大スケール物理的環境における移行」)

中島義明, 大野隆造 編『住まう－住行動の心理學』朝倉書店, 1996(丹橋國男「街に住む」)

高橋鷹志ほか『シリーズ〈人間と建築〉1 環境と建築』朝倉書店, 1997(日色眞帆「Wayfindingの捉え方」)

日本建築學會 編『空間計劃學』井上書院, 2002(渡邊昭彦「公共施設での行動をとらえる」)

南側			北側
45階	南展望室・喫茶・売店	北展望室・スタジオSOLA・喫茶・売店	45階
44階			44階
43階			43階
42階		特別会議室（A～D）	42階
41階	三宅支庁・三宅村役場・大島支庁土木課	地方公務員災害補償基金東京都支部	41階
40階		監査事務局	40階
39階	職員共済組合　年金保険部	選挙管理委員会事務局	39階
38階	職員共済組合　管理部・事業部	人事委員会事務局	38階
37階	収用委員会事務局	（財）東京都医学研究機構本部事務局	37階
36階	福利厚生事業団　業務部	食品環境指導センター・中部薬事衛生事務所	36階
35階	地方労働委員会事務局	環境局（環境評価部）	35階
34階	地方労働委員会事務局（審問室・調整室・控室）		34階
33階	特別会議室（S1～S6）	特別会議室（N1～N6）	33階
32階	喫茶コーナー　職員食堂　売店	職員食堂　喫茶コーナー	32階
31階	産業労働局　農林水産部・労働部		31階
30階	産業労働局　総務部・産業政策部・商工部（調整課・創業支援課・地域産業振興課・観光産業課）		30階
29階		産業労働局　商工部（経営革新課・金融課）	29階
28階	衛生局　総務部・病院事業部・医療計画部		28階
27階	衛生局　健康推進部・医療福祉部・生活環境部		27階
26階	生活文化局　文化振興部・私学部・消費生活部	衛生局　薬務部	26階
25階	会議室（101～118）	喫茶コーナー	25階
24階	生活文化局　総務部・広報広聴部（相談課を除く）・都民協働部（旅券課を除く）		24階
23階	福祉局　高齢者部・保険部		23階
22階	福祉局　総務部・子ども家庭部		22階
21階	福祉局　障害福祉部・生活福祉部	主税局　資産税部（資産特別調査課）	21階
20階	主税局　総務部・税制部（歳入課・税制課・税制調査課） 資産税部（資産特別調査課を除く）・課税部（計画課・課税指導課・法人課税指導課）		20階
19階	主税局　徴収部・税制部（システム管理課・評価審査室）・課税部（法人調査課・査察課）		19階
18階	財務局　庁舎管理部・営繕部		18階
17階	財務局　財産運用部・経理部（輸送課）		17階
16階	職員図書館	健康管理室　職員信用組合 喫茶コーナー　近畿日本ツーリスト 小田急トラベル	16階
15階	財務局　経理部（輸送課を除く）・主計部	総務局　行政監察室	15階
14階	総務局　法務部・統計部・行政改革推進室		14階
13階	総務局　総務部（総務課・文書課）・IT推進室・勤労部・人事部		13階
12階	総務局　総務部（庁内利用管理課）・行政部・人権部	出納長室（総務課・会計企画課・用品課）	12階
11階	知事本部　企画調整部・秘書部（外務課）	大学管理本部	11階
10階	総務局調整室		10階
9階	総務局　災害対策部　防災センター		9階
8階	総務局調整室		8階
7階	中会議室　大会議室　知事室　特別秘書室	大会議室（庁議室）	7階
6階	記者クラブ　知事本部　秘書部（秘書課）・政策部	副知事室	6階
5階	CHTV映像スタジオ　大会議場　レセプションホール		5階
4階	視聴覚ルーム	入札室1～4　発注室	4階
3階	←連絡通路 都民の声総合窓口（相談・苦情・要望）	連絡通路→ 都民情報ルーム	3階
2階	書店（専門書）	案内コーナー　健康情報館	2階
1階	郵便局 書店（一般書）・文房具	案内コーナー　展示ホール 出納長室（出納課・審査課） 富士銀行　都営地下鉄 喫茶コーナー（喫煙・禁煙）　大江戸線連絡口	1階
B1階		文書配送センター　駐車場	B1階
B2階		駐車場	B2階
B3階		駐車場（一般車両は利用できません。）	B3階

그림 2. 도쿄도청사(2001년)
목적지로 가기란 쉽지 않다.

그림 3. 연결통로 부분은 알기 어려운 경우가 많다.

그림 4. 일반안내용 기호. 교통에콜로지 모빌리티재단이 2001년에 책정한 것의 일부

10^3m 만남 1

마을의 길 구성과 사람들과의 만남

도시는 간선도로에서 작은 도로나 지름길까지 다양한 통로와 그것에 면한 구축물로 구성되어 있다. 많은 사람들로 번잡한 거리가 있고, 반대로 아주 조용한 거리도 있다. 그곳에서 어떻게 사람들과 얼마만큼 만날 것인지는 도시에서 생활하는 사람들이 거리를 식별하는 한 가지 중요한 지표가 된다. 제인 제이콥스가 쓴 『미국 대도시의 삶과 죽음(The Death and Life of Great American Cities)』이라는 책은 거리에서 전개되는 다양한 접촉이 지역사회의 형성에 기여하는 모습을 보여준다. 도쿄(東京) 아라카와구(荒川區) 미나미센쥬(南千住) 8번지는 사람들이 〈시오이리(汐入)〉라고 부른다. 이 지역은 도쿄 외곽에서 1880년대부터 1930년대에 걸쳐 만들어진 옛날 거리에 연결된 거주지역의 한 전형이며, 크고 작은 주호군 속에 상점이나 마을공장이 전개되는 하나의 「마을」이다. 구부러진 길과 노지에 만들어진 시오이리를 걸어가면 주민들의 여러 가지 상황과 만날 수 있다. 그림 1은 여름의 어느 공휴일 오전과 오후 1회씩 시오이리를 걸었을 때 만난 사람들을 기록한 조우(遭遇)조사 맵이다. 마을의 어떤 장소에서 사람들과 만나기 쉬운가? 이것은 도시계획학이나 사회학 또는 인간의 행동을 다루는 그 외 분야에서도 흥미 있는 문제이다. 영국의 연구자 빌 힐리어(B. Hillier)와 줄리안 핸슨(J. Hanson)은 길을 네트워크로 파악했을 때, 실제로는 길에서 만나는 사람들이 중심부 가까이에서 많고, 주변부에서는 적은 것을 지적했다. 그림 2는 힐리어와 핸슨이 구축한 스페이스 신텍스 수법을 이용하여 시오이리의 길을 네트워크로 파악한 것이며, 중심부분과 주변부분을 찾은 결과를 나타내었다. 그림 1은 그림 2와 비교했을 때, 대부분 네트워크의 중심부분 길에서 만남이 많고, 주변의 길에서는 만남이 적은 것을 볼 수 있다.

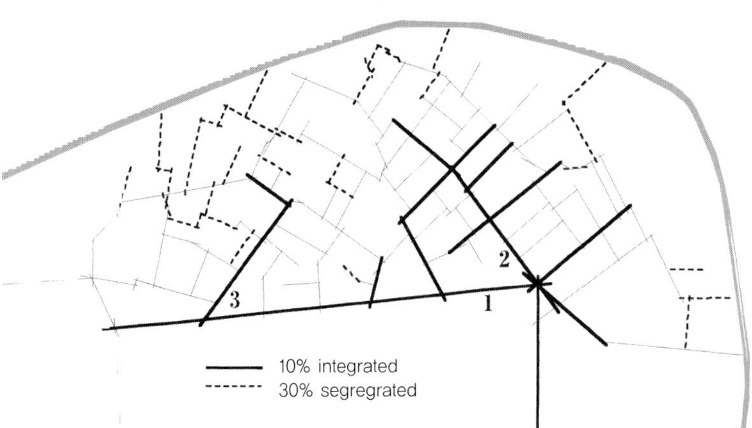

그림 2. 시오이리(汐入)의 길 네트워크

◈ 미국 대도시의 삶과 죽음(The Death and Life of Great American Cities)

제인 제이콥스(Jane Jacobs) 지음

◈ 조우(遭遇) 조사

일정 법칙에 따라 지역 내의 거리를 전부 걸으며 만난 사람을 지도에 그 지점을 기록하는 조사방법

◈ 스페이스 신텍스(space syntax)

빌 힐리어(B. Hillier)와 줄리안 핸슨(J. Hanson)은 Convex Space와 Axial Line(이하 AL)의 2종류 기초공간을 정의하고, 이것을 이용하여 건축 내부공간에서 도시의 가로구성까지 전체를 기본공간이 접속하여 확장된 네트워크로 다루었다. 이 방법을 통해 공간의 네트워크와 사람들의 사회행동을 비교·분석하는 수법의 프로토타입을 그들의 주요저서 『SOCIAL LOGIC OF SPACE』에서 나타내었다. 이것을 전부 가리켜 스페이스 신텍스라고 한다. 도시의 거리를 분석하는 경우는 AL을 분석의 기본공간으로 한다. AL은 시선이 통과하는 길의 부분공간이며, 가로공간의 길이방향으로 긴 것부터 차례로 직선을 그려가며 찾는다. 도시의 거리구성은 이 AL을 연결하는 네트워크의 형태로 나타난다. 네트워크의 특징을 나타내는 치수에는 몇 가지가 있지만 여기서는 통합치(Integration Value)에 주목했다. 이것은 각 AL에서 다른 모든 AL까지 최소 경유 AL 수치로 결정된다. 이 치수가 작은 AL은 다른 AL 전체에서 가깝기 때문에 네트워크의 중심부분이라고 생각할 수 있으며, 반대로 치수가 큰 것은 다른 AL에서 먼 주변부분이라고 생각할 수 있다. 그림 3의 통합도는 그 역수(逆數)이며 수치의 크기만큼 중심이 된다.

그림 1. 시오이리에서 만난 사람들

네트워크치(値)(중심-주변을 표시)와 만난 사람의 수가 확실히 관계 있는지, 통계적으로 확인하는 상관그래프가 그림 3이다. 상관계수 r=0.67로 강한 상관성이 확인되었다.

흥미로운 것은 네트워크치의 중심성이 매우 높은 그림 4의 A, B의 길은, C길이 조성된 뒤 「마을」의 지주들이 점포 겸용 주택을 가로변 상점가로 정비하기 위해 선택한 길이기도 하다.

그런데 힐리어는 런던의 슬럼지구에서 조우(遭遇)조사를 하고, 네트워크치와 상관하여 r=0.80의 아주 높은 상관계수를 보고했다. 이 수치 차의 원인은 어디에 있는 것일까? 시오이리의 경우는 런던과 비교해서도 조사횟수가 적기 때문에 조사횟수가 증가되면 조사시점의 조건에 의한 불규칙한 수치의 분포가 흡수되어 약간의 상관계수를 끌어올릴 가능성은 있다. 그러나 그 밖의 이유가 있다면 그것은 분석에서 다룬 길이방향의 조건과는 다르며, 시오이리의 길은 또 하나의 공간적 조건으로서 길 폭이 불규칙하게 분포하기 때문이라고 생각된다.

시오이리는 지주들이 순차로 그때그때 맞춰서 주택을 지어 연결한 부분을 많이 포함하고 있다. 그 결과 런던의 슬럼지구와는 달리 네트워크의 중심부분에도 폭이 약 1.5m 정도로 좁고 지나다니기 힘든 노지부분을 볼 수 있다. 반대로 네트워크의 주변부분에 주위보다 폭이 넓은 도로가 생겼다. 전자의 노지는 그림 4a에서 보이듯이 본래 지나다녀야 하는 사람을 저지하고, 후자의 도로는 그림 4b에 보이듯이 지나가는 사람이 적고 여유로운 폭의 조건이 어린아이의 집단놀이를 끌어들이기 때문에 각각의 상관관계에서 벗어난 결과가 되었다고 생각된다. 시험적으로 폭을 제2변수에 더하여 찾은 상관계수가 r=0.78로 올라간 것에서 이 추가관찰이 반드시 어긋난 예상이 아니었음을 알 수 있다.

◈ SOCIAL LOGIC OF SPACE

빌 힐리어(B. Hillier), 줄리안 핸슨(J. Hanson) 지음, SOCIAL LOGIC OF SPACE, Cambridge University Press, 1983.

도판출전

모든 도판
横山ゆりか「都市居住地域における道とヒューマン コンタクト-戦前の地主開發型住宅地〈汐入〉のケース・スタディ」人間・環境學會誌(MERA Journal),11, 2000.5.

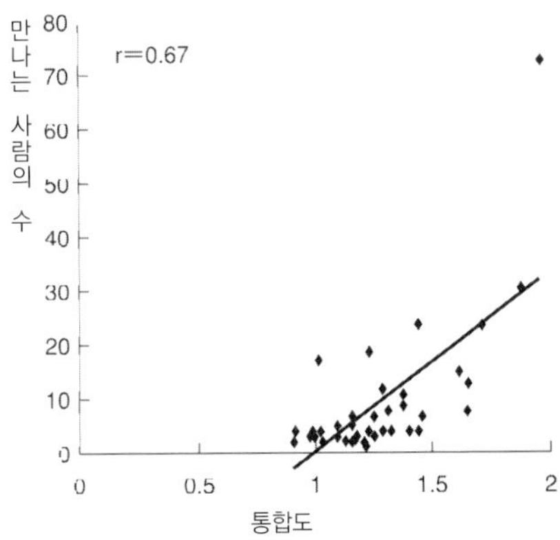

그림 3. 길의 네트워크치와 만나는 사람수의 상관그래프

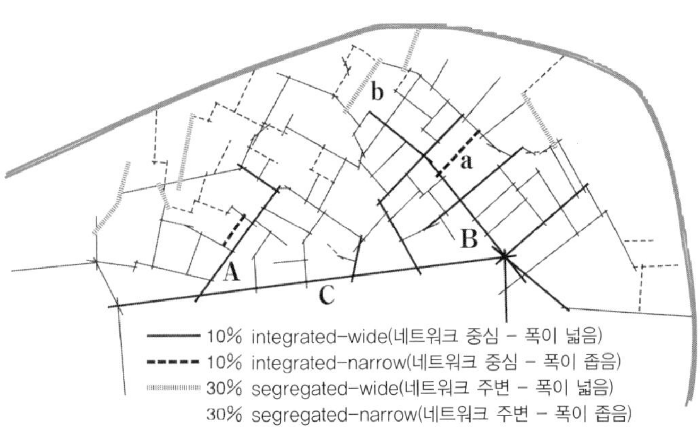

그림 4. 도로 폭원의 분포 부분

10^3m 차와 공존하기

자동차 문제

가로공간은 본래 보행자의 것이며 생활의 모습이 흘러나오는 장(場)이었다. 물건을 파는 사람, 노는 아이들, 거리를 지나는 여행자, 자전거, 화물을 운반하는 오토바이 등 다양한 사람과 교통수단이 공존하면서 풍부함과 즐거움으로 채워져 있었다(그림 1). 그러나 우리나라의 가로는 자동차를 먼저 염두에 두고 만들어져 왔다. 자동차 보급은 교통사고를 만든다. 자동차에 의한 교통사고의 확률은 다른 교통수단보다 매우 높고, 공해현상도 있다. 또 간선도로에 면한 주택은 한밤에 트럭의 소음으로 잠을 이루지 못한다. 배기가스는 인체에 유해한 물질을 포함하고 있다. 그리고 교외의 대형 점포는 도로변에 넓은 주차장을 설치하면서 가로의 경관을 비인간적으로 만들었다. 이러한 자동차문제에 대한 해결책이 요구되고 있다.

주차장 – 크리스토퍼 알렉산더는 7대씩 구획할 것을 권했다. 이에 따라 그 장소의 인상이 「차가 지배하는 영역」이 되지 않는다고 한다. 또한 도로에서 차가 보이지 않도록 「차를 둘러싸는 것」을 제안했다. 이것을 구체화한 예로서 녹지주차장이 있다(오른쪽 사진).

도로 – 주택가의 안길은 지역의 생활도로가 되었다. 어린이들이 놀고, 노인이 유유히 걷고 있을지도 모른다. 그러한 생활자가 위협받지 않아야 한다. 그래서 보차공존의 길(본엘프)이 고안되었다(그림 2). 구불구불하게 만들고 요철을 붙이거나 포장마감을 거칠게 하고 약간의 주차장을 설치하고 식재로 보행자를 지킨다. 이런 방식으로 자동차의 스피드를 낮추고 아이들과 고령자에게는 자동차와 익숙해지도록 한다.

거리 – 서구에서는 거리의 중심부에 자동차가 들어오지 못하도록 하는 경우가 많다. 걸어서 가야만 하는 소매 점포를 우선적으로 입지시키고 있다. 그것이 중심시가지의 재생과 연결된다.

◈ 본엘프(Woonerf)

보행자 전용과 구획도로를 일체화하고 차와 사람을 공존시켜 보다 풍부한 보행자 공간을 확보하고자 한 것이다.

녹지주차장

◈ 녹지주차장

주차스페이스 사이에 나무를 심고 바닥에 풀이 자라도록 한다. 식목울타리로 에워싼다.

✔ 관련항목체크!

「차고 리서치」 ⇨ p55

도판출전

그림.2 今野博『歩行空間』鹿島出版會, 1980.

참고문헌

Christopher Alexander『A Pattern Language』Oxford University Press, 1977.

宇澤雄文『自動車の社會的費用』岩波新書, 1974.

B. ルドフスキー著, 平良敬一, 岡野一宇 譯『人間のための街路』鹿島出版會, 1973.

그림 1. 전통적인 가로와 마을(독일/라덴부르크)

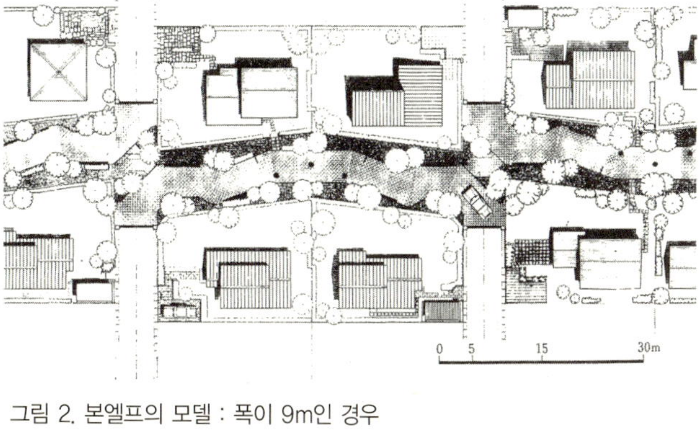

그림 2. 본엘프의 모델 : 폭이 9m인 경우

연습문제

스케치 맵 1

어린 시절의 기억을 스케치 맵으로 그려보자. 어린 시절에는 잘 알았지만 어른이 되고서 가보지 않은 장소가 있을 것이다. 이사를 했던 사람은 이전의 집 주변이 적당하다. 현재 집에 계속 살고 있는 사람은 친척집 주변이 어린 시절에 노는 장소로 적당했을 것이다. 기억에 남은 광경, 길의 연결이나 건물을 가능한 한 정확하게 그려서 재현하고 그곳에서 했던 것을 적어보자. 마지막으로 추측한 거리와 방위도 적어보자.

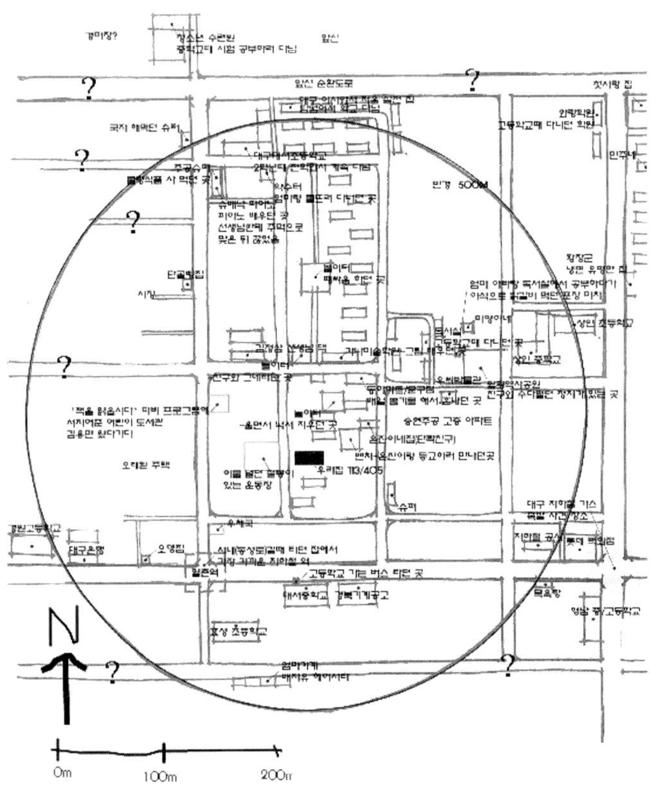

작성자 : 홍주희
1992~1997년 초등학교시절
대구광역시 달서구 상인동
송현주공아파트 113동
405호를 중심으로

이 연습으로 이것을 알 수 있다.

1) 어린 시절의 생활공간은 어떤 장소에서 이루어졌는가? 그곳에서 무엇을 했는가?
2) 생각하기 쉬운 장소와 생각하기 어려운 장소에는 어떤 차이가 있는가?
3) 어느 곳을 중심으로 하고, 어느 곳을 종이의 상단부로 하면 기억을 되살리기 쉬운가? 그 이유는 무엇일까?
4) 어떤 순서로 기억이 살아나는가? 어떤 장소에서 기억이 끊어져 있는가? 그 이유는 무엇일까?

연습문제 스케치 맵 2

1) 앞의 스케치 맵으로 현지를 방문해보라. 어떤 곳이 기억과 차이가 있는가? 그것은 생각의 차이인가? 그렇지 않으면 거리가 변했기 때문인가? 발견한 것을 적어보라.
2) 스케치 맵에 원(예를 들면 직경 500m)을 그려보라. 시판되는 지도로 그것과 같은 거리의 원을 그려보라. 그리고 눈에 익숙한 장소를 발견하여 스케치 맵에 그린 원의 범위를 판매되는 지도에 그려보라.

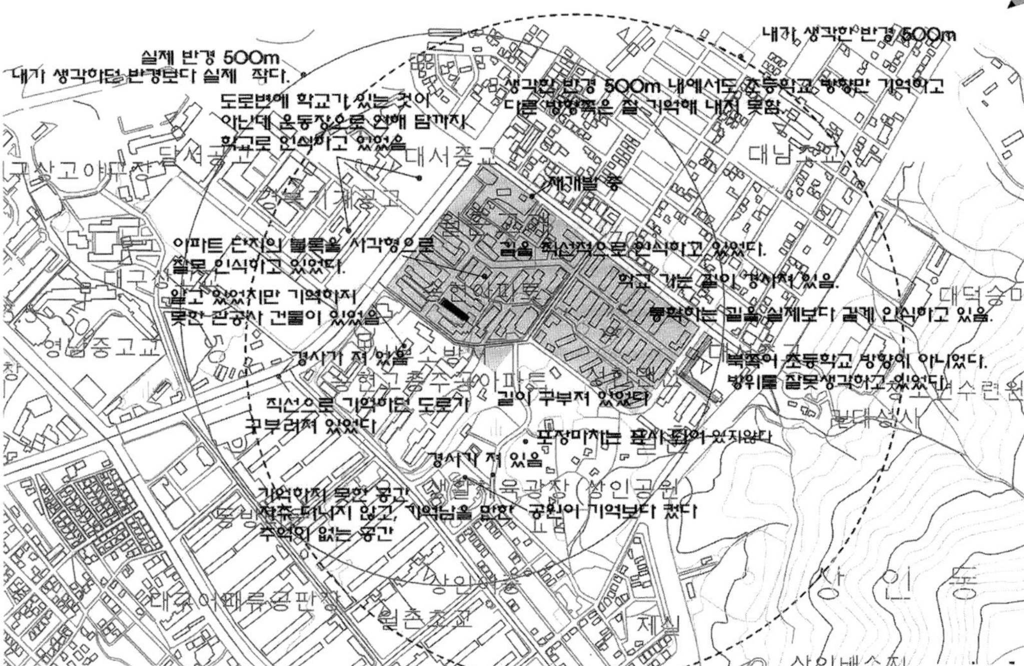

대구광역시 달서구 상인동 송현 주공아파트 113동 405호

이 연습으로 이것을 알 수 있다.

1) 어떤 부분에서 어린이와 어른의 시점 차이가 나타나는가?
2) 현장에 가서 처음으로 생각난 사물이나 사건은 무엇인가? 그것은 무엇 때문인가?
3) 기억의 지도는 어떻게 왜곡되거나 삭제되어 있었는가? 그것은 기억이 잘못된 것일까? 거리가 잘못된 것일까? 아니면 생각한대로 지도를 그릴 수 없었기 때문인가?

10^3m 질서를 주다

디자인코드

건물의 파사드 구성, 벽면의 위치나 높이를 규정하고, 그 가이드라인에 따라 지역을 계획하고 디자인을 권장하려는 시도가 있다. 마쿠하리(幕張) 베이타운 파티오스(치바현 마쿠하리시)의 중층가구의 가이드라인에서는 니치형의 발코니와 상업시설의 광고는 2층 이하에 설치하는 것을 규정하고 있다(그림 1). 이것은 가로변으로 생활의 노출을 막고, 유럽의 거리형 건물로서 통일감을 의도한 것이다(그림 2). 이처럼 사람이 살기 위한 도시로서 주택과 지역을 통합적으로 디자인하려는 프로세스는 건물, 도로, 녹지 등 다양한 전문가의 협동작업이 필수불가결하다. 그 때 입장이 다른 사람들이 논의하는 장(場)에서는 공통언어가 필요하다. 마쿠하리 프로젝트에서도 하나의 가구를 복수의 건축가가 담당하고 그것을 계획설계 조정자라고 불리는 제3자가 정리했다. 그 중에는 디자인코드의 해석을 둘러싼 논의를 낳게 되었지만, 서로의 공통이해를 위해 디자인코드가 유효하게 작용했다고 할 수 있다. 유럽에서 도시계획과 일본에서 사고방식의 차이에 대해 설계를 담당한 야마시타 마사히코

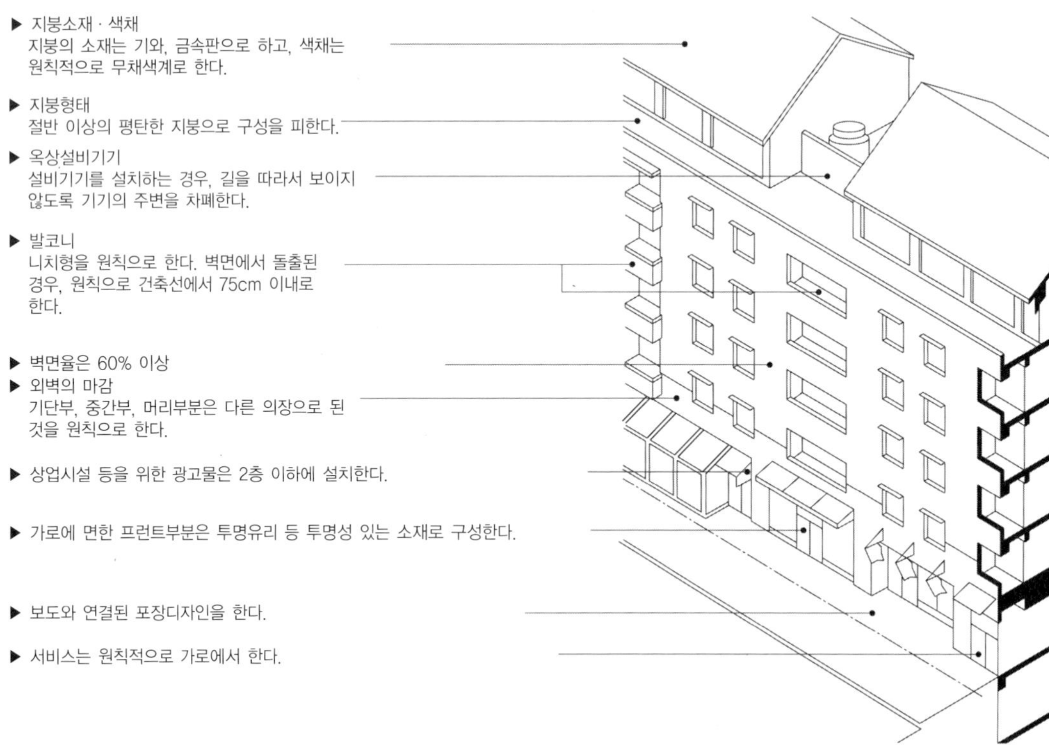

그림 1. 마쿠하리베이타운에서 노변형 주동(主棟)의 디자인코드

山下昌彦(UG도시건축)는 다음과 같이 말했다. 「디자인코드라는 것은 일본의 도시계획에서 건축설계에 부과한다는 경향이 있다. 역사적인 계획에서 새로운 계획이 중층(中層)되어 간다(그림 3). 이 의미에서 디자인코드는 단순히 규제만이 아닌 선인의 지혜라고 생각할 수 있다」.

마쿠하리 베이타운 파티오스는 새롭게 만들어진 가구(街區)이며, 유럽의 도시처럼 역사가 중층하기까지는 아직 세월이 필요하다. 여기서 규정된 디자인코드가 앞으로 어떻게 중층되어 사람이 살기 위한 도시형성으로 이어지는지 기대되는 부분이다. 그리고 그 과정에서 디자인코드가 단지 규제만이 아닌 도시형성에 연결된 또는 관련된 사람들의 역사적 적층으로 기대되고 형성될 것이 요구된다.

◈ 베를린수도계획

1991년 베를린 재생의 재개발가이드라인을 목적으로 도시계획설계경기에서 힐머 & 자트라가 옛 가로패턴을 부활시킨 비교적 보수적인 설계안이 1등으로 당선되었다. 다음해 1992년에는 그들이 결정한 가이드라인으로 중심부에 입지하는 다이뮬러사가 14인의 건축가를 초청하여 국제설계경기를 시행하여 렌조 피아노와 콜벳커의 안이 마스트플랜으로 1등이 되었다. 이 후에 개별 건물은 설계경기 입선자에게도 발주되었다. 그 즈음 피아노는 전체의 통일감을 주기 위해 몇 가지 원칙을 정했다. 이처럼 한 지역의 디자인에서 몇 가지 계획이 적층되고 디자인이 결정되어 가는 것이다.

그림 2. 마쿠하리 베이타운 파티오스

그림 3. 베를린 중심부(독일)

✔ 관련항목체크!

「바닥을 밝히다」 ⇨ p80

「에워싸다」 ⇨ p82

촬영자

그림.2 橋木雅好

도판출전

그림.1 幕張新都心住宅デザインガイドライン, 千葉縣企業廳

그림.3 자료제공: 독일관광국

참고문헌

『SD』1999.9.

10^3m | 양육하다

주(住)환경의 특성을 활용한 어린이의 거처

아동기의 어린이 생활환경에는 주거와 학교, 그리고 놀이터가 있다. 또한 아동기의 생활은 학구역(學區域, 통학구역)을 중심으로 전개되기 때문에 주(住)환경의 영향을 강하게 받는다. 도쿄 내의 2가지 다른 주환경을 살펴보자. 근세의 마을구획에 의한 시타마치(下町)와 전후(戰後)에 개발된 대형단지의 사례에서 주환경의 특성을 반영한 어린이의 거처가 되는 장소를 살펴볼 수 있다. 소규모의 아동유원이나 좁은 골목길의 시타마치에서 아이들은 몇 가지 놀이(점)를 길(선)로 연결하여 면(面)적인 넓이의 놀이환경을 구성하고 있다. 관동대지진 이후 부흥계획에 의해 지금도 초등학교 앞에는 아동유원 규모의 소공원이 설치되어 있기 때문에 학교 주변은 아이들의 생활환경에서 중심적 역할을 담당하고 다양한 거처를 제공하는 장소가 된다. 놀이기구의 매력에 더하여 고학년 아동의 집합장소나 머무는 장(場)이 된다. 또한 아동유원은 초등학교와 복합적으로 아동관(兒童館)의 전정(前庭)으로 기능하고, 옥내 · 외에서 놀이행위가 연속하는 장소도 된다(그림 1). 지역의 상징인 사찰경내에서 아이들이 보호받고 있다는 안심감의 거처로는 나무그늘, 경사면, 돌바닥의 외부공간 특성을 활용하면서 장소를 이용하고 있다(그림 2). 지역 내에서 늘 아이들에게 개방된 장소인 「구멍가게」의 존재감은 크다. 쇼핑을 통해 가게 사람들과 접촉하며 지역과의 사회적 접점을 이룬다. 가게는 놀이터로서 기능하고, 스스로의 존재를 지역에 호소하는 장(場)이 되기도 한다(그림 3, 4). 그림 5처럼 고층주택이 나란히 들어선 대형단지에서 어린이의 거처는 단지 내에 복수의 어린이들 사회(학구역의 단위)가 혼재하며 그 영향을 강하게 받고 있다. 일단 자신의 학구역(學區域)을 나오면 같은 단지 내에서도 자신들의 장소가 아니라는 의식을 가지며, 어린이의 공간으로서 조닝된 공원이나 아동관을 공공의 장(場)으로 인식한다. 놀이 내용과 놀이터의 결부가 고정화되고 장(場)의 거처는 매뉴얼화되는 경향을 보였다. 한편 어린이가 학구역 내에서 선택하는 장소는 「놀이터」로서 계획된 장소보다는 포장의 모양, 단차, 차량정지석 등 일반적인 물리적 특성을 활용하고 있다(그림 6, 7). 거주하는 주동(柱棟) 주변의 근린과 익명성이 높은 장소가 어린이의 생활환경에서 명확하게 구분되는 대형단지에서는 친밀한 친구끼리의 전유공간(비밀기지)을 찾고, 단지에 설치된 도시공원의 나무속에 몸을 숨기는 행위를 볼 수 있다(그림 8). 평소 압도적으로 거대한 공간 속에서 생활하는 어린아이들은 낮게 둘러싸인 공간으로 들어가서 타인의 존재를 잊고 자기 키의 스케일감을 떠올리는 것으로 볼 수 있다. 이처럼 자아를 자각하기 시작하는 어린이들은 스스로가 의식하여 놀이터를 선택하면서 지역사회가 지켜주는 장(場)에서 자립하는 체험을 통해 성장하고 결국 지역에서 보금자리를 떠난다.

◈ 아동

우리나라나 일본의 교육법에서는 만 6세~만 12세까지를 초등학교 의무교육을 받아야 할 학령아동으로 규정하고 있다.

◈ 학구제(學區制), 학구역(學區域)

학구제란 취학 구역이나 교육행정상 구분되는 구역을 설정하여 운영하는 제도이다. 이와 유사하게 일본에서도 학구역이 있다. 통학구역이라고 하며, 취학해야 하는 학교를 지정하는 지역의 단위이고, 도시의 계획단위로서 근린주구에 해당한다. 인구 8천에서 1만인의 단위이다.

◈ 아동공원

일본에서 도시공원의 하나로, 초등학교 이하의 아동이나 유아를 대상으로 한 놀이터로서 유지거리 250m, 부지면적 0.25ha가 표준이다.

◈ 아동유원

일본의 어린이(초등학교 이하의 아동)를 대상으로 한 놀이터이고, 아동공원의 보조적인 기능을 가진다.

◈ 아동관

일본의 아동복지법에 정해진 아동복지시설을 말한다. 아동에게 건전한 놀이를 주고, 정감을 풍부하게 하는 것이 목적이다. 유희실과 도서실 등의 부속실로 이루어진다.

◈ 조닝

지역을 기능이나 용도별로 나누어 계획하는 것이다.

◈ 어포던스

환경이 가지고 있는 행동을 발생시키는 정보이다.

✔ 관련항목체크!

「성장하다」	⇨	p62
「배우다」	⇨	p67

참고문헌

市岡綾子「地域における兒童の居場所に關する環境行動的研究」東京大學博士論文, 1997.

그림 1. 아동공원 안쪽에 아동관(초등학교와 복합)
을 볼 수 있다.

그림 2. 사찰경내

그림 3. 구멍가게 앞

그림 4. 구멍가게 맞은편

그림 5. 대형단지(도쿄 레이마구 히가시가오카 단지)

그림 6. 주동 주변, 포상모양에서 놀기

그림 7. 주동 주변. 차량 정지석에서 놀기

그림 8. 주동 주변. 나무아래 비밀기지

10^3m 행동하다

도시로 확장된 생활장소

이것은 평범한 직장여성 A의 일상생활의 행동을 그린 지도이다(그림 1). 자택에서 회사로 출·퇴근하는 길은 굵은선으로 표시되어 있다. 점심시간에 이용하는 회사 부근의 공원이나 퇴근하면서 지나는 실내체육관, 「가게주인이 내 얼굴을 기억했다」라는 선술집 등 도시에서 머무는 곳은 점재한다. 또한 옛날부터 익숙한 장소이며 중학생 시절부터 다녔던 거리나 자신의 어머니가 살고 있는 고향집과의 관계도 알 수 있다. 이 지도는 도쿄에 사는 독신자의 생활행동을 조사한 데이터를 근거로 했다. A씨의 경우 지하철로 출·퇴근하고, 퇴근시에는 실내체육관을 가거나 친구와 버스로 외출한다. 자택 부근에는 교제하고 있는 남자친구의 집이 있고 안정감 있는 장소라고 한다. 친구가 경영하는 선술집이나 익숙한 키치조지(吉祥祉) 거리에 자주 간다. 자택에서 그녀의 생활은 평일에 주로 음식을 만들고, 직장의 일을 집으로 가지고 돌아오는 일은 거의 없으며 주로 휴식의 장으로 이용하고 있다. 이와 같은 생활양식에서 A씨의 주거는 장기체재형 호텔과 닮은 특징을 나타내고 있다. 이 조사에서 독신자 주거의 역할은 거주자 취업, 작업시간, 교통수단 등 생활환경에 의해 영향을 받는다.

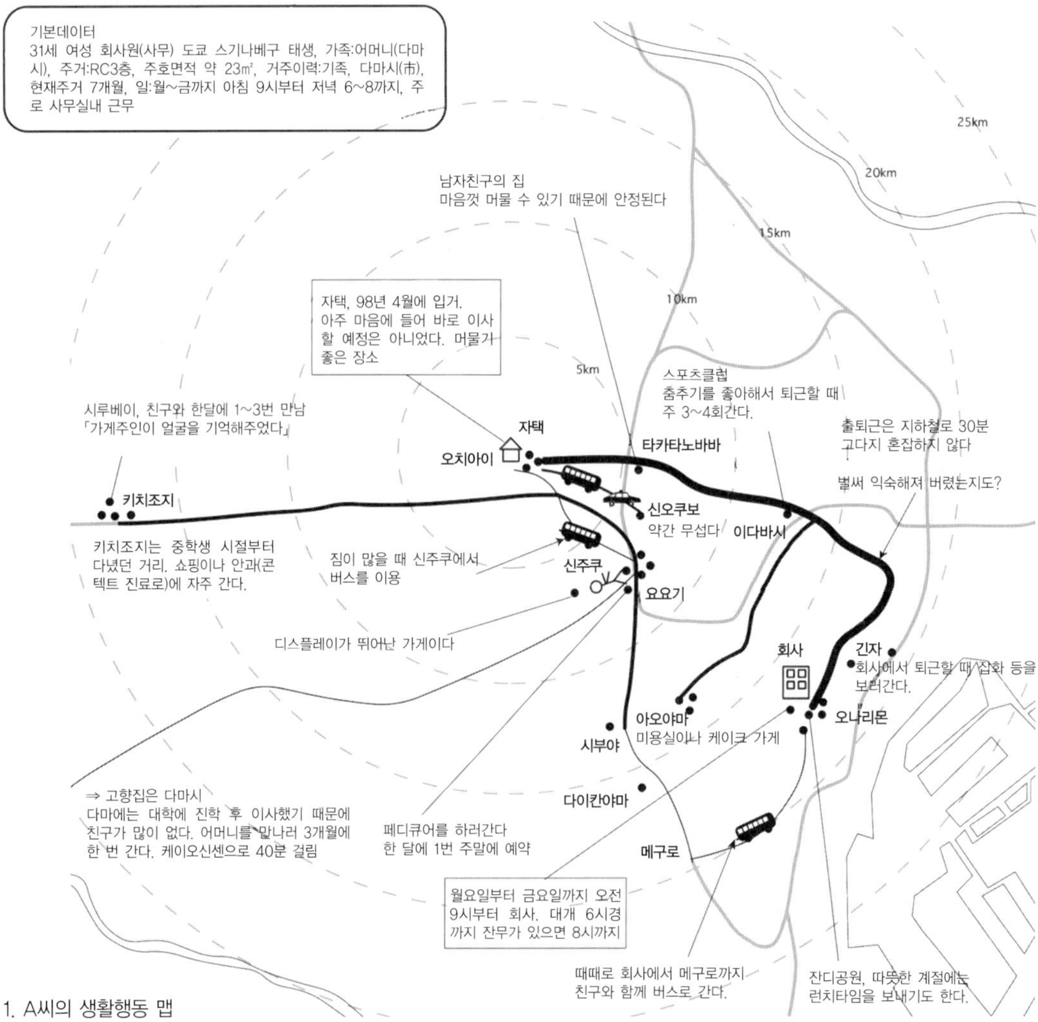

그림 1. A씨의 생활행동 맵

그림에 나타나듯이 지도를 이용하여 생활행동을 기술하는 것에서 우리들의 삶이 어떻게 인간-물리적 환경에 의해 뒷받침되고 있는지 알 수 있다.

주거뿐만 아니라 도시에서 살아간다는 사고방식에서 설계된 주택의 예로는 건축가 아주마 타카미츠(東孝光)의 자택인 "탑의 집(1967)"이 있다(그림 2). 도쿄 아오야마에서 6평의 협소한 대지에 입체적으로 디자인된 집에 부모와 자녀를 합하여 3사람, 그리고 딸이 독립된 현재도 지역과 관계하면서 생활하고 있다. 저서인 『도시주거의 공간구성』(카시마출판회, 1986)에서는 전체를 집 속에 집어넣지 않고, 주변의 시설이나 장소를 적극적으로 활용하고자 하는 자세를 엿볼 수 있다. 또한 건축가 마유미 미와야키(宮脇 檀)는 「도시생활의 편리함이란 걸어서 갈 수 있는 거리에 시설이 마련된 것이기도 하다」라고 지적했으며, 도쿄 타이칸야마에 오피스 겸 주거를 구축했다. 그림 3에 나타난 지도에는 그가 이용하는 레스토랑과 일상용품점이 적혀 있다. 지역의 매력을 충분히 맛볼 수 있는 생활양식이다. 최근 콜렉티브 하우징이나 코퍼레이티브 하우징이라는 사고방식에 의한 주택프로젝트도 보이게 되었다. 이것은 「공생」이라는 개념을 근거로 북유럽에서 활발하게 진행되고 있는 활동이 일본에 도입된 것이다. 이와 같이 해외 시스템이나 사례가 지역성을 고려하여 어떻게 우리나라나 일본에서 정리될 것인지는 앞으로의 과제이겠지만, 「공생」 결국 함께 살아간다는 개념은 도시라는 제한된 공간에서 중요한 테마이다. 여기서 표시한 생활 행동지도에도 우리들의 생활은 단일체가 아니고 지역, 도시, 사람과의 관계에서 성립하고 있다. 앞으로 도시주거의 모습을 생각하는데 지역이나 도시라는 물리적 환경과 우리들의 생활이 서로 어떻게 영향을 끼치는지를 인식하고 생활환경을 디자인하면서 지속시켜 가는 것이 필요하다.

◈ 콜렉티브 하우징

「함께 산다. 함께 생활한다. 함께 창조한다」라는 「공생」의 이념에서 생겨났으며, 북유럽을 중심으로 최근 발달한 주거형태이다. 개인의 자유나 자립을 전제로 일상생활의 일부를 공동체화하고 그것을 위해 스페이스를 공유하며 특정 사람을 위하지 않는 거주형태이다.[*1]

◈ 코퍼레이티브 하우징

자신이 거주하기 위해 주택을 건설하려는 사람이 협동조합을 설립하고 토지, 건물을 공유하는 협의하에 각각의 자신의 바람을 넣어서 기획하고 설계하는 공동주택이다.

✓관련항목체크!

「영역을 나누다」 ⇨ p75
「관계성 속에서 살다」 ⇨ p130

촬영자

그림.2 和木通(彰國社編輯部)

도판출전

그림.1 永峰麻衣子 「都市單獨居住者の居場所に關する研究」 日本女子大學大學院, 1998年度修士論文

그림.3 宮脇檀 『都市の快適住居學』 PHP研究會, 1996.

참고문헌

*1 小谷部育子 『コレクティブハウジングの勸め』 丸善, 1997.

그림 2. 빌딩으로 둘러싸인 탑의 집
(1층에 차고가 있는 집)

그림 3. 집에서 걸어서 가는 가게

10^3m | 듣다

소리의 풍경

독일의 비싱겐 마을에서 1975년 3월 6일 「소리의 풍경」을 스케치한 그림이다(그림 1). 이것은 마을에서 약 500m 떨어진 언덕 위에서 오전 11시부터 30분간 기록한 것으로 나무숲 사이에는 새소리, 15분마다 울리는 교회종소리, 열차의 기적, 비행기소리 등이 묘사되어 있다. 이 그림에서는 하나의 소리가 단일체가 아닌 그 장(場)에서 함께 울리고 있는 다른 소리와 일체화된 음환경으로 파악할 수 있다. 종래의 소리연구가 어떤 환경에서 특정 소리만을 끄집어내어 데시벨이나 주파수를 이용하여 공기의 진동으로 다루었던 것에 비해 환경과 일체된 소리를 받아들이고자 하는 총체적인 사고방식이 「사운드스케이프(soundscape)＝소리의 풍경」이다.

사운드스케이프는 랜드스케이프(landscape＝경관)에서 생겨난 단어이다. 1970년대 전반부터 캐나다 음악가인 머레이 쉐퍼(R. Murray Schafer)는 당시 유행했던 에콜로지 문제에서 수질이나 대기, 토양 등의 문제와 병행하여 소음문제의 중요성을 호소해왔다. 그는 소리의 전문화로서 콘서트홀 내부에서 연주된 음악만이 고상하다고 여기는 반면, 우리의 일상에 익숙한 콘서트홀 바깥의 음악이 무시되고 있다는 현상에 의문을 가졌다. 그리고 「음악의 소리」에만 치우친 청중의 귀를 「일상적 음환경(音環境)」에 기울게 하고자 「별의 왕녀」 등의 음악활동을 했다.

이와 같은 사고방식이 일본에도 전해져서 「나가사키 · 좋은 소리의

◈ 머레이 쉐퍼(R. Murray Schafer/ 1933~)
캐나다의 작곡가, 사운드스케이프 개념의 제창자로서 알려져 있다. 1970년대 전반 밴쿠버의 사이먼 플레저대학의 커뮤니케이션학부에 세계의 사운드스케이프 프로젝트를 설립하고, 음환경의 조사연구활동을 전개했다.

◈ 별의 왕녀
캐나다 인디언의 신화에 기초하여 쉐퍼가 창작한 오페라이다. 호수 주변에 배치된 타악기와 관악기를 중심으로 한 악기연주와 가수들 외, 작품이 시작되면 호수 위를 달리는 카누에 올라 등장하는 주인공들이 연주하는 「호수 위의 오페라」이다.

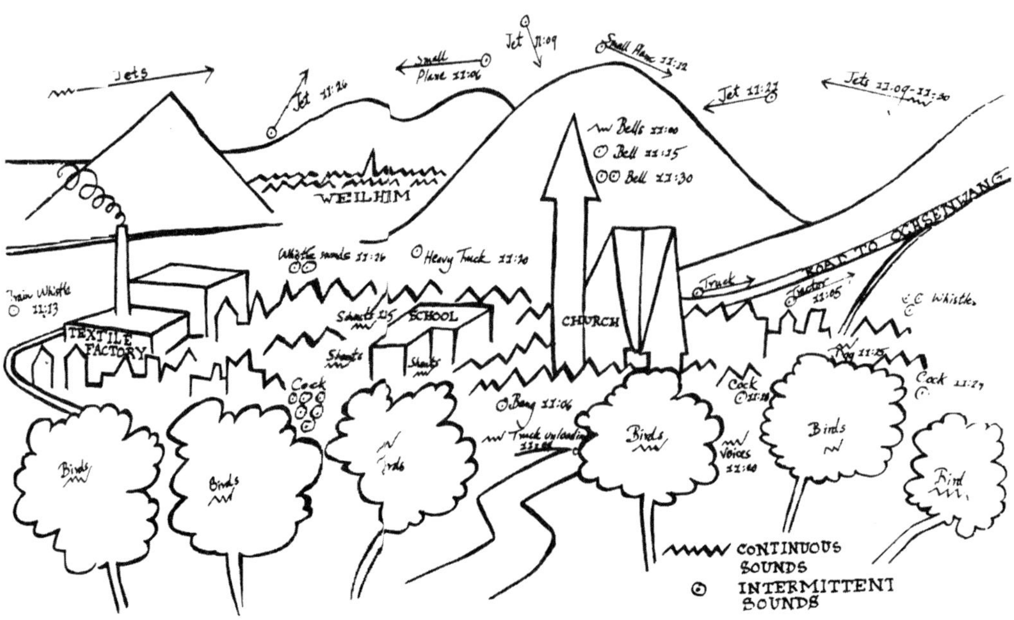

그림 1. 독일 빗싱겐마을의 음(音)환경

풍경」, 「나고야 음명소(音名所)」 등의 시민운동 프로젝트로도 이어졌다. 또한 학문분야에서도 단지 소리의 물리적인 특성을 해명하는 것만이 아닌 인간과의 관계에서 「소리」를 다루고자 하는 「소리의 생태학」 영역이 있다. 음(音)의 생태학에서는 소리를 듣는 장소, 여기에서 이루어진 흥미 있는 조사로는 후쿠오카에 사는 외국인들에게 「일본에서 들을 수 있고, 자신의 나라에서 들을 수 없는 소리는 무엇입니까?」라고 질문했을 때 「폭주족 소리」, 「시각장애인용 음향 신호」, 「까마귀소리」, 「매미소리」, 「물건 파는 소리」, 「파칭코오락 소리」, 「선거활동 소리」 등을 예로 들었다고 한다(그림 2). 이 응답에서 예로 들었던 소리는 응답자가 자신의 나라에서는 기후나 문화와 관계에 따라 달라지겠지만 소리를 통해 일본을 이해하려는 시점은 흥미 있는 일이다.

인간의 청각이 닿는 영역은 반경 약 30m라고 볼 때, 맞은편의 이웃하는 집 3채 범위에서 귀로 듣는 자극 정보는 중요하다(그림 3). 한밤에 이불 속에서 잠들기 전 사이렌 소리를 듣고 무슨 일이 일어난 것일까? 라고 불안해하거나 노래방에서 흘러나오는 노랫소리를 듣고 낮시간의 조용한 가게모습을 떠올리는 경우가 종종 있다. 한낮 태양 아래에서 보는 환경, 그리고 밤의 어둠 속에서 귀로 듣는 자극을 통해 식별하는 각각의 환경을 우리는 통합적으로 파악하면서 자신의 주변 환경을 인식한다. 이와 같은 체험에서도 소리가 형성하는 환경의 의미를 생각할 수 있다.

도판출전

그림.1 Murray, Schafer(ed.) "The Five Village Soundscapes" Vancouver : A.R.C. Publication, 1977.

그림.3 岡田光正, 高橋鷹志『新建築學大系13 建築規模論』彰國社, 1988.

인용문헌

*1 岩宮眞一郎『新コロナシリーズ44 音の生態學−音と人間のかかわり−』コロナ社, 2000.

참고문헌

鳥越けい子『SD選書229 サウンドスケープ〔その思想と實踐〕』鹿島出版會, 1997.

谷村晃, 鳥越けい子 編『現代のエスプリ354 サウンドスケープ』至文堂, 1996.

그림 2. 파칭코 구슬이 부딪히는 소리나 기계가 내는 멜로디, 아나운서의 소리 등이 뒤섞여 파칭코가게의 독특한 환경이 형성되었다.

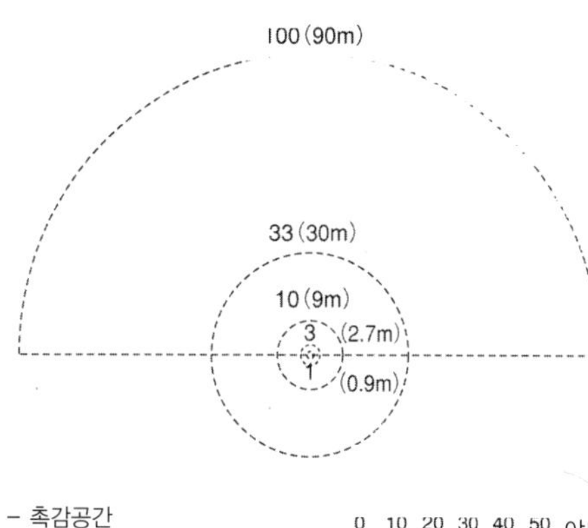

1 야드 – 촉감공간
3 야드 – 도구로 만지는 공간
10야드 – 후각이 닿는 공간
33야드 – 청각이 닿는 공간
100야드 – 시각이 닿는 공간

그림 3. 청각영역

연습문제

지도를 비교해보자

1) 앞의 스케치 맵으로 현지를 방문해보라. 어느 곳이 기억과 차이가 있는가? 그것은 생각의 차이인가? 그렇지 않으면 거리가 변했기 때문인가? 발견한 것을 적어보라.
2) 스케치 맵에 원(예를 들면 직경 500m 등)을 그려보라. 시판되는 지도로 그것과 같은 거리의 원을 그려보라. 그리고 눈에 익숙한 장소를 발견하여 스케치 맵에 그린 원의 범위를 시판하는 지도에 그려보라.

그림 1에서 그림 5는 세계 여러 나라와 도시의 얼굴이 되는 5가지의 건축물을 나타낸 것이다. 실제 크기의 1만분의 1의 스케일이다. 그림 1은 파르테논신전(아테네), 그림 2는 호류지(일본), 그림 3은 산 피에트로 대성당(로마), 그림 4는 세인트 폴 대성당(런던), 그림 5는 경복궁, 그림 6은 우리 집 주변이다.

100m가 1㎝가 되는 스케일을 사용하여 조그맣게 보면 알 수 있는 부분이 있다. 그것은 건물과 거리와의 관계이다. 그것을 그림의 설명으로 나타내었다. 각각의 건물은 주변의 거리와는 다른 지형이나 토지이용이나 도로패턴으로 이루어져 있다. 이 때문에 랜드마크가 된 것이다. 서로를 비교해서 알 수 있는 것도 있다. 파르테논신전(그림 1)과 세인트 폴 대성당(그림 4)은 전체길이나 폭이 거의 같다. 실제로 가보면 세인트 폴 대성당 쪽이 크게 느껴진다. 이것은 파르테논신전의 주변은 개방되어 있음에 비해 세인트 폴 대성당의 주변은 촘촘히 건물이 들어서 있기 때문은 아닐까? 호류지(그림 2)의 5층탑과 금당을 둘러싼 회랑은 산 피에트로 대성당(그림 3)의 건물로 흡수될 만큼의 크기이다. 경복궁의 담으로 둘러싸인 범위는 산 피에트로 대성당의 몇 배나 된다. 경복궁 앞에 서 있으면 크기를 알 수 없음에 비해 산 피에트로 대성당은 거대하게 느껴진다. 이런 이유는 경복궁이 담으로 둘러싸여서 출입할 수 없지, 산 피에트로 대성당이 원근감을 강조한 광장이 있기 때문이다. 그림 6은 우리 집주변의 지도(경상남도 진주시 칠암동)를 같은 축척으로 그린 것이다. 파르테논신전이나 산 피에트로 대성당의 전체 길이는 동서로

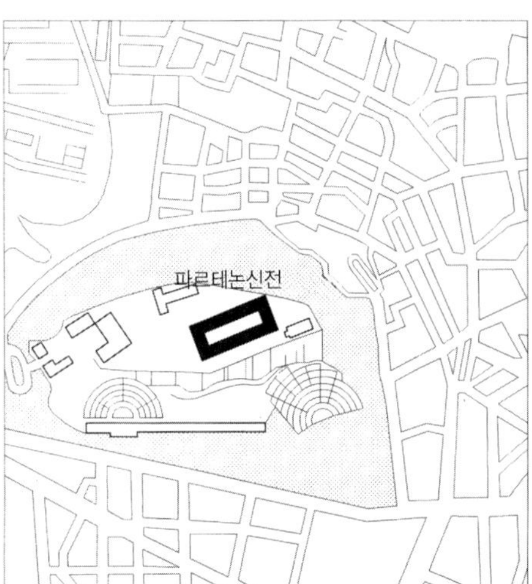

시가지 중앙에 솟아오른 언덕위에 지어져 있다.
그림 1. 파르테논 신전(그리스/아테네)

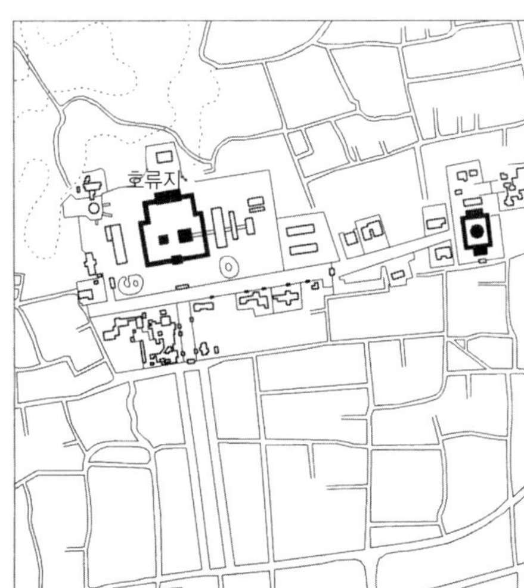

평지와 구릉지 사이에 지어져 있다.
그림 2. 호류지(法隆寺, 일본/나라)

이어진 진주산업대학교 캠퍼스의 전체길이와 같은 정도이다(약 500m). 호류지의 회랑은 우리 집이 있는 블록과 거의 같은 크기이다. 또한 경복궁이 위치한 블록의 동서길이는 진주산업대학교의 동서길이와 유사하며, 경복궁의 근정전 주변의 마당 크기는 우리 집이 있는 블록의 크기와 유사한 것을 알 수 있다.

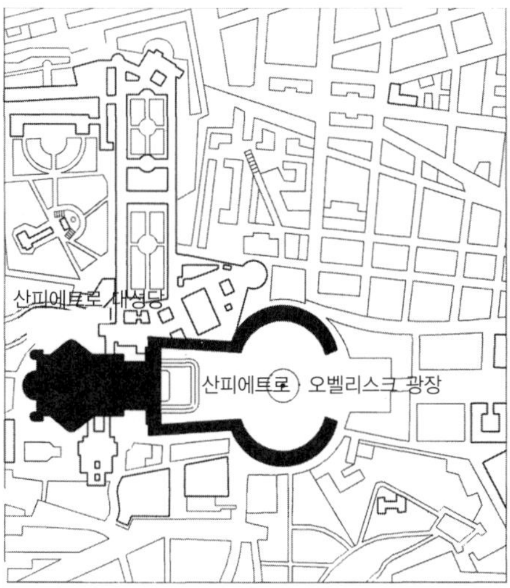

가로 속에 있으며 건물과 같은 정도의 거대한 광장(산피에트로 광장)에 면해 있다.
그림 3. 산 피에트로 대성당(이탈리아/로마)

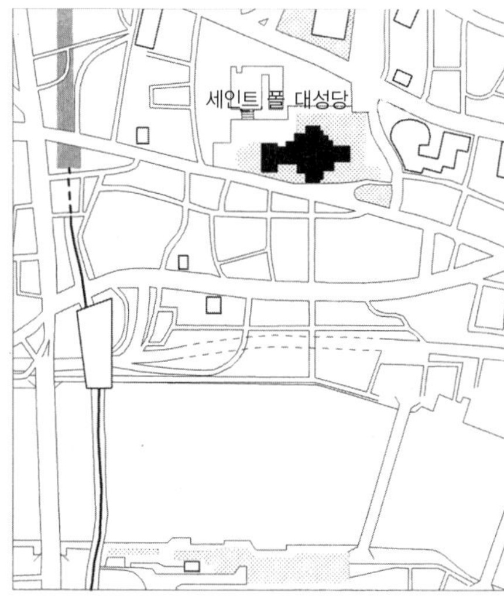

빈틈없이 건물이 들어선 거리의 주변에 조금의 녹지를 남기고 지어져 있다.
그림 4. 세인트 폴 대성당(영국/런던)

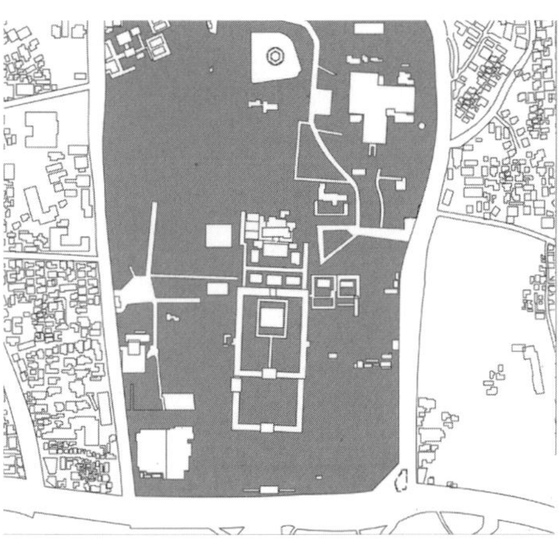

주변이 담으로 둘러싸여 있고 자유롭게 출입할 수 없다.
그림 5. 경복궁

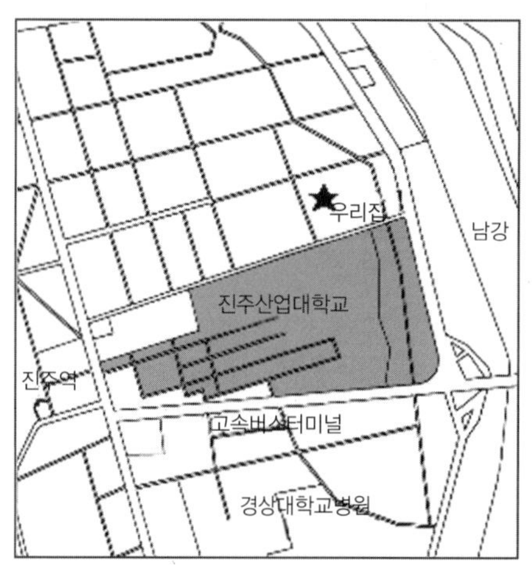

최근 거리의 변화, 좋아하는 장소, 자주가는 장소를 적어보자. 넓이와 길이의 기준이 된다.
그림 6. 동일한 축척의 자택 주변지도

이 연습으로 이것을 알 수 있다

1) 거리감을 파악할 수 있다.
2) 거리의 구조를 알 수 있다.
3) 자신의 주변에 있는 건물의 감각에서 가 본적이 없는 건물이나 거리를 상상할 수 있다.

$10^4 m$

10^4m(10,000m) 에서 다루는 것은 도시레벨의 환경이다. 이것은 1,000m의 영역에서 말했던 가구(街區)나 근린의 단위가 모여서 만들어진 것이다. 실제로는 10,000m를 넘어선 크기도 포함하고 있다.

현재 우리나라의 도시에서 요구되는 것은 그 도시만의 독창적인 매력이다. 도시의 매력은 살고 있는 사람에 의해 자신의 도시에 애착을 가지고 계속 살아가는 뒷받침이 되는 것이다.

여기서 예로 든 사례는 도시의 매력을 발견하는(읽어내는) 방법으로서 그 매력을 보여주는(프레젠테이션) 방법의 힌트가 된다.

도시의 특징과 매력을 만드는 것은 복잡하다. 도시가 원래 가지고 있던 지형구조나 그곳에서 생활해 온 인간이 구축해 온 것과 생활 자체가 시간과 함께 적층되어 온 것이다(「표시하다」, 「관계성 속에서 살다」, 「비교하다」). 또한 그 매력을 끄집어내는 시점도 다종다양하며(「모이다」, 「반전(反轉)하다」, 「출몰하다」, 「주행하다」), 여기에서 예로 든 사례만으로는 충분하지 않고, 우리 도시의 독창적인 매력을 발견하기 위해서는 과거에 없는 시점이 요구될 수도 있다.

그리고 무엇보다도 중요한 점은 자신이 발견한 매력을 자기만 알고 있는 것이 아니라 다른 사람에게 전해주는 것이다. 도시의 매력은 모든 사람이 이해할 수 있고 공유되는 것에서 비로소 그 도시의 재산이 된다(「안내받다」, 「찾아서 도착하다」, 「돌아다니다」, 「안내하다」).

당신이 발견한 새로운 도시의 매력은 당신이 살고 있는 도시를 바꾸는 계기가 될 수 있다(「조망을 보존하다」). 또한 도시를 변화시킬 수 있는 점은, 바꿔 말하면 새로운 매력을 창조하고 덧붙여 가는 것이다.

10^4m | 모으다

같은 사물에서 떠올릴 수 있는 지역과 시대

완전히 같다고 생각하고 있는 것일지라도 모아서 보면 각각 차이나 공통성이 있고, 그 속에서 지역성이나 시대성을 읽을 수 있다. 거리에는 일반적으로 무심코 생각할 수 있는 맨홀뚜껑이 있다. 기능을 우선하여 디자인된 것이지만 시대나 장소, 설치 주체의 차이에 따라 실로 다양한 형태가 있다. 설치 주체가 전전(戰前)의 내무성이나 육군의 것도 남아 있어서 도시역사의 한 단면을 표현하는 것이기도 하다. 동일한 철재료를 사용하고, 디자인의 요구조건이 많지 않기 때문에 설계자가 디자인에 몰두하면서 거리에 작은 표정을 부가하려고 한 것은 아닐까라고 상상하는 것도 재미있다. 설치되고부터 년 수나 교통량의 차이에 따라 표면의 마모방식에 차이가 있는 것도 흥미롭다. 맨홀 뚜껑에는 반드시 요철이 있기 때문에 사진이나 스케치만이 아닌 프로타주와 같은 약간 색다른 수법으로 수집해 보는 것도 재미있다. 공통성 있는 것을 많이 수집하고, 그 속에서 차이를 드러내는 방법은 이마와지로(今和次郎)와 동료들이 쇼와시대 초기의 동시대 생활과 풍속을 파악하기 위해 사용했던 고현학(考現學)의 수법이다. 수집은 단순하지만 특정현상 속에서 공통성과 차이성을 뽑아내는데 강력한 수법이며, 또한 종이와 연필만 있으면 어디서나 할 수 있는 손쉬운 수법이다. 그것만으로 무언가에 주목해서 분류한다면 그 현상의 특징을 보다 잘 나타낼 수 있을 것인지(결국 시점을 두는 방식)가 중요하다.

◈ **고현학(考現學)**

이마와지로(今和次郎)에 의한 만들어진 것으로 현대의 사회풍속을 수집하고 분석하는 연구 분야이다. 고고학(考古學)과 비교해서 고현학이라고 이름 붙였다.

도판출전

그림.1 赤瀬川原平『林丈二的考現學 屁と富士山』INAX 出版, 2000.

그림.2 太田垣晴子『ふつうのファッション』メディアファクトリー2001.

참고문헌

今和次郎『考現學入門』ちくま文庫, 1987.

그림 2. 의복 모음

그림 1. 거리의 다양한 맨홀 뚜껑

10^4m 반전(反轉)하다

도시의 그림과 배경

「놀리의 지도(Nolli map)」라 불리는 한 쌍의 로마지도가 있다. 하나는 시가지를 도로와 광장, 교회 등의 공공공간을 흰색으로 그리고, 그 외의 부분을 검은색으로 그린 것이다. 또 한 가지는 그 지도를 반전한 것이다. 놀리의 지도는 어느 쪽으로나 흰색을 배경으로 볼 수 있고 검은 색을 배경으로 볼 수 있다. 한편 우리나라의 전통적인 도시공간을 놀리의 지도와 동일한 방법으로 그려서 반전하면 검정색이나 흰색 어느 한쪽만을 배경으로 하여 볼 수밖에 없다.

이 차이는 이탈리아의 도시와 우리나라의 도시에서 부지와 건물의 관계, 그리고 공공공간의 관계에서 큰 차이를 나타내고 있다. 예를 들면 이탈리아에서 가구(街區)가 건축에 의해 만들어지고, 그 가구가 도시를 만든다는 구성을 간파할 수 있음에 비해 우리나라의 도시에서 건축은 도시의 표층에는 직접적으로 모습을 보이지 않고, 부지라는 단위에 의해 도시가 만들어지는 것이 그림과 배경을 인식하는 방식의 차이가 되어 나타나고 있다. 도시라는 환경을 만들어 내는 「그림(圖)」과 「배경(地)」이 무엇에 의해 구성되어 있는지를 생각하게 만드는 좋은 예이다. 흑백 그림을 반전시킨다는 단순하고 기계적인 조작만으로 발견할 수 있는 것도 많다. 빈틈없이 칠하는 수법은 어떤 특정한 공간을 두드러지게 만드는데 유효한 방법이며, 코지마 카즈히로(小嶋一浩)는 「검은색의 공간」과 「흰색의 공간」이라는 사고로서 다양한 액티비티가 일어날 수 있는 공간구성에 대해 설명하고 있다.

도판출전

그림.1 G. 놀리 『로마지도』에서
그림.2 가회동 한옥마을
그림.3 小嶋一浩 『アクティビティを設計せよ!-學校空間を軸にしたスタデ』 彰國社, 2000.

참고문헌

아시하라 요시노부 저 『외부공간의 미학』 기문당, 1999.

그림 1. 놀리의 지도(地圖)

그림 2. 같은 수법으로 표현한 가회동 한옥마을

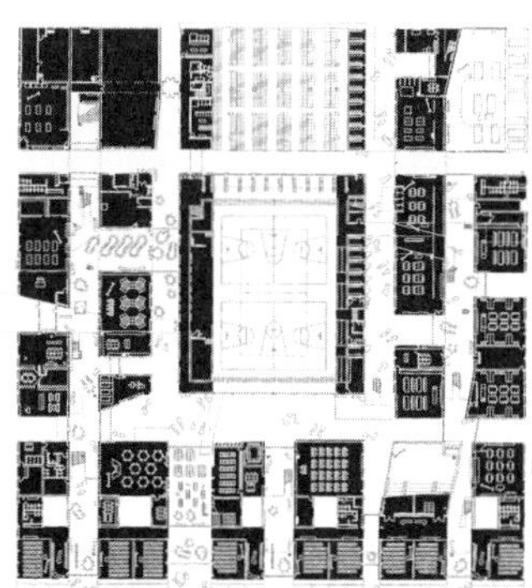

공간과 기능이 일 대 일로 대응하는 공간을 검은색의 공간, 다양한 기능(코시마는 「액티비티」라는)의 대응이 있을 수 있는 공간을 흰색 공간으로 규정했다. 위의 그림은 고등학교의 평면도이지만, 교실과 창고는 「검은색」, 플렉시블 런닝 에리어라 부르고, 학생 스스로가 액티비티를 선택할 수 있는 공간을 「흰색」으로 규정했다.

그림 3. 「검은색 공간」과 「흰색 공간」

10^4m 소란스러움을 피하다

아무도 없는 도쿄 사진

나카노 마사타카(中野正貴)가 2000년에 발표한 사진집『TOKYO NOBODY』는 글자 그대로 사진 속에 아무도 없는 도쿄의 풍경사진집이다. 사람의 소란스러움이 완전히 배제된 긴자(銀座)거리, 가이엔마에(外苑前), 가부키쵸(歌舞伎町) 등의 거리풍경은 마치 다른 장소인 듯한 신선한 인상을 보이고 있다.

이러한 사진은 특별한 사진 가공을 이용하여 사람의 모습을 소거하거나 촬영현장에 가서 통행을 정지시켜 촬영한 것도 아니다. 나카노 씨는 이른 아침이나 휴일 등 사람이 없을 시간에 현장에 달려가서 사람이 전혀 없는 순간을 포착하여 촬영했다. 언제 가더라도 사람들이 넘쳐 흐르는 도쿄의 중심지에서 아무도 없어진 순간을 기다린다는 것은 대단한 작업이었음을 상상하기란 어렵지 않다(언제나 기다려도 시부야의 중심거리에서만은 셔터를 누를 찬스가 없었다고 한다). 사진집의 마지막 부분 크레딧을 보면 이러한 사진이 연초, 5월 연휴, 눈오는 날 도쿄의 액티비티가 특이한 날을 기다렸다가 촬영했음을 알 수 있다.

도시의 한복판에 아무도 없는 순간(=셔터 찬스)을 찾는 작업은 도시 액티비티의 부하(負荷)를 재확인하는 작업이다.

✔관련항목체크!

「머무는 방식」 ⇨ p84

도판출전

그림.1 中野正貴 (『TOKYO NOBODY』 litter more, 2000에서)

그림 1. 추오쿠긴자 7번지 (1999년 1월)

그림 2. 미나토 가이엔마에 (1992년 1월)

그림 3. 신주쿠 가부키쵸 (1992년 1월)

10^4m | 계속 촬영하다

정점(定點) 관찰

『전철이 달렸던 거리 – 현재와 옛날』은 1960년대에 촬영한 도쿄 내의 도영전철이 운행했던 풍경사진과 동일한 앵글과 30년 후에 촬영한 사진을 나란히 게재한 사진집이다. 어디까지나 도영전철이 주인공인 사진집이기 때문에 30년 후의 사진에서 도영전철을 뒤이어 운행하고 있는 버스도 사진 속에 포함되어 있다.

2개의 사진을 비교했을 때 30년 후 도쿄의 풍경이 변한 모습은 놀랍기도 하다. 도로를 따라 선 빌딩은 고층화되면서 도쿄 하늘은 점점 좁아지고 있다. 그러나 고층화되더라도 같은 가게나 회사의 빌딩이 있었거나 빌딩의 형태 및 입구형태 등의 세부적인 면에서 옛 흔적을 확인할 수 있다.

✓ 관련항목체크!

「거리에서 놀다」 ⇨ p79

도판출전

그림.1~3 林順信 (『都電が走った街 – 今昔』 JTB에서)

그림 1. 1967년과 1996년의 아사쿠사

그림 2. 1967년과 1998년의 우마야바시 교차점

그림 3. 1968년과 1996년의 킨시보리

10^4m 머무는 장소 만들기

장소를 커스터마이저(customize)하다

환경은 주어지는 것만이 아니고, 자신도 영향을 끼쳐서 변화시킬 수 있다. 자신의 머무는 장소를 발견하거나 친숙한 가게를 만드는 것이 그 예이다. 마음에 드는 장소란 처음에 조금씩 다가서거나 친구들에게 소개받아서 사용하기 시작한 장소이기도 하고, 사용해가면서 나름대로의 사용방식이나 시간을 보내는 방식을 발견하면서 마음에 들게 된다. 때로는 자신이 자극적으로 그 환경의 모습에 동화되어 가는 경우도 있다.

환경은 단지 주어지는 것만이 아니고 자신이 환경을 커스터마이저(customize)해 가는 것이며, 자신에게 보다 알맞은 환경을 만들어 갈 수 있다. 나아가서 다른 사람에게도 마음이 편안하고 머물기 좋도록 느껴지는 환경이 되도록 만들 수 있다.

일상생활 속에서 다양한 장소를 이용하고 있지만 하나하나의 장소가 생활 속에서 차지하는 의미는 다르다. 이 차이는 커스터마이저하는 방식이 다르기 때문에 나타난다고 생각할 수 있다. 환경이행과 같이 거대한 환경이 변하는 비일상적인 사건에 대한 대응, 일상생활에서 아무렇지 않은 행동도 「환경의 커스터마이저」라는 시점에서 볼 수 있다.

환경은 늘 그곳에 있는 사람과 일체를 이루며 인간과 함께 변해간다. 건축도 공사가 끝나고 준공되었을 때 최고의 상태는 아니며 그 뒤의 커스터마이저에 의해 보다 나은 환경으로 만들어질 수 있는 가능성을 품고 있다. 환경이란 「완성」이 아니고 늘 계속 만들어지는 것이다.

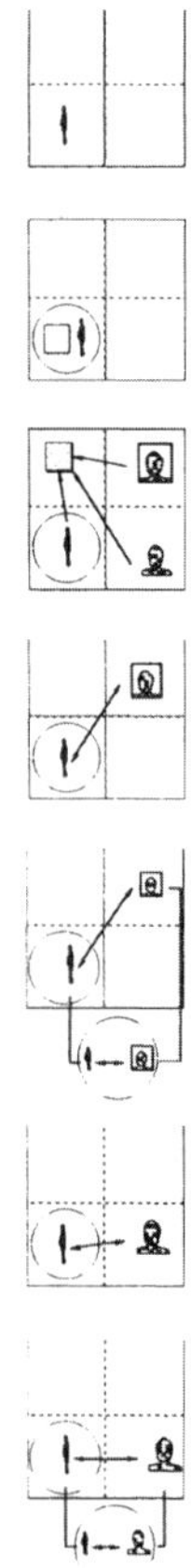

[0]디폴터 액세스포인트 환경에 대한 커스터마이저하는 것이 없이 획득하는 스탠스

[1]도구를 세워 환경에 부족한 요소를 집어넣거나 자신을 쾌적하게 할 수 있는 방법을 스스로 확립하여 환경을 커스터마이저한다.

[2]액세스포인터로 받아들이는 서비스에 대해 작용을 하거나, 새로운 서비스를 공동으로 만들어서 환경을 커스터마이져한다.

[3]액세스포인터를 운영하고 있는 인간과 커뮤니케이션하여 환경을 커스터마이저한다.

[4]디폴터 액세스포인트의 환경에 대한 커스터마이저하지 않고 획득하는 스탠스

[5]액세스포인트를 이용하는 타인과 커뮤니케이션하여 환경을 커스터마이저한다.

[6]액세스포인트를 이용하는 타인과 액세스포인터 이외에도 커뮤니케이션하여 액세스포인터의 환경을 커스터마이저한다.

그림 2. 환경으로 커스터마이저하는 방식과 그것에 의해 획득하는 스탠스

도판출전

그림.1~4 西田徹「新潟市における環境行動的研究 その3」日本建築學會學術講演梗概集, 1998.

액세스포인터의 이름과 피험자번호 액세스포인트에서 제공되는 서비스	액세스포인트를 운영·경영하는 인간과 액세스포인트의 물적 환경
액세스포인트 빈도와 액세스포인트에서 받은 감상, 액세스포인트에서 느끼는 가치관	액세스포인트에 액세스해 가는 사람들에 관한 것

각 액세스포인트에서 환경구성 요소를 위의 네 가지 항목에 착안하여 분류하고 각 요소에 대해 개인이 「내가 작동을 거는 것일까?」, 「환경에서 작동이 걸려오는가?」를 표의 방향으로 구별하여 표시했다.

그림 1. 환경구성 요소의 분류

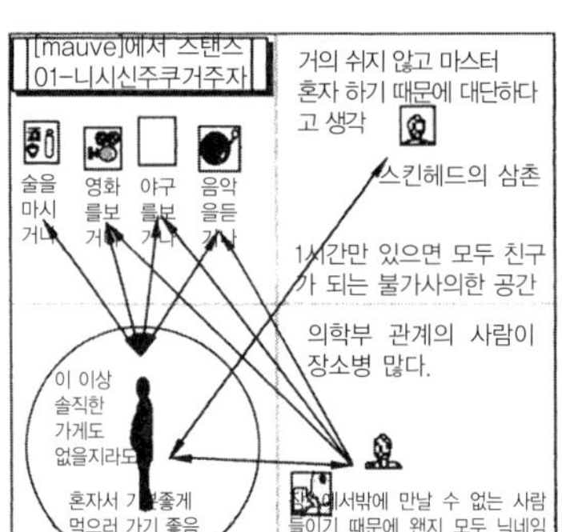

액세스포인트에서 친구를 만들고 있다. 동호회의 회장과도 알고 있다. 이곳의 친구들은 다른 장소에서 만나지 않는다. 회원이 많기 때문에 자신들의 거실처럼 자유롭게 사용하고 있다.([2]+[3]+[4])

그림 3. 가치를 만들어내는 스탠스

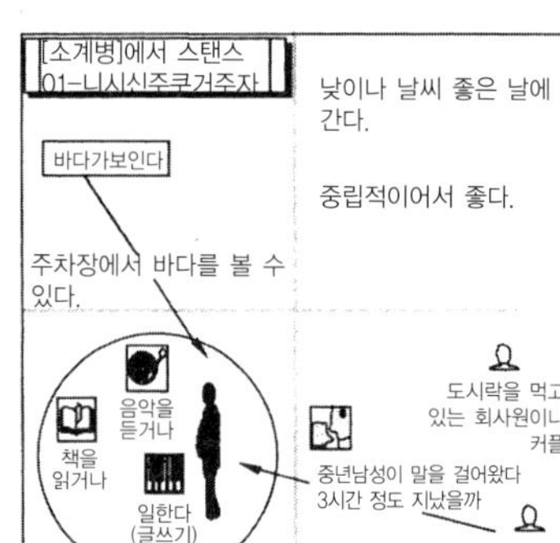

언덕 주변의 자연환경에 도구를 집어 넣어서 머물기 좋은 환경을 만들었다. 모르는 사람이 말을 걸어와도 거절하지 않고 커뮤니케이션이 이루어진다.([1]+[5])

그림 4. 도구에 의한 스탠스

10^4m 친숙해지다

파사드의 다양성과 통일성

전통적인 거리형 건물(row-house)이 있는 곳을 걸어가면서 느낀 점은 한 채 한 채의 가옥이 하나로서 똑같지는 않지만 전체로서 조화를 유지하고 있다는 것이다. 공통성은 있지만 다양한 건축이 조화되어 나란히 지어진 것이 전통적인 거리형 건물의 매력이라 할 수 있다. 이러한 건물이 만들어진 원인은 같은 목수가 지역의 재료를 사용하여 만들고 또한 사회적인 규제 속에서 각각의 집에 창의적 고안을 집어넣어 만든 결과라고 생각할 수 있다. 실제의 물체와 물체를 어떻게 인지할까라는 관계에 초점을 맞춘 몬나이 테루유키(門内輝行)에 의한 일본의 전통적인 거리형 건물을 다음과 같이 분석하였다.

우선 거리형 건물을 구성하는 건축은 한정된 요소의 레퍼토리 조합으로 만들어지며 그 요소를 무한으로 조합시켜가는 중에 다종다양한 거리형 건물이 구성된다. 동시에 세부에는 다양한 변형이 있을 수 있다. 그 결과로 「유사(類似)와 차이(差異)의 네트워크」가 생기는데서 거리형 건물의 매력이 완성된다. 이 논리는 더욱 전개되어 우리가 유럽의 다양한 전통적 거리형 건물을 방문했을 때 느끼는 공통된 인상도 「유사(類似)와 차이(差異)의 네트워크」와 관련되어 있음을 알 수 있다. 일본뿐만 아니라 세계 각지의 거리형 건물을 비교했을 때, 역시 동일하게 닮아 있지만 다른 건축이 연속된 것에 의한 조화가 거리형 건물을 만들고 있음을 이해할 수 있다. 시대나 지역을 넘어 많은 거리형 건물의 스케일감이 서로 비슷한 것이나 가로(街路)에 대한 법규가 있는 것(물론 지역에 따라 법규가 다르지만) 등도 상당히 흥미 있는 현상이다.

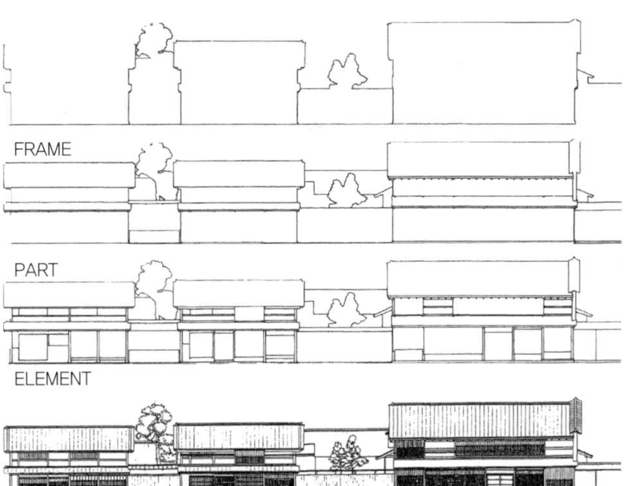

그림 1. 오미하치만의 거리형 건물 분석도

✓ 관련항목체크!

「에워싸다」 ⇨ p82
「거리형 건물을 읽다」 ⇨ p86

도판출전

그림.1 門内輝行 「街並みの景觀に關する記號學的研究」東京大學學位論文, 1997.
그림.2 「國際文化研究紀要」 Vol.13, 昭和女子大學國際文化研究所

체스터(영국)의 거리형 건물

보르차노(이탈리아)의 거리형 건물

야나이의 거리형 건물

카나자와히가시의 거리형 건물

카와고에의 거리형 건물

호이안(베트남)의 거리형 건물

그림 2. 다양한 거리형 건물의 연속 입면

10^4m | 강변을 따라가다

강변을 걸을 수 있는 상황(可步狀況) · 하천보행의 저해 요인

일본 하천의 제방은 콘크리트 블록이 딱 맞게 고정되어 있다. 이것은 면도날 제방(堤防)이라고도 하며 범람할 때의 안전성 확보라는 측면에만 주목해서 진행된 치수(治水)사업의 산물이다. 도심에서 강과 가까운 장소에 살고 있어도 강변에 가서 물을 만지는 것조차 어려운 경우가 많다.

그림 1은 이바라키시(茨木市)의 강변을 실제로 걸어보고 걸을 수 있는 곳과 걸을 수 없는 곳을 메시맵으로 표시한 것이며, 그림2는 다시 강변의 하천보행 저해요인을 7가지로 구분하여 분석한 것이다.

이 지도는 하천이 인접한 지역으로서 완전하게 분석된 상황을 잘 밝혀주는 것이며 친수공간(親水空間)을 만들기 위해 구체적으로 무엇을 해야 할 것인지를 나타내는 메시지의 전달성이 높은 지도이다.

이처럼 사회적 문제제기를 포함한 지도에는 그 밖에도 휠체어로 들어갈 수 있는 가게를 기술(記述)한 상점가(商店街) 맵 등이 있다.

✔ 관련항목체크!

「장애인의 눈으로 보기」 ⇨ p94

도판출전

그림.1, 2 上田馬+世界都市研究會 編『水網都市』學藝出版社, 1987.

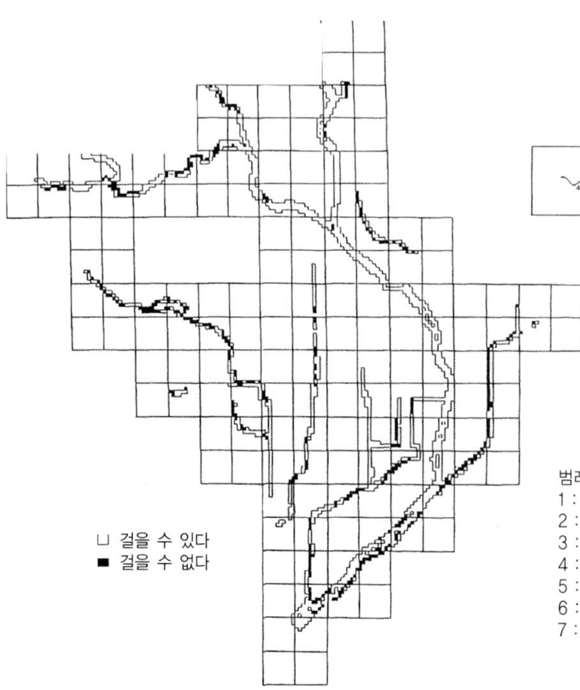

그림 1. 강변을 걸을 수 있는 상황

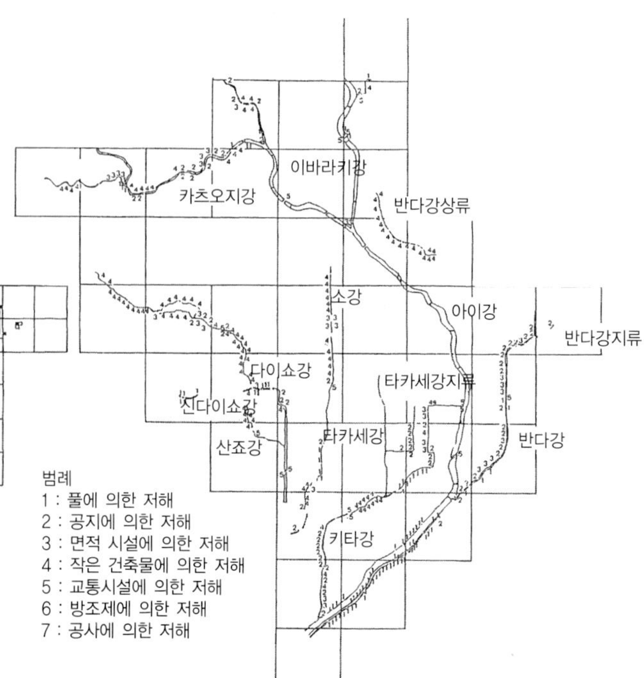

그림 2. 하천보행의 저해요인

10^4m 표시하다

도쿄타워를 볼 수 있는 장소

그림 1은 걸으면서 도쿄타워를 볼 수 있는 장소를 조사한 지도이다. 도쿄의 치요다구(千代田區), 미나토구(港區), 추오구(中央區)의 주요 도로를 실제 답사하여 조사했지만 볼 수 있는 위치는 의외로 한정되어 있음을 알 수 있다.

✔관련항목체크!

「부감하다」	⇨	p134
「멀리 바라보다」	⇨	p142
「조망을 보전하다」	⇨	p143

도판출전

그림.1 堀井憲一郎「週刊文春(ホリイのずんずん調査)」1997年5月1日, 8日合併号

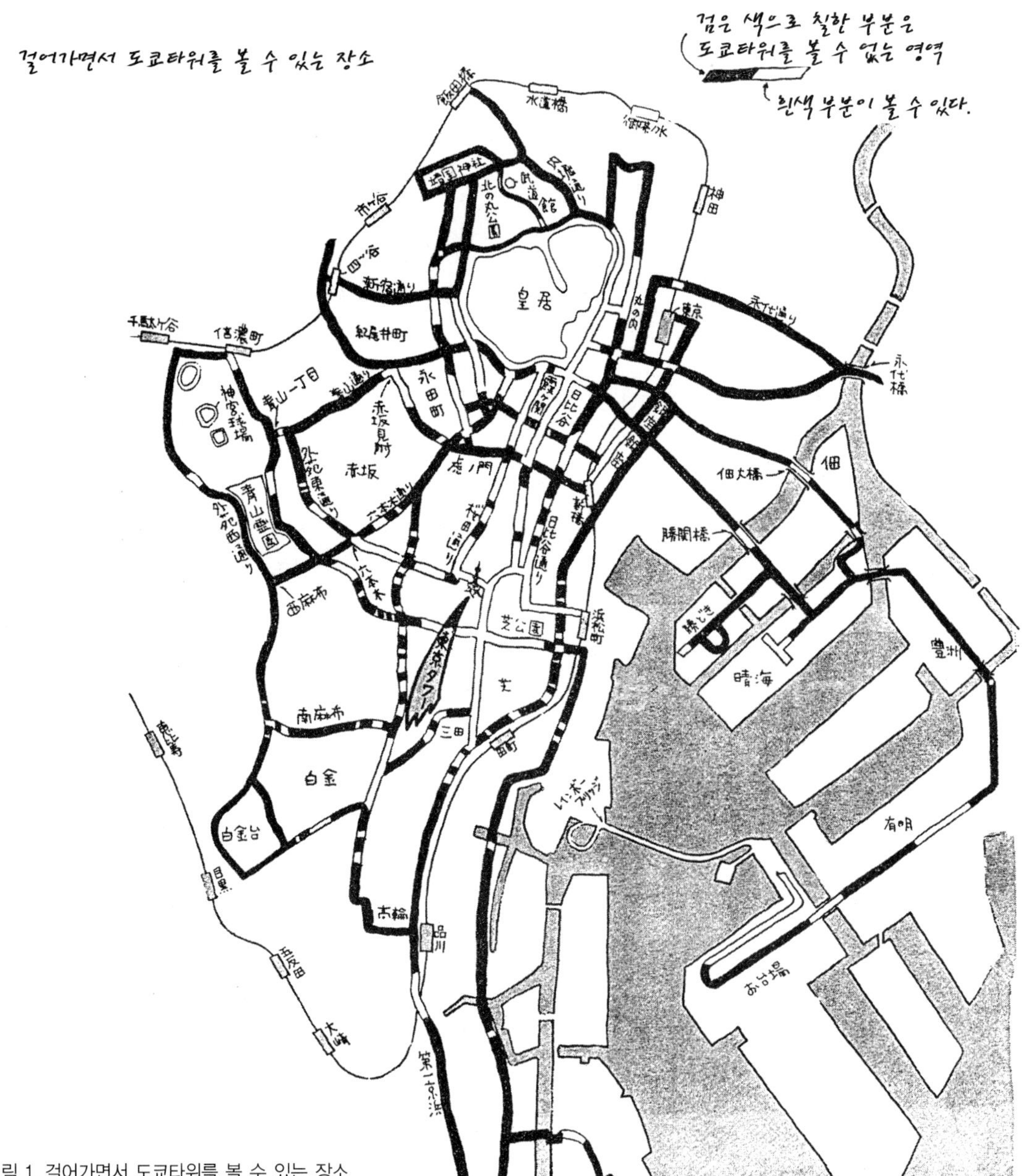

그림 1. 걸어가면서 도쿄타워를 볼 수 있는 장소

10^4m 관계성 속에서 살다

시간지리학(時間地理學)

인간의 생활에는 3차원적인 공간과 함께 시간축도 큰 의미가 있다. 시간의 흐름과 함께 공간을 이동하고 다양한 사회관계를 형성하면서 생활이 성립한다. 시간지리학은 생활행위가 발생하는 장소와 시간을 패스라는 방법으로 투영하여 행동을 분석한다. 그 속에서 중요한 것이 개인의 생활이 전개 가능한 시공간을 규정하는 「프리즘」과 복수의 인간 패스의 상관관계를 표현하는 「번들bundle」이라는 개념이다. 「프리즘」은 개인이 이용할 수 있는 교통수단이나 시설배치, 구속에서 결정된다. 「번들bundle」에서는 어떤 사회관계에 의해 생활이 지지되고 있는가 또는 구속되어 있는가를 표현하고 분석할 수 있다.

보육원에 다니는 유아가 있는 세대의 패스를 그림3에서 나타내었지만, 이용 가능한 교통수단이나 사회관계에 따라 생활의 자유도에 큰 차이가 있음을 알 수 있다. 동시에 생활패턴을 구속하고 있는 요건이나 부부간 유아부담의 차이를 분석하는 것도 가능하다. 그리고 도시공간으로 전개하는 생활행동을 파악하려는 시간지리학의 수법은 다양한 분야에 적용할 수 있는 가능성을 나타내고 있다.

✔ 관련항목체크!

「행동하다」 ⇨ p114

도판출전

그림.1 Lenntorp(1978)
그림.2 Hägerstrand, Torsten(1970): What about people in regional science? Papers and Proceedings of Regional Science Association, 24, 7-21(荒井良雄ほか『生活の空間 都市の空間』古今書院, 1996.

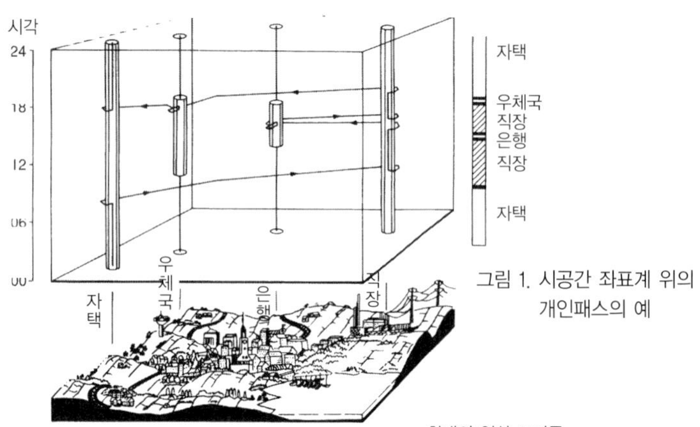

그림 1. 시공간 좌표계 위의 개인패스의 예

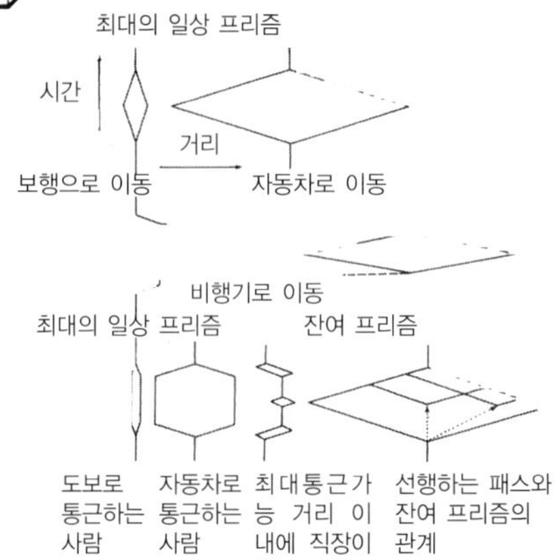

이동수단에 따라 일상생활이 가능하게 되는 시공간의 「프리즘」 형태와 크기가 달라진다

그림 2. 일상 프리즘

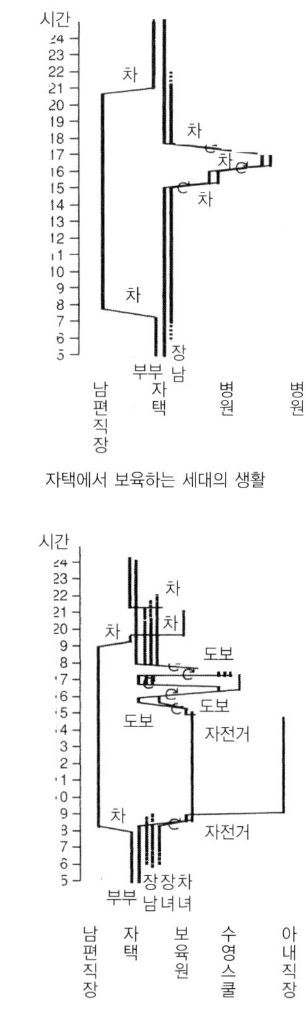

그림 3. 유아를 포함한 세대의 생활활동

10^4m | 재해를 준비하다

재해(災害)예측도 (하자드 맵 / hazard map)

하자드 맵(hazard map)은 화산의 분화, 폭우로 인한 홍수 등의 재해가 일어났을 때의 피해예상도이다.

하자드 맵에는 몇 가지 종류가 있다. 과거의 침수지역이나 분화(噴火) 횟수를 조사한 학술 맵, 공공시설이나 방재거점을 정리한 행정 맵, 재해예측이나 피난루트를 나타낸 주거용 맵 등이다. 1983년에 홋카이도 코마가타케(駒ケ岳)의 하자드 맵이 제작되어 공표된 것이 일본에서 최초이지만, 1986년의 이토오시마(伊豆大島)분화와 1991년의 운젠후겐타케(雲仙普賢岳)의 화쇄류(化碎流) 재해 등이 계기가 되어 많은 지역에서 만들어지게 되었다. 1999년에 유주산(有珠山)이 분화했을 때는 주민의 피난행동에 활용되었다.

하자드 맵은 지역에 네거티브한 평가를 포함하면서 관광을 위해 제작하여 공표한다는 두 가지 목적을 달성하려는 자치체도 많다. 그러나 부하의 평가에 관해서 정보의 개시가 요구되고 있는 현재, 일본의 많은 지방자치제가 지진이나 홍수 등의 피해예측도(하자드 맵)를 공개하고 위기관리 의식의 보급에 노력하기 시작했다.

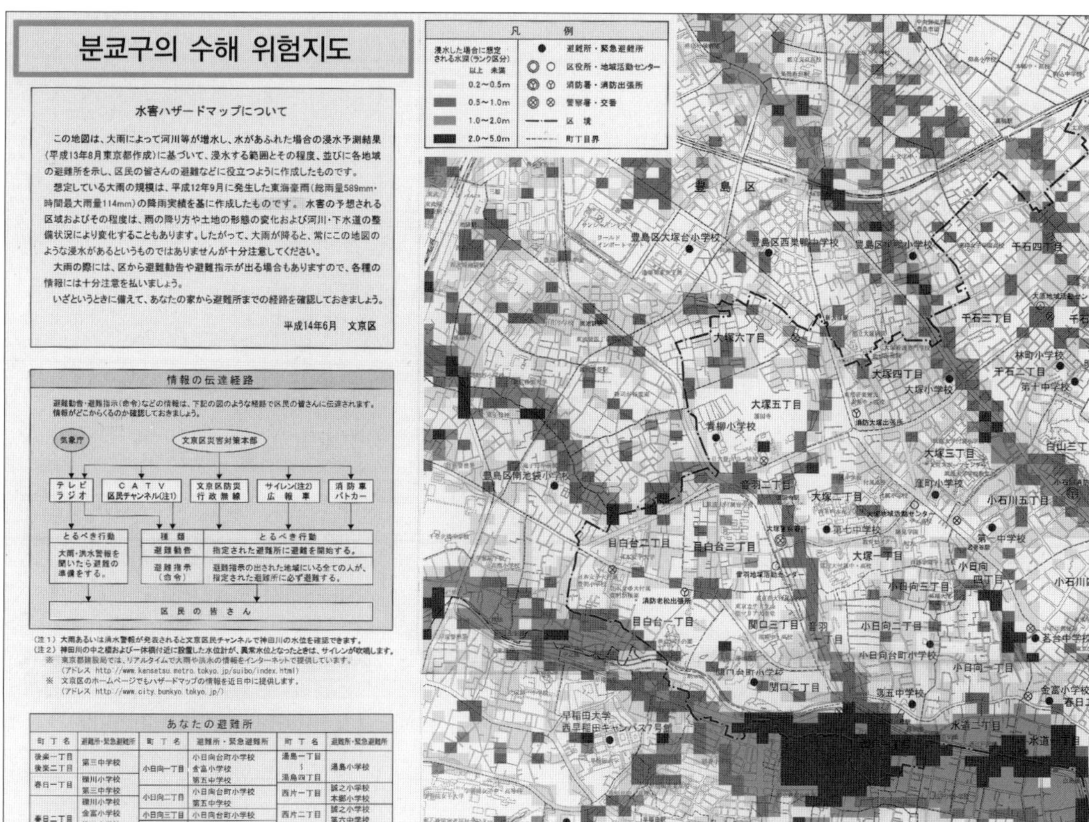

그림 1. 도쿄 분쿄구의 수해 하자드 맵(일부)

10^4m | 출몰하다

비일상(非日常)의 지도(地圖)

여름이 되면 잡지나 TV를 뒤흔드는 것 중 하나로 괴담이 있다. 등골이 싸늘하고 떨릴 듯한 이야기로 잠깐 더위를 잊기 위한 목적에서 시작되었다고 하지만 공기조화가 완비된 현대사회에서도 여름의 괴담은 아직 건재하다. 괴담이야기에 따른 것이 「출몰할 듯한 장소(심령心靈지점)」이다. 그림 1은 호쿠리쿠(北陸) 지방의 심령지점만을 모아 수록한 책이다. 각 심령지점의 해설과 지도를 넣어 소개하고 있다. 이러한 해설을 읽으면 심령지점이 그 장소에서 일어난 일(사고, 사건)을 본보기로 한 것이 많음을 알게 된다. 상당한 과장이 포함된 것도 있지만, 은폐된 여름의 역사(歷史)를 전승하는 것이라고도 말할 수 있다. "출몰할 듯한" 심령이 아니고 "실제로 나온" 갱(Gang)을 조사한 지도가 있다. 그림 2는 1920년대 시카고의 갱 거주 지도이다. 인종별로 구성된 이민가(移民街) 속에 점재(點在)해 있는 상황을 알 수 있다. 이 지도는 도시사회학의 초기에 만들어진 것으로 사회계층과 거주영역의 연관성을 고찰할 수 있다. 갱을 대상으로 한 것은 좀처럼 보기 힘든 사회계층을 잘 부각시킨 지도이다.

도판출전

그림.1 『平成14年度版北陸・甲信越怨念地圖』 研究會

그림.2 FREDERIC M. THRASHER, 1927.

참고문헌

倉譯進 編著 『都市空間の比較社會學』 放送大學教育振興會, 1999.

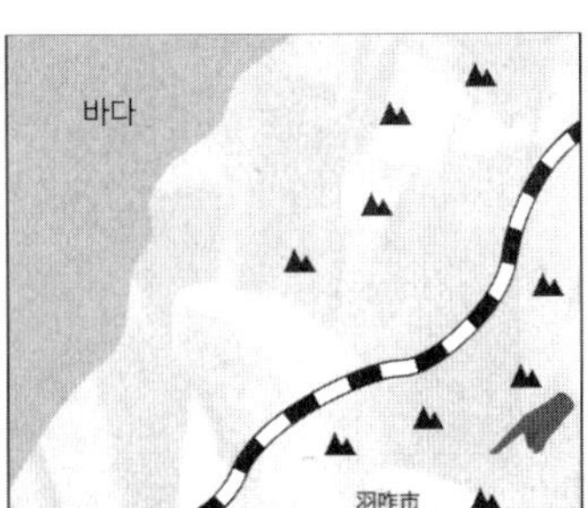

그림 1. 심령지점 가이드

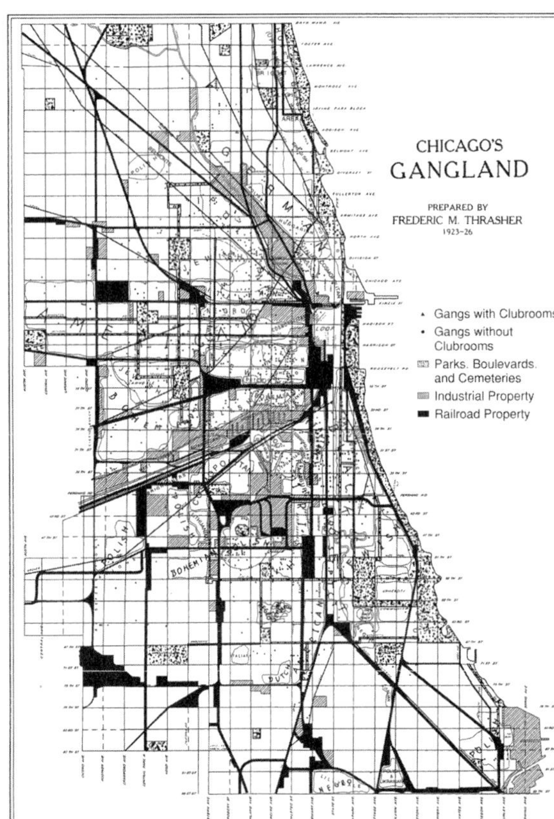

그림 2. 시카고의 갱 맵(Gang Map)

10^4m 각각 잘라서 분류하다

메시맵에 의한 도쿄의 분석

미야자키 후루사토(倉沢進)가 1975년에 했던 사회조사가 있다. 조사에는 메시맵이라는 수법을 사용하였다. 도쿄 23구(區)를 대상으로 약 500m 단위의 수직, 수평 그리드로 분할하여 2,287개의 그리드 망(메시)의 하나하나를 지역으로 설정하고 분석했다. 조사에 사용된 항목은 국세(國勢)조사에 기초한 인구학적 데이터, 토지이용에 관한 데이터, 범죄율, 투표율 등 214항목에 달했다. 이러한 214항목에 관한 메시별 지표치수를 입력하고 클러스터분석(다변량 해석 등을 이용하여 경향이 닮은 것을 그룹화하는 분석)을 하여 2,287개의 메시를 20종류의 그룹(사회단지)으로 구분하여 색칠했다(그림 1). 화질이 나쁜 서모그래피와 같은 지도에서는 행정경계를 넘어선 다양한 사회속성의 확장을 볼 수 있다.

메시맵은 국세조사의 데이터(센서스 데이터)를 활용한 대대적인 분석수법이며, 그 분석단위를 행정경계가 아닌 균질한 메시로 설정하였다. 행정단위의 대소(大小)에 따라 데이터밀도의 차이 등을 해소할 수 있고, 타 지역간의 비교 및 국제적인 비교도 가능하다.

도판출전

그림.1, 2 倉沢進 編『東京の社會地圖』東京大學出版會, 1986.

그림 1. 20종류의 사회지구로 구분하여 칠한 도쿄

대분류	소분류	클러스터
Ⅰ 상업지역	번화가	12 전형적 번화가 2 유동적 번화가
	상업화가 된 구주택지	1 상점가화 구주택지 16 번화가 중 구주택지 19 오피스가 중 구주택지
	상업지역	9 전통적 상업지구 15 대형 유통업무지구
Ⅱ 주택지역	기성주택지	3 상업화 도중의 기성주택지 5 화이트칼라 기성주택지 8 블루칼라 기성주택지
	신흥주택지	11 블루칼라 신흥지가 주택지 4 혼합주거 신흥주택지 13 블루칼라 신흥차가 주택지
Ⅲ 저인구 밀집 지역	관청, 오피스가	20 관청, 오피스가
	공업군, 개발지구	6 대공장 집적지구 7 개발도상지구 10 중소공장 집적지구 14 건설개발사업소 집적지구 17 반장형 신개발지구 18 하천부 지구

그림 2. 20종류 사회지구의 분류

10^4m | 부감(俯瞰)하다

내려다 본 시점의 세계

「조금 높은 곳에 올라 발아래 펼쳐진 자신의 세계를 바라보고 싶은 기분은 인간의 기본적인 본능 중 하나일 것이다」(C.알렉산더 『패턴 랭귀지』). 그림 1은 히구치 타다히코(桶口忠彦)에 의한 하코다테(函館)의 하코다테산에서 조망한 분석이다. 산 정상에서 시내를 본 조망이 인간이 가장 보기 쉬운 각도(부각俯角 10도~30도)로 수렴하고 있다는 것으로 일본에서 제일 멋진 야경이라 불리는 하코다테(函館) 야경을 설명하고 있다. 도쿄에는 동네를 한눈에 볼 수 있는 높은 지대가 없지만, 고층건물에서 조망은 그러한 단점을 대체할 수 있다. 그림 2는 고층주택 거주자에 의한 지역 파악을 표현한 그림이다. 신주쿠(新宿), 이케부쿠로(池袋)와 같은 장소는 평지에서 보는 빌딩의 랜드마크에 의해 확인되며, 이 주거환경에서 장소의 파악은 그곳까지의 루트가 아닌 방위로 인식하고 있다.

✔관련항목체크!

「표시하다」 ⇨ p129

「멀리 바라보다」 ⇨ p142

촬영자

그림.1 早福毅大(사진)

도판 출전

그림.1 樋口忠彦『景観構造』技報堂出版. 1975.

그림.2 岩佐明彦『俯瞰視點による地域把握に関する研究』東京大學卒業論文

인용문헌

Christopher Alexander『A Pattern Language: Towns, Buildings, Construction』Oxford University Press, 1977.

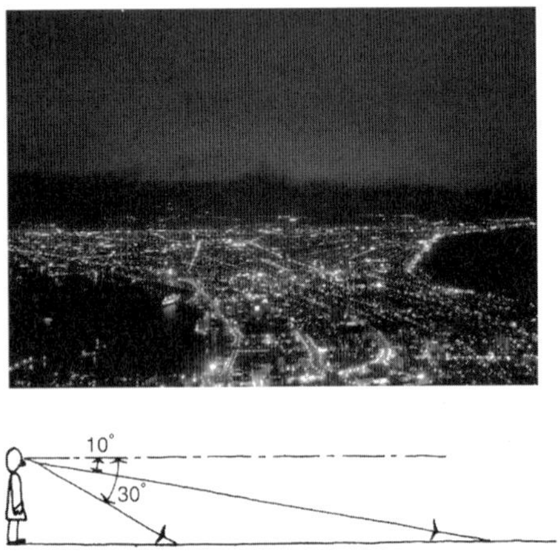

그림 1. 하코다테 야경의 분석

하코다테산 정상에서 부각하는 10도의 선은 항구와 시가지를 포함하고 있다.

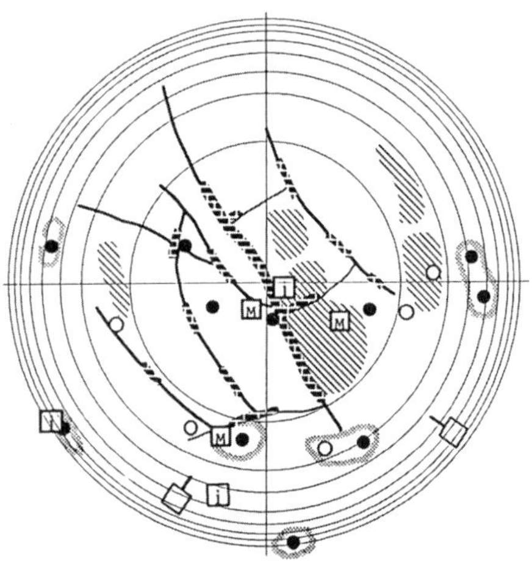

●	Recognizable Building	목표가 되는 건물	형태에 의한 인식
○	Unrecognizable Building	목표가 되지 않는 건물	
	Visible Path	시각화할 수 있는 길	
	Visible Area	시각화할 수 있는 지역	
	Invisible Area	시각화할 수 없는 길	전체 구조 속에서 인식
i	Informative Element	정보를 나타내는 엘리먼트	독특한 부감(俯瞰) 시점 인식
M	Common Memory	공유하는 기억	
□	Recognizable Phenomenon	목표가 되는 현상	

그림 2. 분쿄구 혼고(도쿄)의 고층주택 거주자의 지역인식

10^4m | 비교하다

서로 겹쳐서 생각하다

역사산보(歷史散步)라는 세계가 있다. 역사상의 사건이나 인물에 관계가 깊은 장소를 찾아서 걷는다는 것이지만, 이 때 도움이 되는 자료는 절회도(切繪圖) 등의 당시 지도이다. 역사산보에는 현재의 환경을 실마리로 하여 과거 환경을 머리 속에서 재현할 필요가 있고, 당시 환경을 재현하고 있는 그림지도는 강력한 도구가 된다.

일본의 현재 상황에서 건축물은 수 십 년 단위로 바뀌고, 표층적으로는 전혀 역사를 남기지 않는 것처럼 느껴진다. 그러나 많은 도시의 중심부에서는 가로나 하천과 같은 도시의 골격이 100년 단위의 시간을 거쳐 크게 달라지는 경우도 많고 역사의 사적을 비교해서 걸어가는 행위를 가능하게 한다. 부지비율도 세분화를 반복한 듯하지만, 지도를 주의해서 보면 이전의 부지분할을 상상할 수 있는 경우도 많다.

한편으로 구획정리나 메이지(明治) 이후의 도시 개조에 의해 가로망이 변화하거나 하천이 소멸한 경우도 있다. 옛날과 지금의 지도를 비교해서 살펴보는 것은 도시의 성립과 변화를 이해하는데 도움이 된다. 에도(江戸)와 현대의 도쿄 지도를 컴퓨터 화면에서 겹쳐 볼 수 있는 소프트웨어도 일반인에게 판매되고 있어서 시대가 다른 지도를 쉽게 비교할 수 있게 되었다. 역사 산보라는 개인의 취미를 넘어 도쿄라는 도시를 이해하는 자료로서 이용할 수 있을 것이다.

도시를 다양한 레이어의 겹침으로 보는 발상은 GIS(Geographic Information System : 지리정보시스템)와도 통한다. GIS에서는 실제 환경의 복잡한 정보를 데이터베이스화하면서 도로, 건축물, 인구, 식생 등을 레이어마다 정리하여 시각화하고, 복수의 레이어를 겹쳐 대상(對象)을 분석하고 특징을 추출할 수 있다. GIS의 응용 범위는 확장되어 도시계획, 경제학, 사회학, 농학 등 많은 분야에 이용되고 있다.

도판출전

그림.1『江戸東京重ね地圖』ⓒ2001 中川惠司/(珠)
發賣元 : 丸善(珠)出版社業部
참고URL : http://www.app-beya.com

관련 자료(참고URL : 上同)

『江戸東京藝能地圖大鑑』
현대 도쿄와 에도의 지도를 오가면서 가부키, 가요, 연극 등 광범위한 예능 분야에 걸쳐 실제 연주를 들으면서 연주자, 극장, 연고지에 대한 해설이나 사진을 화면에서 서서히 찾으며 살펴볼 수 있는 소프트웨어이다. 자기나름의 장소나 코멘트를 지도 위에 덧붙일 수 있는 기능도 있다.

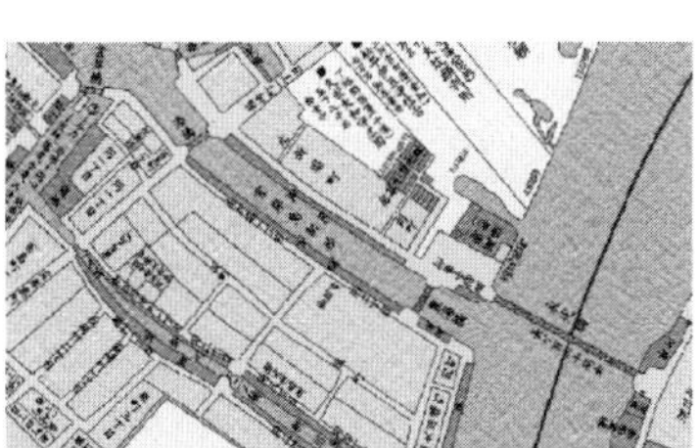

에도(1856년) 100%

에도 50% 도쿄 50%

도쿄 100%

그림 1. 에도, 도쿄를 겹친 지도

10^4m 안내받다

타인(他者)의 시점에서 본 환경

우리 주변에 잘 알고 있다고 생각하고 있지만 사람에 따라 그 인식이 상당히 다른 경우가 있다. 개인이 인지하고 있는 세계상(世界像)은 다양하며, 다른 세계관을 가진 사람들이 같은 공간을 공유하며 생활하고 있다. 세계지도처럼 객관적으로 생각되는 것 중의 하나를 예로 보아도 북쪽을 위로 하고 우리나라를 중심에 두고 그린 메르카토르 도법(UTM 도법)이 일반적이라고 생각되지만, 이 방식도 지도투영법중의 하나에 불과하다. 지도의 중심은 경도 몇 도인가? 남북의 어느 쪽이 위가 되는가? 투영도법은 무엇을 선택했는가?에 따라 많은 세계지도의 베리에이션이 존재한다. 바꿔 말하면 그와 같이 다양한 세계관을 눈으로 볼 수 있는 형태로 표현하여 서로에게 보여줌으로써 타인과의 차이나 공통점을 이해할 수 있다.

마치즈쿠리(마을만들기)처럼 다른 입장의 다양한 사람들이 관계하는 상황에서는 그림지도 만들기의 형태로 표현하는 것이 유용한 경우가 많다. 잘 알고 있다고 생각하는 우리 주변의 환경이지만, 다시 표현해 가면서 보통 의식하지 않았던 좋은 점, 문제점이 많이 있음을 알게 된다. 게다가 다른 사람이 만든 그림 지도를 보고 서로 대화하며 보다 넓은 시야로 자신을 둘러싼 환경을 인식할 수 있다. 안내하고 소개받는 것에서 타인의 시점이라는 귀중한 정보를 얻을 수 있다.

✔관련항목체크!

「거리에서 놀다」 ⇨ p79

「안내하다」 ⇨ p141

도판출전

그림.1 世田谷まちづくりセンター編『わが町發見! 繪地圖づくりからまちづくりへ』晶文社, 1995.

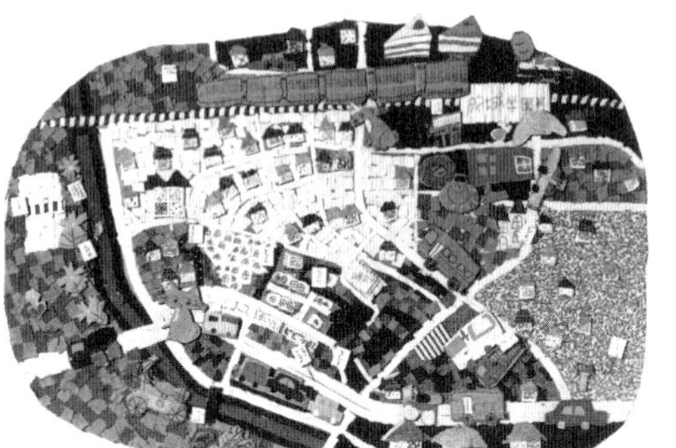

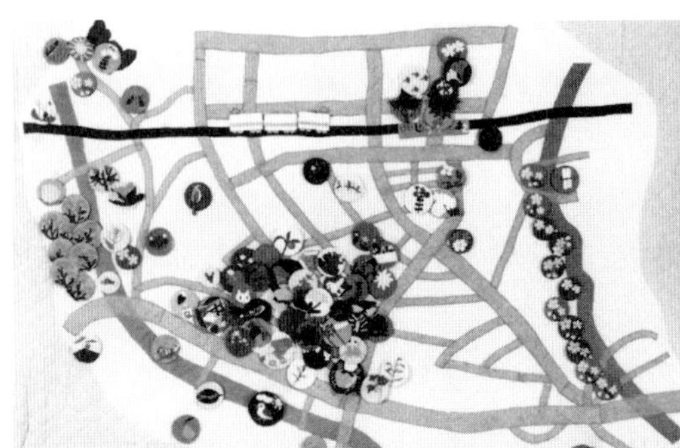

같은 지구(地區)를 소개하는 그림지도이지만, 제작자나 시점의 차이가 다른 표현이 된다. 여기서 예로 드는 3가지 지도는 어느 것이나 같은 아동관에 모인 아이들과 직원과 부모가 공동으로 제작한 것이다. 왼쪽 위(「세이조학원 역(驛)에서 세이조사쿠라 아동관까지의 지도」 제작/세이조사쿠라 아동관, 1988)은 아동관의 직원이 아이들과의 이야기를 이끌어내면서 함께 제작한 것이다. 오른쪽 위 (「어디에서 본 것인지 알겠니?-아동관의 주변에는 자연이 많다.」 작가/세이조사쿠라 이동관, 1991은 아동관 주변에 어떤 식물과 동물이 있는지를 표현한 것이다. 왼쪽 아래 (「마을은 모두가 공부하는 광장」제작/ 세이조사쿠라 아동관, 1989)은 입체적인 그림지도로 만들고 벽걸이용 시계가 되도록 한 것이다.
같은 제작 그룹 중에서도 공동작업을 통해 서로 인식의 이해를 깊게 할 수 있다.

그림 1. 다양한 그림 지도

10^4m | 노래하다

교가(校歌)에 불리는 지명(地名)

자신이 다니고 있거나 다녔던 모교의 교가를 떠올려 보자. 어떤 지명이 들어가 있는가? 「이 서울 이름 높은 화동 언덕에~~」나 「높이 높이 솟아오른 지리산머리~~」처럼 주변 명소의 이름이 들어가 있을 것이다. 아무리 작은 학교라도 교가가 있다는 사실이 불가사의하지만 소리 높여 자교(自校)의 아이덴티티를 노래하는 교가의 가사에 반드시 필요한 것은 그 학교의 위치를 설명할 수 있는 지형적 특징이나 주변의 명소 및 사적, 자교의 교훈(우애나 근면)이다.

그림 1은 일본의 니가타시의 한 초등학교 교가를 분석하고, 거기에서 불리는 지명을 추출하여 지명이나 작사 연대에 따른 경향을 분석한 것이다. 니가타시내 근처에서 웅대한 이미지를 제공하는 지명은 「치구마강(信濃川)」, 「아가노강(阿賀野川)」, 「동해(東海)」 등이 있고, 각 학교의 위치에 따라 이러한 지명이 많이 들어가 있다. 아가노강는 1964년 상류에 있는 공장의 공업폐수로 인해 일본 4대 공해병의 하나인 니가타 미나마타병(水俣病)이 발생한 강이다. 각 연대마다 경향을 보면, 교가에 불리는 아가노강은 니가타 미나마타병이 발각된 이듬해인 1964년 이후로는 줄어들었다. 기피하고픈 사건에서 지역의 상징을 잃게 된 것을 알 수 있다.

도판출전

그림.1 大野國壽「新潟市小中學校にみる景觀要素のイメージに関する研究」, 平成12年 新潟大學修士論文, 2001.

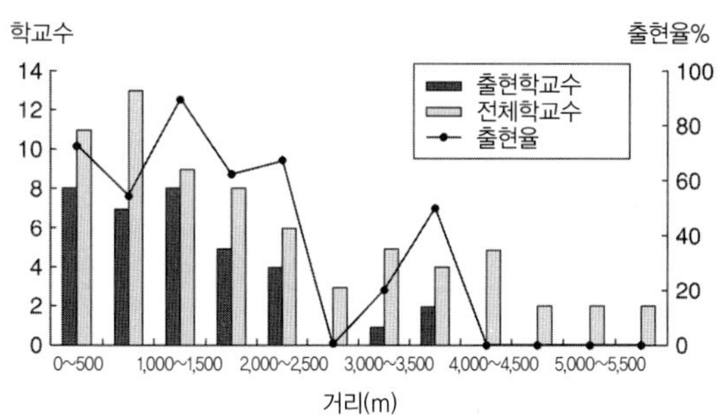

치구마강의 출현율과 거리
치구마강에 가까운 학교일수록 교가에 「치구마강」이 들어가기 쉽다.

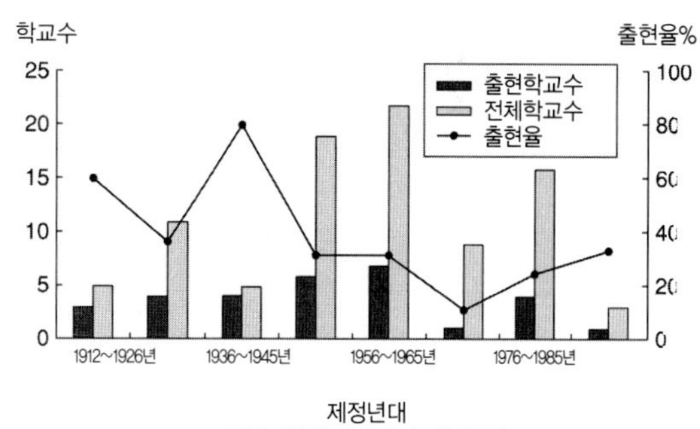

치구마강의 출현율과 제정년대

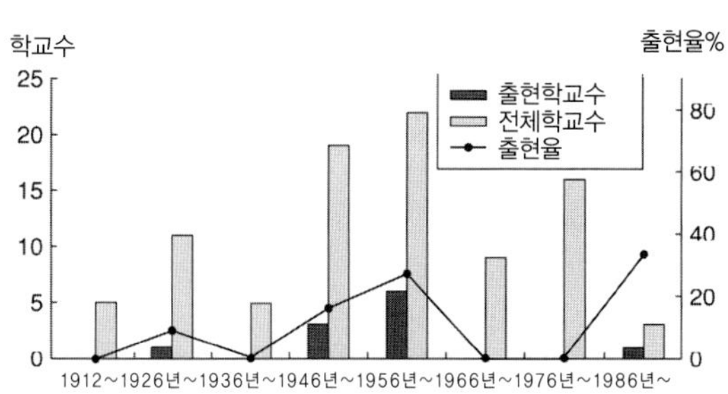

아가노강의 출현율과 제정년대
니가타 미나마타병으로 「아가노강」은 교가에 들어가지 않게 되었다.

그림 1. 교가에 불리는 지명

10^4m | 찾아서 도착하다

자동차 랠리의 코마 맵

그림 1은 자동차 랠리에서 사용되는 「코마 맵」이다. 하나의 코마에는 목표지점과 그곳에서의 액션(우회전, 좌회전, 직진 등)이 표시되고 1코마씩 제거하면서 목표로 나아간다. 이른바 보통의 로드 맵과 비교하면 목적지에 도달하는 데는 필요한 최저한의 정보만으로 구성된 아주 단순하며 돌아가는 것마저 허용되지 않는 지도이다. 그러나 어떤 사전 정보도 주지 않는 것이 코마와 코마를 잇는 도중에 전개되는 차창풍경을 보면서 발견과 놀라움으로 넘치게 될지도 모른다.

✔관련항목체크!

「길을 헤매다 · 찾다」 ⇨ p102

도판출전

그림.1 『미하마(美浜)드라이브랠리 루트가이드』 美浜町役場商工觀光課, 2001.

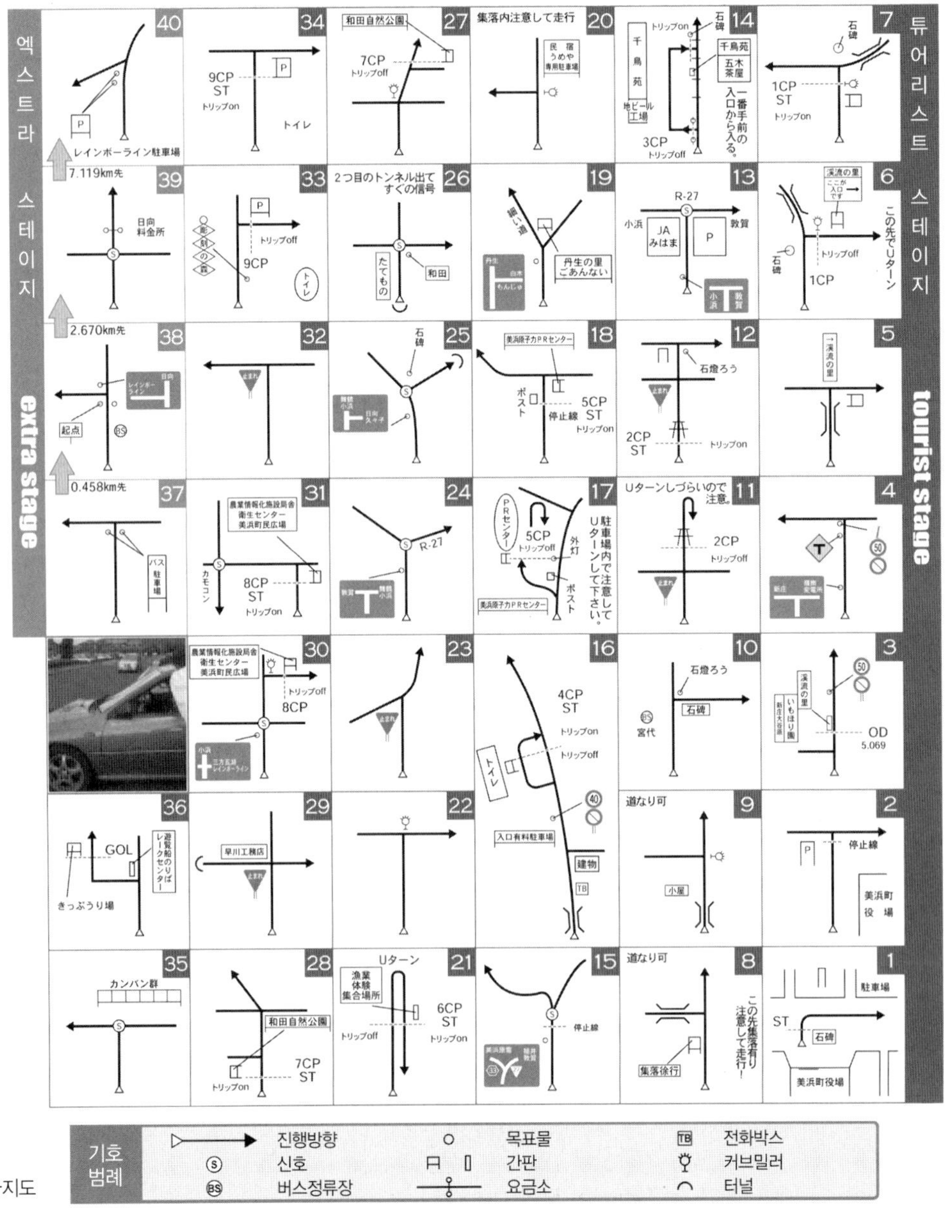

그림 1. 미하마 랠리 코마지도

10^4m | 돌아다니다

도쿄 명소(名所) 보드게임

그림 1은 명소순회에 보드게임을 조합시킨 것이다. 명소가 단순화된 이미지로 그려지고, 강한 장소이미지의 연속으로 도쿄를 표현하고 있다. 보드 게임에는 사례 「올라가다」(p.52 참조)에서 주택 보드게임처럼 올라가는 과정을 「출발점」에서 「끝」까지 사이에 포함시킨 타입이지만, 여기서 소개하는 사례는 「출발점」에서 「끝」까지 명소를 순회하는 루트가 포함되어 있다.

✓관련항목체크!

「올라가다」 ⇨ p52

도판출전

그림.1 「東京名所遊覽雙錄」 明治前期 歌川芳春/畵, 上村清左エ文/版

그림.2 「新版東京名所廻り壽古六」 1885 揚堂玉英/畵, 勝木吉勝/版

그림.3 「江戸名所一覽 六」1860 歌川廣重(2代)/畵, 蔦屋吉藏/版

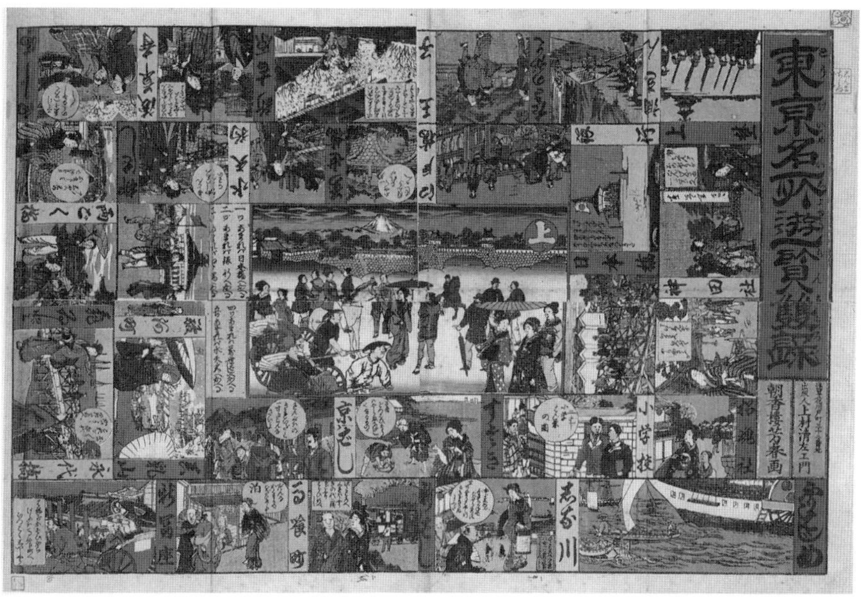

그림 1. 도쿄 명소 유람 게임판

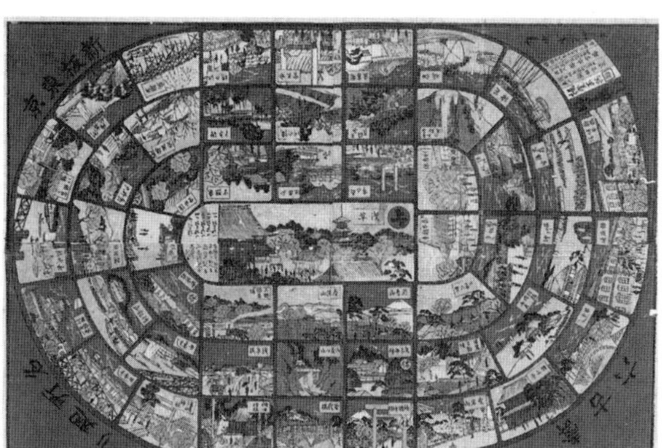

그림 2. 신판 도쿄 명소 회전게임판

그림 3. 에도 명소 일람 게임판

10^4m | 달리다

42.195㎞로 도시를 측정하다

그림은 세계 각지에서 개최되고 있는 마라톤 코스의 지도이다. 잘 알고 있다시피 42.195㎞라는 일정한 거리를 도시에 그려 넣어 보면, 각 도시의 크기를 알기 쉽게 비교할 수 있다. 마라톤 코스와 함께 발표된 것이 그림 4의 코스고저도이다. 특정한 단면선은 아니지만 체험적인 도시의 단면도라 할 수 있다. TV중계에서 우리나라나 전세계로 송신되는 마라톤은 그 도시를 소개하는 활동의 측면도 있다. 코스를 설정할 때 문제가 되는 것은 코스의 난이도만이 아니라 코스 도중에 어떻게 그 도시의 볼만한 장면(어필 포인터)을 함께 담을까가 중요하다. 그림 1은 오사카 국제여자 마라톤의 코스도이다. 코스가 시내의 각 장소를 돌아다니도록 설정되어 있음을 알 수 있다. 마라톤 코스에서 알 수 있는 것은 도시의 지형이나 크기와 더불어 도시의 프레젠테이션 능력도 있다.

✓관련항목체크!

「주행하다」 ⇨ p146

참고URL · 도판 출전

그림.1
http://www.ktv.co.jp/marathon/index.html©関西テレビ

그림.2 http://www.lvmarathon.com/ © 1996~2001[Las Vegas international Marathon].

그림.3
http://www.nyrrc.org/nyrrc/marathon / © New York Road Runners Club, Inc

그림.4
http://www.bostonmarathon.org/ © 2003 Boston Athletic Association

그림.5
http://www.chicagomarathon.com/ © 2002 The LsSalle Bank Chicago Marathon

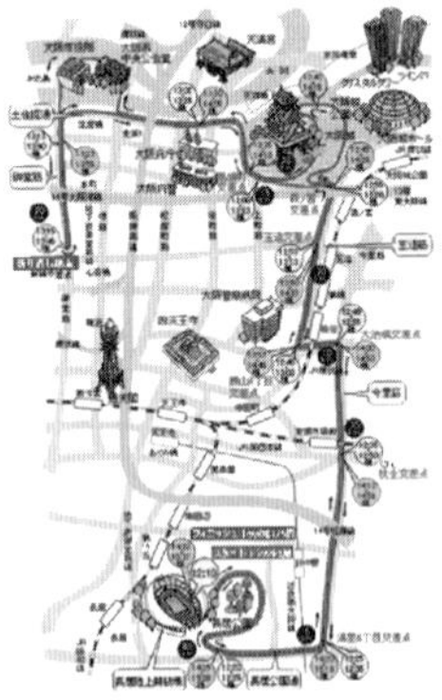

오사카성(城), 나카노시마, 오사카 비즈니스 파크 등 신구(新舊)의 각 명소를 거치는 코스가 설정되었다.

그림 1. 오사카 국제여자 마라톤 코스

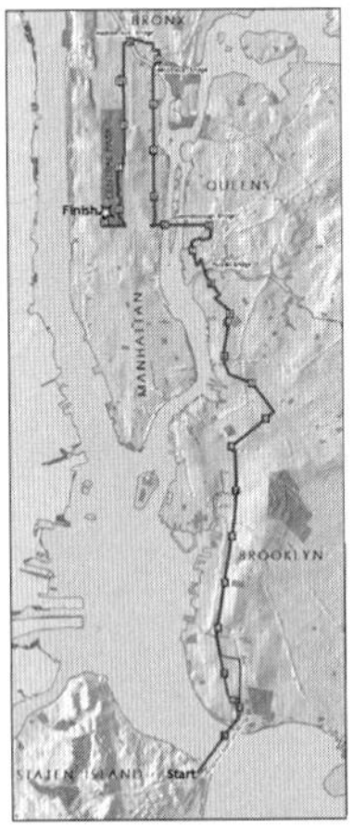

코스는 맨해튼섬을 크게 넘어서고 있다. 맨해튼 섬은 의외로 작다.

그림 3. 뉴욕시티 마라톤 코스

사막의 거리에서 코스는 직진뿐이다.

그림 2. 라스베이거스 국제 마라톤 코스

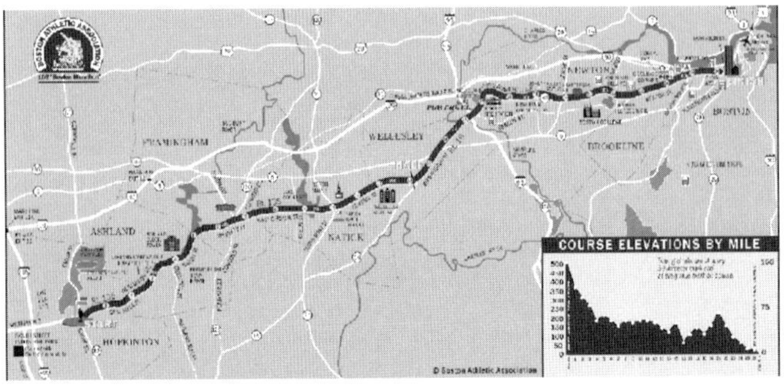

그림 4. 보스턴 마라톤 코스

그리드 모양의 도시구조를 잘 알 수 있다.

그림 5. 시카고 마라톤 코스

10^4m | 안내하다

가상(假想) 관광가이드

그림 1의 『사라예보 여행안내』는 언뜻 보기에 미쉐린 가이드(Michelin Guide)처럼 보이지만, 이 책을 손에 들고 결코 여행할 수 없다. 원제는 『SARAEVO SURVIVAL GUIDE』로서 1990년대 후반 내전(內戰) 상태에 돌입한 사라예보시민의 생활을 여행가이드 형식으로 다루면서 그곳에서 사람들이 어떻게 꿋꿋이 살아가고 있는가를 유머를 넣어 쓴 책이다. 각 타이틀은 「현대 사라예보 시민」, 「인테리어」, 「음료수」, 「식사」, 「담배」, 「쇼핑」, 「통화(通貨)와 물가」, 「교통사정」으로 구성되어 있으며,

- 안경점 : 안경테 가격은 그다지 비싸지 않다. 하지만 근시안경렌즈를 사러오는 사람은 없다. 안경을 끼면 왠지 너무 잘 보이기 때문이다.
- 런닝(Running) : 사라예보 시민들에게 아주 사랑받고 있는 스포츠이다. 누구나 이 운동을 실천하고 있다. 위험지역의 주민들이 그런 것처럼 교차점은 어디에서나 달려야만 한다.

라는 방식으로 소개하고 있다. 유머가 선명할수록 전쟁의 비참함이 전해지는 내용이다. 자주 출판되는 여행가이드북의 구성을 그대로 이용하면서 parallel world(並行世界 / 平行世界)적인 일련의 상황과 환경을 알기 쉽게 전하는 수법에는 그 밖에도 『지구를 걷는 방법』을 전부 모방한 『오자와 츠요시(小沢剛) 세계를 걷는 방식』이라는 책도 있다(그림 2). 이것은 현대예술가인 오자와 츠요시의 작품들을 하나의 세계로 비유하여 가이드북으로 만든 것이다.

✓관련항목체크!

「안내받다」 ⇨ p136

도판출전

그림.1 FAMA編『サラエボ旅行案内–史上初の戦場都市ガイド』, 三修社, 1994.
그림.2 和多利浩一, 大田秀則企劃, 小沢剛, とよだふみ編集, 新川貴詩 著『小沢剛世界の歩き方』イッシプレス, オオタファインアーツ, 2000.

그림 1. 「사라예보 여행안내」

그림 2. 「오자와 츠요시 세계를 걷는 방식」

10^4m | 멀리 바라보다

도시의 축선(軸線)에 몸을 두다

파리는 19세기 후반에 오스망에 의한 도시 개조가 이루어졌고 축선을 강조한 바로크적인 도시계획이 이루어졌다. 집점(集点)을 향해 가로(街路)가 집약되고 그 집점에는 기념비적인 랜드마크를 두어 프랑스의 수도로서 파리의 경관을 연출하고 있다. 현재도 이 도시구조는 그대로 계승되고 있으며 시내 도처에서 다양한 랜드마크가 외관을 바꾸며 모습을 보여주고 있으며 도시와 직접적인 관계성을 느낄 수 있게 한다. 라데팡스와 같은 신도심에서도 기존의 바로크적인 도시구조가 연장되어 일상적인 풍경 속에서 도시의 축선에 몸을 두는 체험을 할 수 있다. 여기에서 도시의 축선은 도시계획상의「추상적이고 보이지 않는 선(線)」이 아니라 신체적으로 느낄 수 있는 리얼한 도시환경으로서 존재하고 있다.

우리나라나 일본의 도시에서는 이와 같은 방향성 있는 형태의 축선을 느낄 수 있는 예는 드물지만, 도시를 만들 때에 축선을 의식하지 않았던 것은 아니다. 에도(江戸)에서는 텐슈카쿠(天守閣) 등 시내의 랜드마크뿐만 아니고, 후지산과 츠쿠바산(筑波山) 등 중요한 의미가 있는 먼 곳의 랜드마크를 의식한 가로계획이 이루어졌다. 예를 들어 랜드마크의 외관이 작아도 후지산처럼 상징성이 높고 친숙한 랜드마크는 에도 사람들에게도 충분히 의식되었으며, 도시의 가로 저편에 나타난 후지산의 모습이 부세화(浮世畵) 등에 많이 그려진 것을 볼 수 있다. 도시의 축선이 추상적이지 않고 사람들의 일상생활과 함께 했던 것이다.

촬영자

그림.2 鈴木毅

도판 출전

그림.1 レオナルド・ベネーヴォロ著, 佐野敬彦, 林完次 譯『圖設 都市の世界史-4』相模書房, 1983.

그림.3「駿河町越後屋正明風景圖」鳥居清長, 北三井家旧藏

그림.4 桐敷眞次郎ほか『江戸・東京の都市史および都市計劃史的研究』東京道立大學都市研究組織委員會, 1971.

인용문헌

槇文彦ほか『見え隱れする都市』鹿島出版會, 1980.

그림 1. 검정색 선이 오스망에 의해 새롭게 개삭(開削)된 가로

그림 2. 라 데팡스(프랑스/파리)

그림 3. 후지산을 볼 수 있는 에도의 일상 풍경

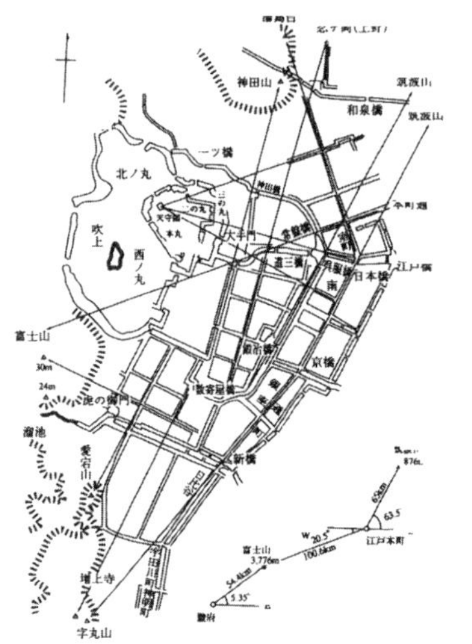

그림 4. 에도의 가로망과 랜드마크

10^4m 조망을 보전하다

조망역(眺望域)에 의한 디자인

그림 1은 미국의 와이오밍주(州) 티톤 국유림(國有林)의 주요 조망점(view point)에서 본 장소를 나타낸 것이다. 나무를 벌목할 즈음에는 수림관리관이 벌목의 시각적 영향을 이 그림에서 검토하고 벌목허가의 판단을 내려서 지역의 자산이며 아름다운 수림경관을 지키고 있다. 자연경관의 보존에는 나무를 자를 것인지 말 것인지로 경관을 컨트롤할 수 있다. 한그루 한그루의 나무(건물)가 콘크리트로 만들어진 도심부에서는 경관의 컨트롤은 쉽지 않고 지켜야 하는 랜드마크와 조망점을 한정하여 전략적으로 조망을 보전하는 것이 그림 2이다. 런던에서는 랜드마크를 세인트 폴대성당과 국회의사당에 두고 있으며, 설정된 뷰 포인터(조망점)와 랜드마크 사이의 높이 제한을 결정하고 있다. 또한 대상물의 배경이 되는 건물에도 조망의 유도가 추가되어 랜드마크가 스카이라인을 이루고 있다.

✔ 관련항목체크!

「표시하다」 ⇨ p129

「멀리 바라보다」 ⇨ p142

도판출전

그림.1 Kevin Lynch "MANAGING THE SENSE OF A REGION" M.I.T., 1976.

그림.2 (위) DoE, 1990 (아래) CITY of Westminster, 1994.

참고문헌

西村幸夫+町並み研究會『都市の風景計劃』學藝出版社, 2000.

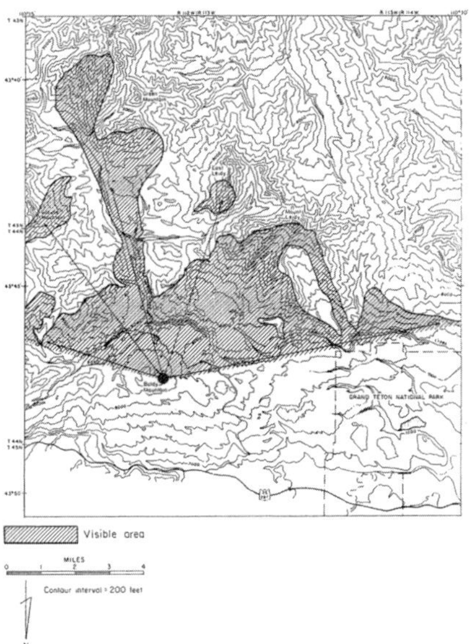

그림 1. 국유림의 주요한 조망점에서 볼 수 있는 장소

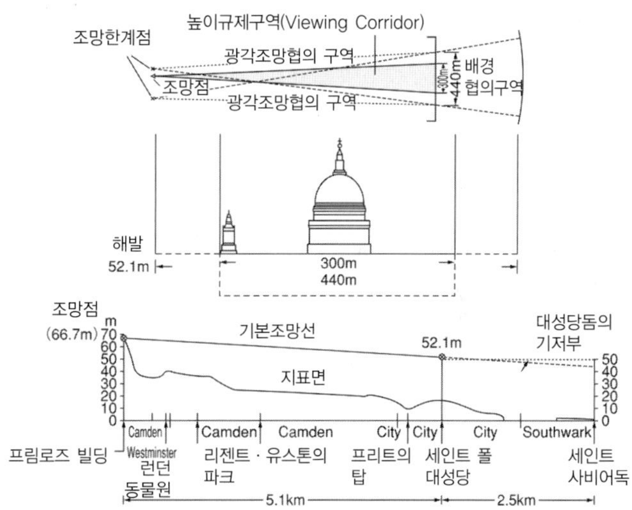

조망점	→	조망대상
프림로즈 빌딩	→	세인트 폴 대성당
프림로즈 빌딩	→	국회의사당
파라멘트 빌딩	→	세인트 폴 대성당
파라멘트 빌딩	→	국회의사당
켄우드	→	세인트 폴 대성당
알렉산드라 팰리스	→	세인트 폴 대성당
그리니치 파크	→	세인트 폴 대성당
리치몬드 파크	→	세인트 폴 대성당
웨스트민스터 피어	→	세인트 폴 대성당
블랙피스 포인터	→	세인트 폴 대성당

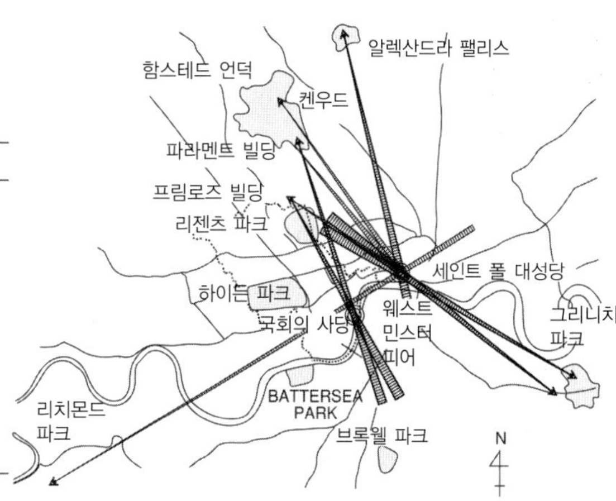

그림2. 런던의 전략적 조망

10^4m 밀집하다

대도시권의 넓이

20세기는 「도시의 시대」라고 한다. 세계적으로 도시환경이 확장되어 일반화된 시대였다. 또한 도시 자체도 일관되게 거대화되어 왔다. 통계에서 인구밀집과 인구수가 어떤 기준을 충족하게 되면 「인구집중지구」(DID)라 불리는 단위가 설정되면서 시가지를 결정하는 기준이 되고 있다. 각 나라를 대표하는 도시지역을 DID의 시점에서 볼 때, 대도시가 인접하고 있는 상황을 넘어 DID가 수십에서 수백 km에 걸쳐 연속된 메가로폴리스의 존재가 되고 있음을 알 수 있다. 결국 도시와 전원의 대립적인 도식(圖式)이 아닌 「곳곳이 도시」라는 상황이 현재의 도시이다. 대도시권이 연속된 「도시」는 경계가 애매한 채로 계속 이어져 있다. 그리고 21세기에는 전세계가 도시화될 것이라 예상되며, 2025년에는 전인구의 8%가 도시에 거주할 것이라고 보고 있다. 앞으로는 특히 제3세계의 도시에서 인구폭발이 심각한 사태를 맞이할 것이라고 생각하지만, 이것은 단지 자연적 증가에 의한 것만이 아니라 직업을 찾아 농촌에서 도시로 유입하는 사회층이 상당한 비율을 차지하기 때문이다. 이와 같은 유입인구를 받아들이는 것이 슬럼이나 스쿼터(squatter)로 불리는 거주지이며, 풍족함을 찾아서 도시로 왔지만 빈곤함 속에서 계속 살아가는 피곤한 상황이 생겨나고 있다. 계속 팽창하는 소수의 대도시권과 피폐하고 광대한 농촌 세계가 출현하고 있다. 선진국에서도 도시의 양상은 새롭게 전개되고 있다. 대도시에서는 치안악화나 거주비용의 상승에 의해 도시중심부의 과잉화를 회복하기 위해 도심거주 추진정책이나 도시재개발이 이루어지는 한편, 컴팩트 시티라는 발상에 의해 중소도시의 매력이 재인식되는 등 20세기에 거대한 변모를 이루었던 「도시」가 21세기에 어떤 모습이어야 하는지를 생각할 수 있다. 일본에서도 지방도시에서 중심시가지의 공동화(空洞化)에서 보이는 「도시가 녹아가는」 현상에 대해 어떻게 대응할 것인지 진지한 논의가 반복되고 있지만, 명확한 결론이 도출되지 않는 상황이다.

◈ DID
인구밀도 40인(人)/ha의 지구(地區)가 연속되어 인구 5,000인 이상의 집단이 구성하는 지구이다.

도판출전
그림.1 (日本)平成2年國勢調査報告による(アメリカ) The World Almance 1993에서
그림.2 Géographie2, 1993년판 외

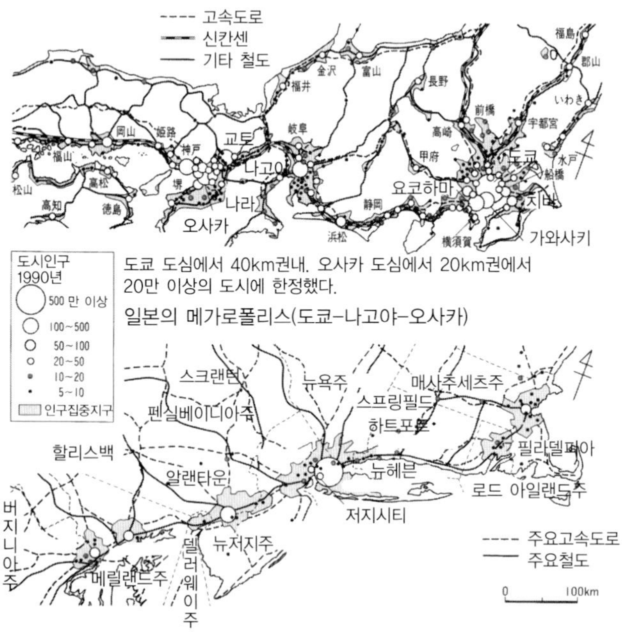

그림 1. 메가로 폴리스

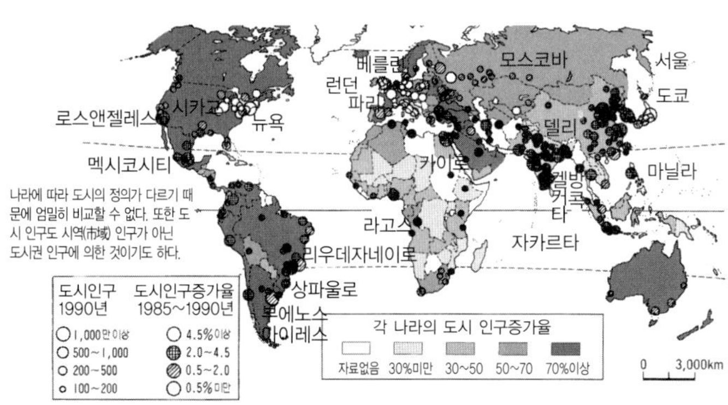

그림 2. 도시인구

10^4m 축소하다

축소된 세계

그림 1은 1969년에 발표된 것으로 스기우라 코우헤이(杉浦康平)가 시간거리에 근거해서 만든 일본지도이다. 비행기나 신칸센 등을 이용하면서 주요도시로 이동시간이 짧아지게 되고, 일본열도의 형태도 두드러지게 변화했음을 알 수 있다. 이 지도가 발표되고서 30년 이상 경과한 현재 토후쿠(東北) · 조에츠(上越) 신칸센 등 도쿄와 지방을 연결하는 교통수단도 새롭게 등장했고 시간거리로 볼 때 일본지도는 아주 작아지게 되었다. 시간거리에 의한 지구의 크기를 매년마다 나타낸 것은 그림 2이다. 1840년경까지는 마차나 범선(시속 10마일)이었던 이동수단이 현재는 제트기(시속 500~700마일)로 고속화되고 지구는 작아지게 되었다.

도판출전

그림.1 デザイン=杉浦康平+中垣信夫 圖版=地圖製版+高田修地 製作協力=井上清+赤崎正一+木崎健三

그림.2 Harvey, David, The Condition of Postmodernity, Blackwell

참고문헌

若林幹夫『地圖 想像力』講談社, 1995.

그림 1. 시간거리에 의한 일본지도

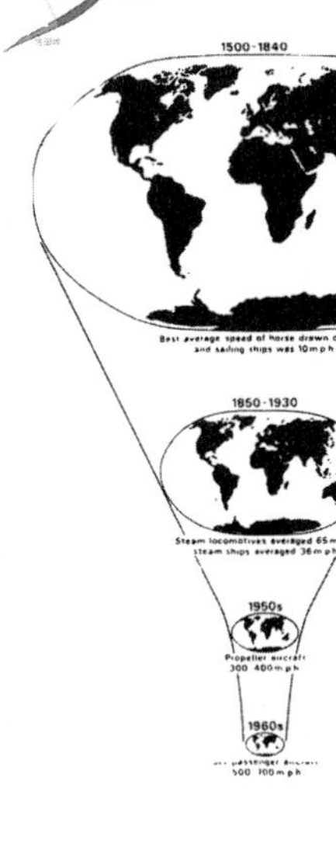

그림 2. 축소된 지구의 이미지

10^4m | 주행하다

고속도로에서 본 조망

그림 1은 보스턴의 고속도로를 차로 주행했을 때의 시각체험을 운전하면서 재빨리 메모한 것이다. 그림 2는 동일한 애플야드(Appleyard)에 의한 보스턴의 고속도로주행시의 시각체험을 도식화한 것이다. 전부 고속으로 이동하면서 빠르게 변화하는 시각체험을 표현하고자 한 시도이며 간략화한 그림에서도 스피드감을 읽을 수 있는 표현이다. 그림 3은 일본에서 시도한 동일한 예이며, 아소산(阿蘇山)의 관광도로에서 도로변 풍경을 기술한 것이다. 그림 4는 '아틀리에 원'이 제안한 것이다. 자동차의 진행방향만을 주목하는 시퀀스와 달리 반대방향의 새로운 시퀀스 제안이다. 그러나 약간의 곁눈질 운전이 필요하다.

✓관련항목체크!

「달리다」 ⇨ p140

도판출전

그림.1 Kevin Lynch "MANAGING THE SENSE OF A REGION" M.I.T., 1976.

그림.2 Donald Appleyard, John R. Meyer and Kevin Lynch "THE VIEW FROM THE ROAD" The M.I.T. Press, 1964.

그림.3 Kevin Lynch『The Image of the City』MIT Press, 1960.

그림.4 アトリエ・ワン&リサイクル・エクスプロージョンズ「10+1(トーキョー・リサイクル・ガイドブック)」No.21, INAX出版, 2000.

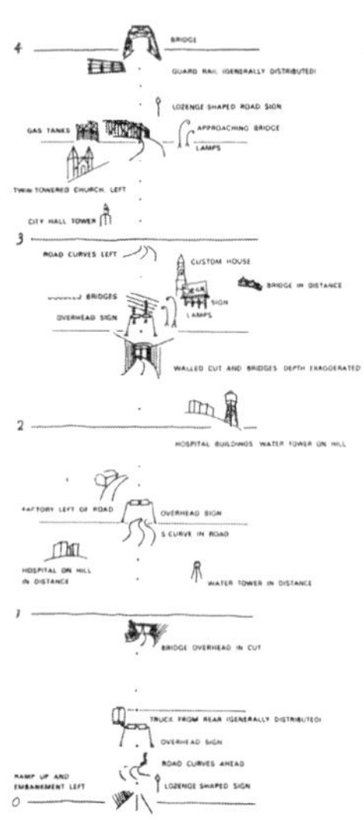

그림 1. 시각체험의 소묘

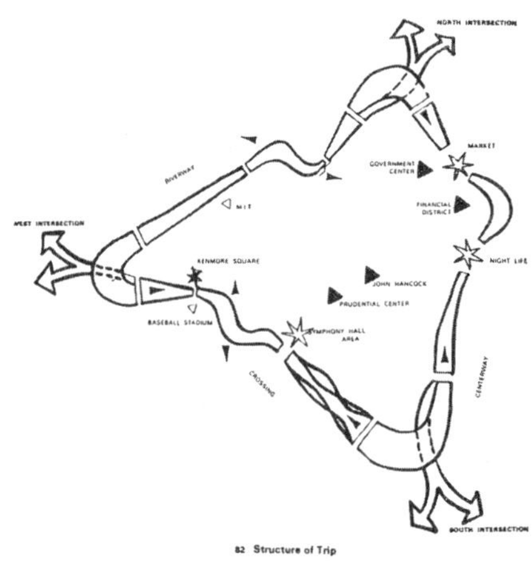

그림 2. 도로에서 본 풍경

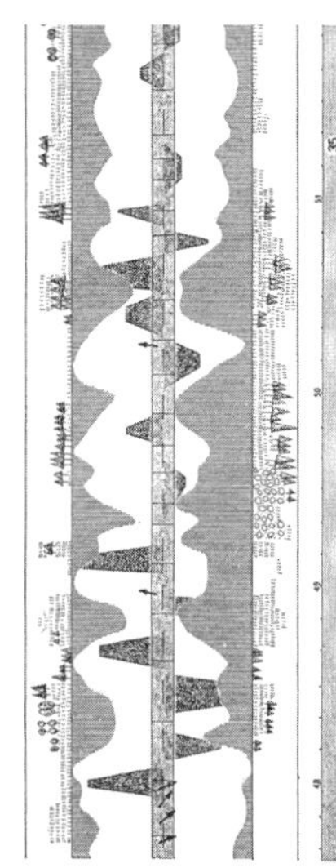

그림 3. 벳부 아소도로의 경관분석도

뒷 간판 스트리트

수도 고속도로에 나란히 들어선 빌딩의 꼭대기 위에는 전방을 향하는 시계(視界)에 곧바로 날아오듯 설치된 상업간판이 연속적으로 있다. 바꿔 말하면 전방을 향하지 않고 나아가는 사람 – 예를 들어 뒷좌석에서 등을 돌리고 앉아 있는 어린이 – 에게는 전혀 효과가 없는 것이다. 이것은 간판의 뒤쪽을 어린이용 프레젠테이션(예를 들면 10컷 만화)으로 된 간판의 뒤쪽 이용을 제안한 것이다. (TY+NI+HT)

그림 4. 간판의 뒤쪽 이용 제안

10^4m | 환경의 부하(負荷)를 확인하다

환경캘린더

도판출전

그림.1 新潟市「환경캘린더」2001.

그림은 니가타시(新潟市)가 시민용으로 배포하고 있는「환경캘린더」이다. 환경캘린더에는 월별 전기, 가스, 수도, 등유 등의 사용량을 기입하는 칸과 매일 쓰레기량(무게)을 기입하는 칸이 있다. 연말에 이 모두를 집계하여 월별 이산화탄소배출량을 계산할 수 있는 방식으로 되어 있으며, 자신의 생활이 얼마나 환경에 부하를 주는지를 실감할 수 있도록 되어 있다. 또한 이전 달의 실적과 비교, 이용명세서를 이용한 이전 해의 같은 달과 비교, 일반가정의 표준치 등 환경부하를 줄일 수 있는 노력의 목표가 알기 쉽게 제시되어 있다. 월별로「사용할 수 없는 것이라도 곧바로 버리지 않고, 다른 사람에게 주어서 유용하게 활용하자(3월)」,「새로운 생활의 봄, 지구에 친숙한 제품으로 시작하자(4월)」등의 월간 목표가 게재되어 있고 캘린더의 여백에는 각각의 월별 테마에 기초한 에코 정보가 있다. 이 캘린더와 가까이하면서 1년을 보내면 지구환경과 아픔을 함께 나누는 생활을 할 수 있을 것이다. 덧붙여 이 캘린더는 전부 100% 재생지로 만들어졌으며 확실히 계몽성이 강한 캘린더이다.

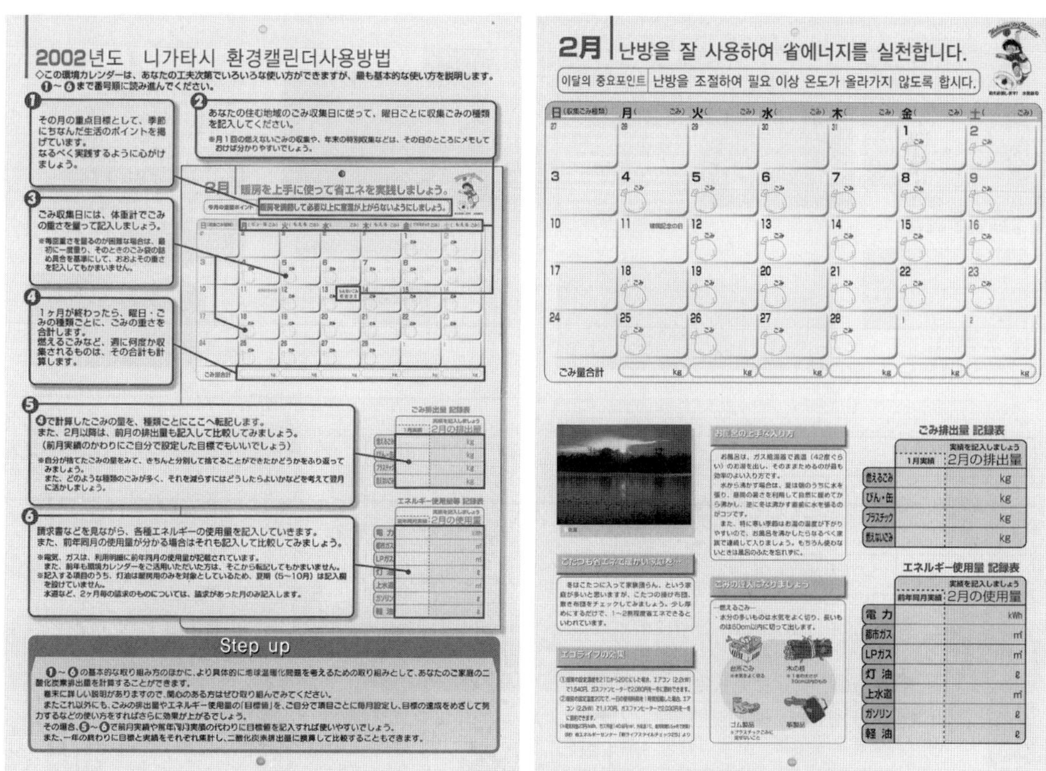

그림 1. 환경캘린더

10^4m | 방위를 세우다

가상학(家相學) · 풍수(風水)

풍수란 도교세계관의 지복법(地卜法)이며 조선과 중국에서 집을 짓거나 도시를 만들 때 중요하게 사용되었던 개념이다. 풍수가 잘 적용된 디자인이란 지세에 의해 형성된 에너지(氣)의 흐름(龍脈)을 훼손하지 않으면서 생기 있는 경관을 구성하는 것이다. 풍수를 사용하여 건설된 도시는 많지만, 그 중 하나가 우리나라의 수도 서울이 있다(그림 1). 풍수를 중시하는 사상은 현재에도 계속 살아서 유지되고 있으며, 옛조선총독부가 흔적도 없이 해체된 이유도 훼손되었던 용맥을 원래로 돌리기 위한 것이라고 한다. 그림3은 가상방위도이다. 「건乾(북서北西) : 가까운 곳에서 제사는 대길(大吉). 집앞이라면 복이 들어온다...」 등 방위마다 공간구획이나 방배치의 길흉이 적혀 있어서 걱정 많은 사람에게는 걱정스러운 그림일 것이다.

도판출전

그림.1 김정호『대동여지도』1861년 작성. 목판

그림.2 村山智順『朝鮮の風水』朝鮮總督府. 1931.

참고문헌

松岡正剛『情報文化問題集』NTT出版

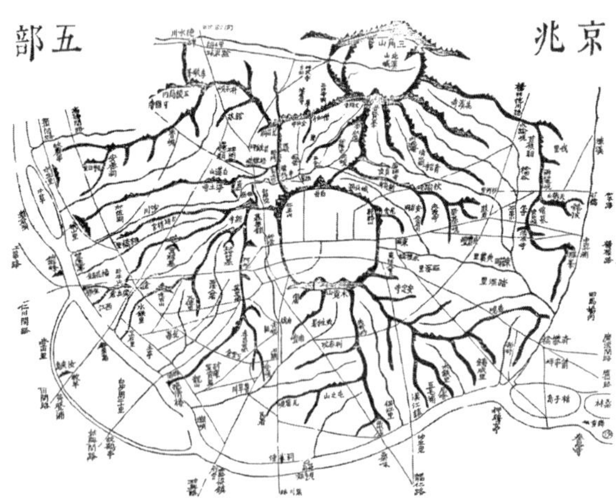

그림 1. 한성(漢城)의 지리

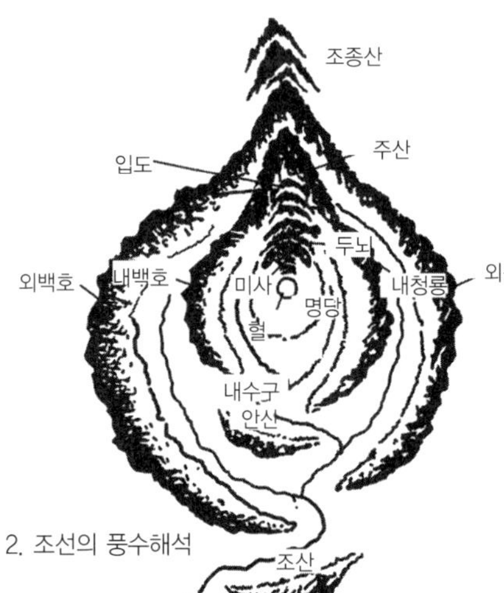

그림 2. 조선의 풍수해석

주산(主山)
용맥(기의 흐름)이 시작하는 용점이 존재하는 산

조종산(祖宗山)
주산 뒤쪽에 연속된 산들

두뇌(頭腦)
용점 산의 8번째 부근

미사(眉砂)
급하게 떨어지는 장소. 용맥이 급하게 좁아지는 곳이어서 기가 풍부하다.

명당(明堂)
좋은 기가 가득한 장소

혈(穴)
산자락이 끝나고 평야가 되는 경계. 용맥이 일단 지하로 들어가며 그 전방의 넓은 범위에 좋은 기의 장소를 형성한다.

백호(白虎)
서쪽에 위치하는 산이나 산맥에서 서(西)를 지키는 수호신

청룡(靑龍)
동쪽에 위치하는 산이나 산맥에서 동(東)을 지키는 수호신

안산(案山)
용맥의 안내산, 유도산, 풍수도시계획의 중요한 포인터가 된다.

조산(朝山)
용맥을 유도하는 낮은 산이나 언덕

수구(水口)
물이 흘러가는 장소

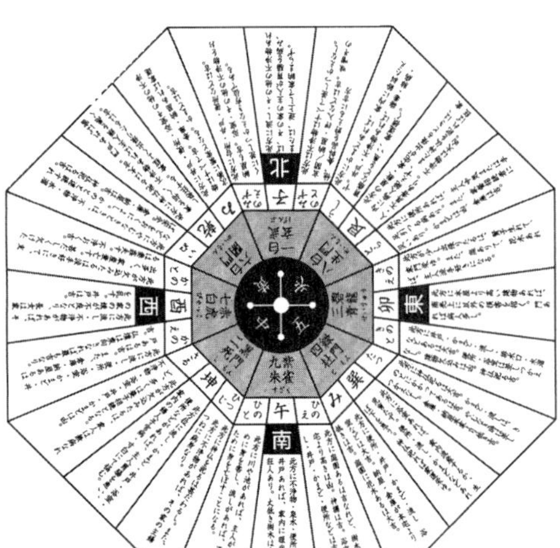

그림 3. 가상방위도

10^4m | 사상을 도식화하다

고대(古代)의 세계관

그림 1은 고대 중국을 중심에 둔 세계관으로 만들어진 지도이다. 사방이 바다로 에워싸이고 끝으로 갈수록 야만(野蠻)이 된다는 사상을 도식화한 것이다. 이처럼 지구의 형태나 크기를 확실하게 알 수 없었던 시대의 지도는 지형적인 정보보다 그 시대의 사람들이 품었던 세계관을 반영하고 있다.

도판출전

그림.1 『三礼圖』

그림.2 久武哲也、長谷川孝治 編『地圖 文化 改正增補』地人書房

그림.3 12세기 성경 사본에 나타난, 10세기의 것으로 추정된 세계지도

그림.4 狩野元信「富士浅間曼荼羅図」富士山本宮淺間神社藏

참고문헌

大室幹雄『劇場都市』三省堂

若林幹夫『地圖の想像力』講談社, 1995.

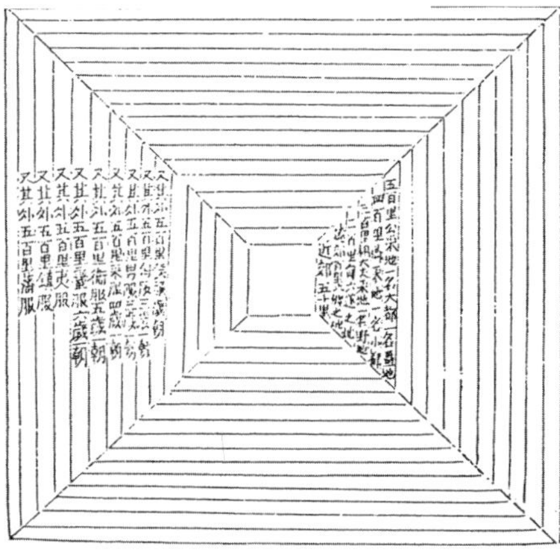

그림 1. 고대 중국의 세계상(世界像)

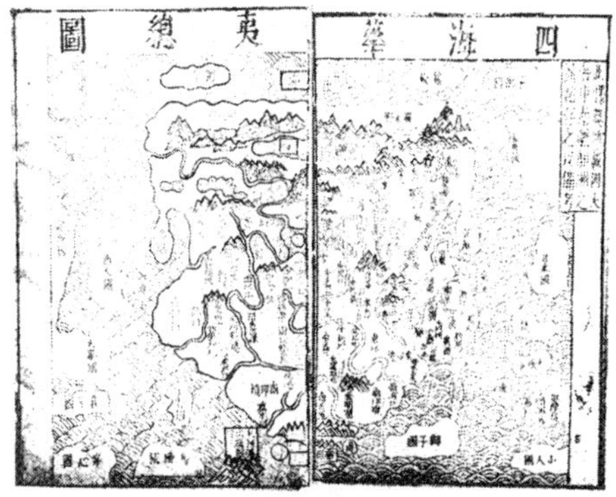

그림 2. 사해화이총도(四海華夷總圖)

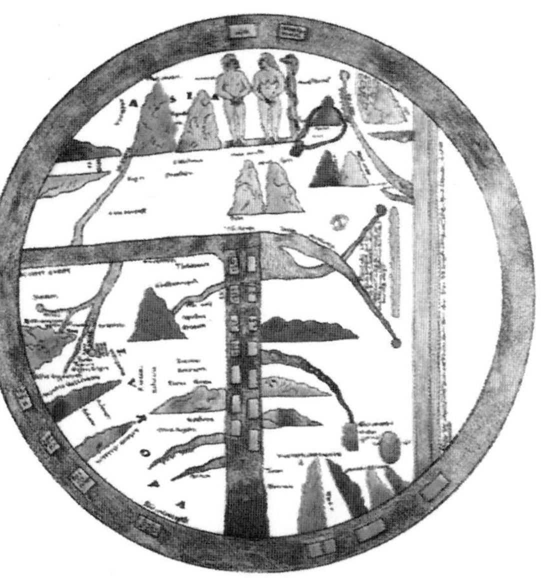

그림 3. 10세기경 세계지도

그림 4. 후지아사마 만다라

연습문제 연하장을 나열해 보자

1) 연말이나 연초에 받은 연하장을 꺼내보시오.
2) 연하장을 나열할 수 있는 넓은 방의 가운데 앉으시오(아래의 순서대로 자신의 주변에 연하장을 배열하시오).
3) 자신의 주변을 크게 9등분하고 시계방향으로 1에서 9까지 번호를 붙여보시오.
4) 우편번호의 첫 숫자에 따라 연하장을 1에서 9까지의 각 영역에 배열하시오.
(우편번호의 최초 1행은 서울시가 「1」이며, 그 뒤에는 번호순서대로 나열한다).
5) 배열이 끝났다면 일어서서 발 밑의 연하장을 한 바퀴 둘러보시오. 당신이 연하장을 주고받았던 지역의 분포를 실감할 수 있을 것이다.
6) 다음으로 각각의 연하장을 작년에 만났던 사람을 자신의 가까운 곳, 작년에 만나지 않았던 사람을 자신의 먼 곳에 나열해 보시오. 특히 잘 아는 사람은 자신의 바로 옆에 두시오.

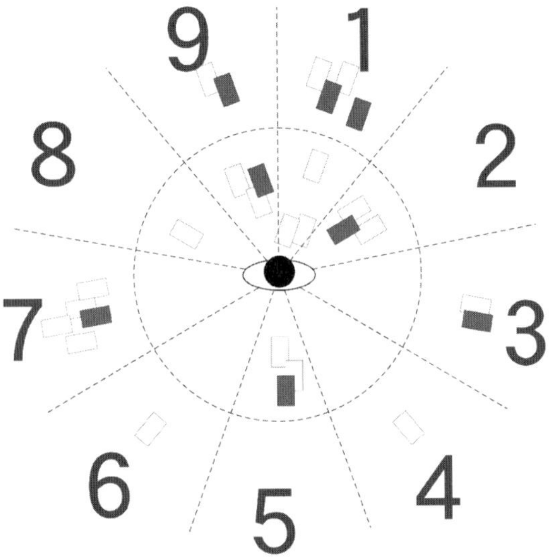

이 연습으로 이것을 알 수 있다

당신의 발 밑에 펼쳐진 것은 당신이 연하장을 주고받은 거주지역의 교류빈도로 분류한 사회환경지도이다. 아래의 그림으로 자신과 닮은 분포패턴은 있었는가?

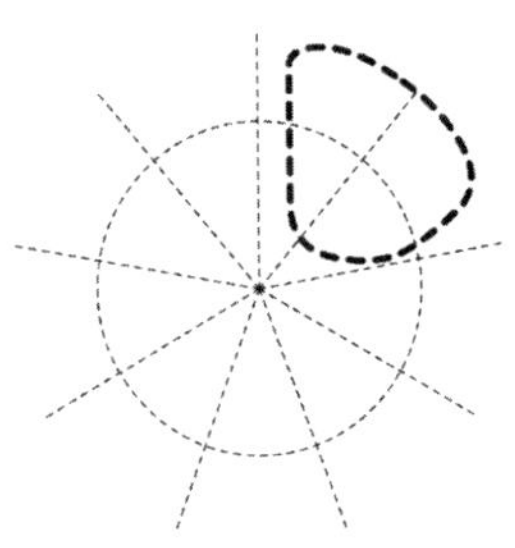
일거점 장기주거형(一居点長期主居型)

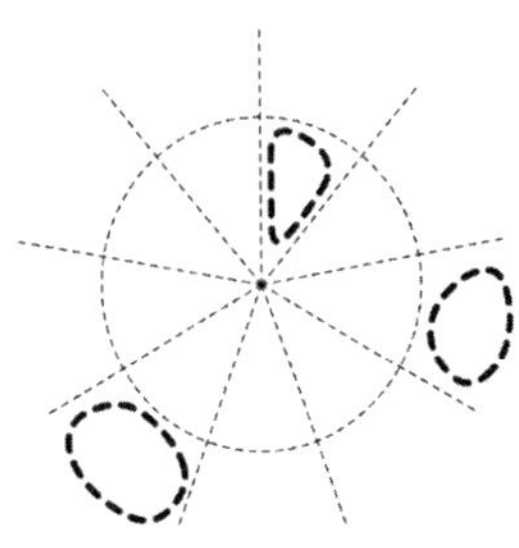
전근족형(轉勤族型)

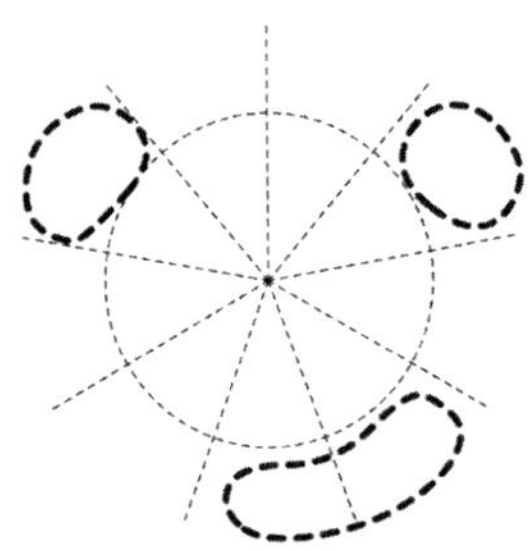
구지중시형(旧知重視型)

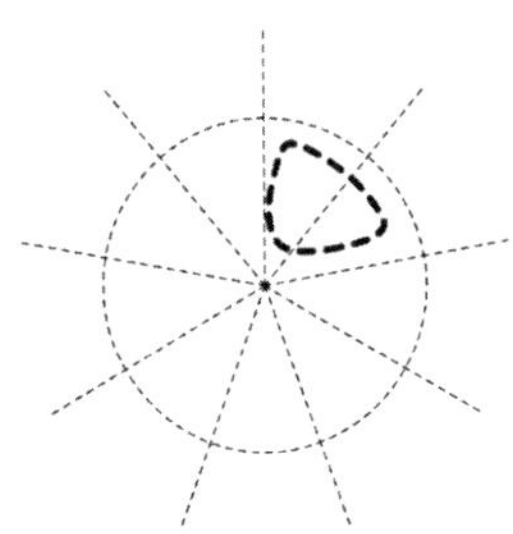
순간사귐형

연습문제

마을의 표시판을 찾아보자

마을에서 시시각각 발신되고 있는 숫자를 찾아보시오. 어떤 숫자가 무엇을 표시하고 있습니까?

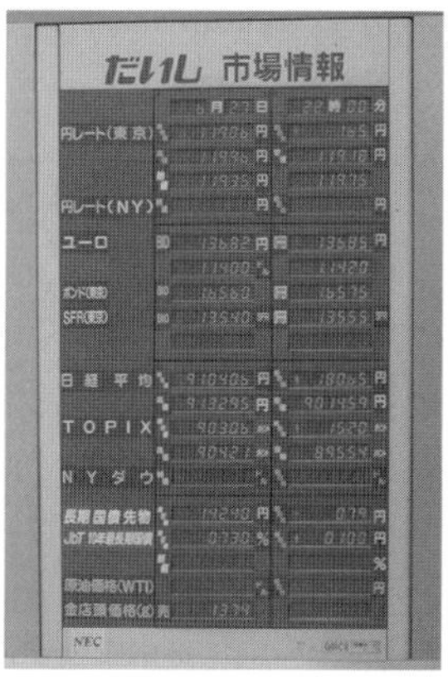

시장정보

카운터다운

시간

교통사고수

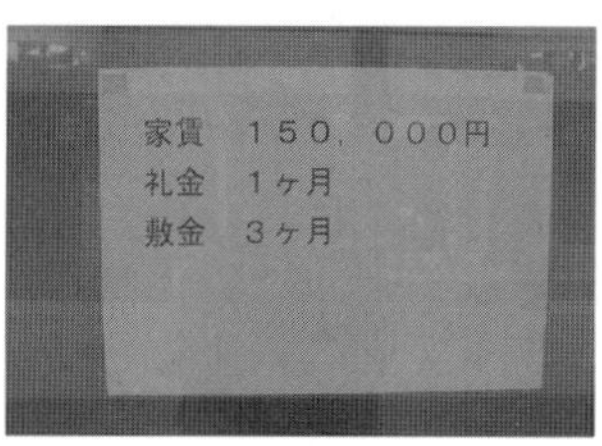

임대료

기온

주차정보

이 연습으로 이것을 알 수 있다

마을을 관찰하면 다양한 숫자가 표시되어 있음을 알 수 있다. 시간이나 주식상장의 표시는 우리나라 전역에서 같은 수치로 나타나지만 지역을 측정하는 수치도 아주 많다. 온도계나 소음계, NOx계의 표시는 그곳에서 얻을 수 있는 국소적인 환경을 측정하고 발신하는 것이며 파출소에 표시된 관내의 사고숫자도 어떤 지역의 상황을 발신하고 있다. 이러한 수치는 주로 계몽을 목적으로 한 것이며 이벤트의 카운터다운 표시도 이와 유사한 것이라 할 수 있다.

또한 아주 작은 아날로그적 숫자이지만 부동산가게 앞에 부착된 물건 정보(임대료)도 지역을 측정하는 하나의 지표라고 할 수 있다. 수치는 아니지만 주차정보나 버스의 위치 표시는 교통에 관한 지역정보가 된다.

발전 문제

매일 지나다니는 장소의 수치표시를 관찰해보자. 매일 관찰하면서 요일이나 계절에 숫자가 관련됨을 알 수 있다.

10^{∞}

환경에는 3차원 또는 시간의 스케일로 계측할 수 없는 사상(事象)이 많이 있다. 예를 들면 비트 등의 정보와 관련된 내용이다.

10^{∞} Scale의 장(章)에서는 실제 치수로 계측할 수 없는 환경적 차원에 대해 다루기로 한다. 그러나 이 스케일을 살펴보면, 실제치수로 스케일화할 수 없는 환경의 정보는 상당히 많고 그 자체가 의미 있는 테마임을 알 수 있다.

정보기술을 매개로 인간의 행동과 환경에 관한 내용은 모두 이 장에 속하게 된다.

이 항에서 서술하는 「놀다」, 「연결하다」, 「브라우즈하다」, 「침입하다」, 「협동작업하다」, 「역사공간을 여행하다」는 바로 그 사례이다.

또한 일반적으로 우리들의 일상 환경 속에서 아무렇지 않게 일어나는 현상 내지는 환경 속에 묻혀 있는 정보에서 미디어(영상기술이나 네트워크기술)를 활용하여 시각화하는 사례에 대해서도 여기서는 다루고 있다. 「줌zoom하다」, 「잠입하다」, 「머물다」, 「움직이다」, 「분산하다」, 「바라보다」, 「가득차다」, 「채우다」, 「전파의 범위를 조사해보자」의 사례가 그것에 해당한다.

「모작(模作)하다」, 「이벤트하다」, 「표상하다」는 환경디자인의 활동 중에서 특히 정보라는 부분에 관계하는 내용으로서 다루어 보았다.

이 외에도 10^{∞}로써 다루고자 하는 항목이 많았지만, 여기서는 인터렉션으로서 특징적인 항목을 다루고 게재하는 것으로 했다. 환경을 이러한 시점에서 파악할 수 있는 것은 깊이 있는 새로운 연구영역이기도 하다. 결국 이 내용을 더욱 심화하는 기회를 가지고자 했다.

10^{∞} | 줌zoom하다

POWERS OF TEN이 나타내는 극대 · 극소 세계

그림 1은 임즈 오피스의 "POWERS OF TEN"이라는 단편필름의 필립북이다. 단편필름은 1968년판과 1977년 개량판이 있지만 기본적인 생각은 같다. 누워서 자고 있는 남자를 기점으로 1m×1m를 한 변으로 하고, 극대의 우주에서 극소의 소립자까지 10의 누승(累乘)으로 줌인, 줌아웃한다. 예를 들면 10^{23}m에서 우리 은하계가 다른 은하계에서는 작은 점과 같이 보이며, 10^{21}m에서 은하수가 가득히 펼쳐진다. 10^{13}m에서 태양계가 확실하게 나타나며, 10^{7}m에서는 지구를 크게 볼 수 있다. 도시를 볼 수 있는 것은 10^{5}m이며, 10^{0}m-기점-까지 가면 이번에는 반대로 10^{-5}m의 세포, 10^{-8}m의 DNA, 그리고 10^{-15}m의 양자 세계로 향한다. 광대한 스케일로 전개되는 이 작품은 일상생활에서는 체감할 수 없는 세계를 가시화하여 우리가 사는 세계를 극한까지 상대화했다.

"POWERS OF TEN"은 키스 부케(Kees Boeke)의 1957년 작품인 『우주의 조망 – 40번 점프의 세계』(Cosmic View : The Universe in 40 Jumps, 그림 2)라는 책에서 힌트를 얻어 과학적인 근거에 기초하여 이 필름을 촬영했다. 당시 물리학, 천문학, 생물학, 유전화학 등의 여러 과학 분야에서 얻은 최첨단의 성과를 "스케일"이라는 척도로 꿰어서 보여준 수법과 함께 우주에서 소립자까지의 세계를 아름다운 그래픽으로 나타내었다.

그림 1. "POWERS OF TEN"

그림 2. "COSMIC VIEW"

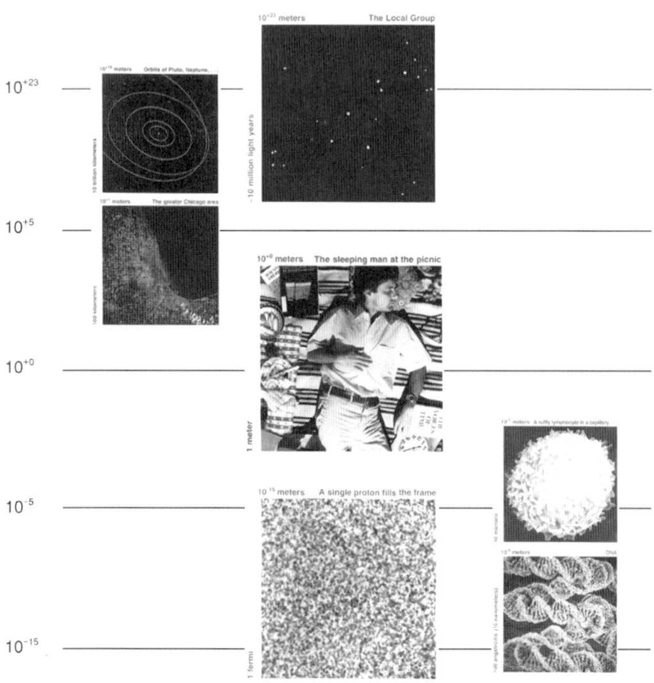

그림 3. "POWERS OF TEN"의 구조("POWERS OF TEN A Flipbook"에서 발췌)

참고문헌

"POWERS OF TEN A Flipbook", Eames Office, Optical Toys

"COSMIC VIEW The Universe in 40Jumps", Kees Boeke, Introduced by Arthur H. Compton, The John Day Company

10∞ 놀다

놀이공간으로서 인터렉티브 타운

「인터렉티브 타운」은 요코하마시(市) 츠즈키구(都筑區) 속의 코호쿠(港北)뉴타운을 무대로 펼쳐지고 있는 모바일 정보 전략 게임이다. 그곳에서 건물, 공원, 역, 상점 가까이에 가면, 위치 정보나 센서를 응용하여 "인격화된 거리"에서 게임 참가자가 휴대한 정보단말로 그 장소와 관련된「질문」을 할 수 있다. 게임 참가자는 그 답을 돌아다니면서 찾아내고, 전자메일을 사용하여 거리로 되돌려 보낸다. 정답일 때는 휴대단말기에 표시된 인터넷 게임에 득점이 가산된다. 어떤 문제를 어떤 순서로 푸는지는 휴대단말에 표시된 문제의 배치도와 다른 참가자의 위치 정보로 판단한다.

전자 네트워크를 매개한 거리와 사람과의 커뮤니케이션은 신체에 의한 거리의 지각을 보완하고 또한 확장한다. 예를 들면 거리에서 사람으로 디지털로 물어보는 질문은, 사람들이 대부분 익숙한 생활환경을 완전히 새로운 시점에서 직시할 것을 촉진한다. 또한 리얼타임으로 다른 게임참가자의 정보를 얻으면서 자신의 전략을 세우고, 필요에 따라 그것을 변경해 가는 플렉시블한 의사결정도 게임을 통해 자연스럽게 습득할 수 있다. 호이징거의「호모 루덴스(Homo ludens)」를 떠올리지 않고도 인류는 사회나 문화에 의해「놀이」가 중요한 역할을 담당하고 있는 것은 명확하다. 사람들은 지금까지 수많은 놀이를 만들었지만 놀이의 내용이나 형태는 그것이 만들어낸 환경 및 시대배경에 크게 의존하고 있다. 휴대전화기가 보급되면서 도시의 생활공간에 다양한 정보기술이 쓰였을 때, 거기에서 생겨나는 놀이의 모습도 크게 바뀐 것이다.

✓관련항목체크!

「거리에서 놀다」 ⇨ p79

「양육하다」 ⇨ p112

참고문헌

호이징거『호모 루덴스(Homo ludens)』 1938. 호루 루덴스란「놀이하는 인간」이라는 의미. 놀이와 문화의 관련성을 기술한 책이다.

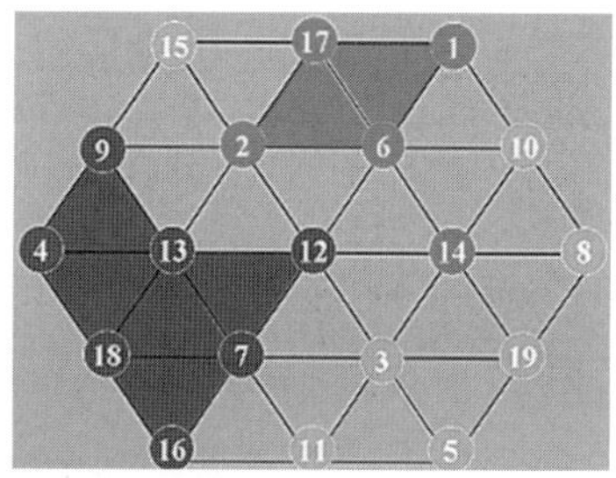

그림 1. 어린이들에게 질문하는 인터렉티브 타운

10$^{\infty}$ | 연결하다

네이처 네트워크(Nature Network) 「올카 라이브(orca live)」

네이처 네트워크는 캐나다 존스턴해협에서 1970년부터 야생 범고래의 연구를 계속하고 있는 폴 스퐁(Paul Spong) 박사가 고안한 네트워크 미디어이다. 세계 각지의 자연영상과 음성을 라이브로 중계하는 전지구적 네트워크를 구축하려는 계획이다. 스퐁 박사가 이 같은 계획을 구상했던 시기는 인터넷이 아직 보편화되지 않았던 1980년대였지만, 최근 인터넷 테크놀로지의 보급과 고도화로 실현되었다. 네이처 네트워크의 최초 실험프로젝트로서 2000년부터 스퐁 박사의 본거지인 존스턴해협에서 야생 범고래의 생태를 라이브로 중계하는 「올카(범고래) 라이브[http://www.orca-live.net/]」라는 웹사이트를 시작했다. 초기단계에서는 그림 1과 같이 작고 조잡한 영상이 PC모니터에 나타났다. 리얼한 자연체험에는 미치지 못하는 경험임에도 불구하고, 프로젝트개발 후 2년째에 라이브 중계기간(반년)에 전세계 70개 국에서 5천만 접속에 달하는 사이트로 성장했다. 사이트를 방문했던 많은 사람은 멀리 떨어진 자연을 흐르는 「또 하나의 시간」과 「지금 이 순간」에 리얼타임으로 계속 연결하는 새로운 감각을 느끼고 있다. 인간과 자연의 거리를 좁히는 테크놀로지가 어떻게 공헌하는지의 시점에서도 주목받고 있는 프로젝트이다.

그림 1. 올카 라이브의 라이브 화면(2001년)

◈ 폴 스퐁(Paul Spong) 박사

1939년 뉴질랜드 태생. UCLA대학원에서 뇌기능에 대해 공부한 뒤 밴쿠버수족관에서 범고래(올카) 연구를 시작했다. 그러나 수족관에 갇힌 범고래를 연구대상으로 하지 않고 대자연 속에 살아 있는 야생 범고래를 연구하는 것이 의의가 있다고 느끼고, 1970년에 캐나다 밴쿠버섬 옆의 무인도 핸슨섬으로 이주하여 「ORCALIVE」를 설립했다(그림 2). 이후 현재까지 30년 이상에 걸쳐 야생 범고래의 생태연구를 계속하고 있다. 수중마이크와 수중카메라 등을 해협 속에 몇 군데 심어두고 원격시스템을 구축하여(그림 3) 광범위한 해역에서 범고래의 사회행동을 관찰하는 독특한 연구방법으로도 알려져 있다. 「올카 라이브」에서는 이 모니터링 시스템의 영상과 소리를 인터넷을 통해 전세계로 보내주고 있다(그림 4).

◈ 리얼타임의 감각을 증폭시키는 디자인

올카 라이브에서는 같은 영상을 보고 있는 시청자의 숫자가 표시된다(그림 1 참조). 많은 웹사이트가 사용자 대 PC라는 일 대 일의 관계 속에서 인터페이스 디자인을 하고 있는 것에 비해 올카 라이브에서는 같은 화면을 멀리 떨어진 전세계 사람이 「동시에」 보는 인터넷의 기본 특성을 명시하는 점에서 「동시성」의 감각을 증폭시키는데 성공했다. 또한 카메라와 마이크에서 범고래가 나타나면 등록자에게 메일을 발신하는 방식을 제공하고 있으며, 존스턴해협과 도시생활을 영위하는 사람들을 빠르게 연결하도록 시도하고 있다.

그림 2. 올카 라이브 전경

그림 3. 수중 모니터링 & 라이브 중계기지

그림 4. 범고래

10∞ 잠입하다

영화 「마이크로 결사대」와 체내 정보의 가시화

「마이크로 결사대」는 인체 내부의 환경을 영상화한 영화이다. 환경 정보가 인간과 환경을 이어주는 관계성 속에 있다면 체내 정보도 환경의 한 가지 테마라고 말할 수 있을 것이다. 최근에는 태아의 정보도 카메라 스캐너를 통해 외부에서 상세하게 관찰할 수 있고 조기에 성별을 확인할 수 있게 되었다. 이것도 보이지 않는 환경의 정보를 가시화하는 행위로 파악할 수 있다. 실제로 체내 정보는 환경정보와 상호작용하며 운동하고 있다.

마이크로 결사대

✔ 관련항목체크!
「올라타고 이동하다」 ⇨ p33

참고문헌
「마이크로 결사대(원제 : fantastic voyage)」 폭스비디오, 1986.

10∞ 모작模作(pastiche)하다

영화 「블레이드 러너」가 그린 미래도시

「블레이드 러너」는 2019년의 로스앤젤레스를 무대로 가까운 미래의 혼돈된 도시상황을 교묘하게 꼴라주하여 표현했다. 근미래의 전자화된 이미지 속에 퇴폐적인 요소를 삽입하여 하이테크 도시와 아날로그 생활을 대비시켜 보여주고 있다. 이곳의 도시는 영화 「메트로폴리스」가 묘사한 거대도시의 약동감이나 이탈리아 미래파가 그렸던 스피드감을 표층적으로 모작(模作, pastiche)하고 있다. 모작이란 포스트모더니즘이 나타내었던 특징이며, 그 실천에서 가장 중요한 것의 하나이다. 모작은 패러디(parody)와 혼동되기도 한다. 어느 것이나 다른 스타일, 특히 독특한 성질이나 양식상의 왜곡을 모조하여 만든 것이다. 그러나 모작(파스티슈)은 패러디와 달리 자극이나 조소(嘲笑)의 의미를 담지 않는다. 모작은 일부러 문맥을 알면서도 거짓을 무표정하게 실천하는 것이며 포스트모더니즘의 표현수법으로 확립된 한 가지 방법이라 할 수 있다.

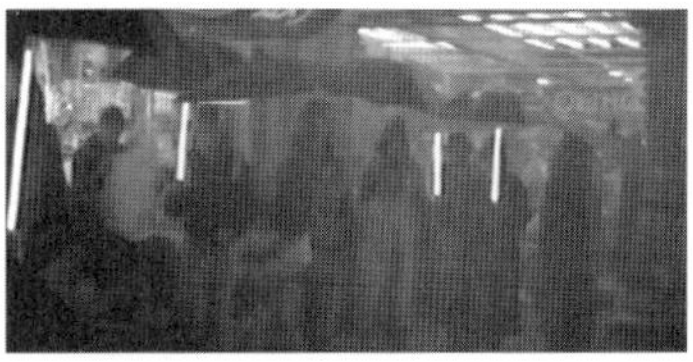
「블레이드 러너」, 1982년

「메트로폴리스」, 1926년

참고문헌 및 출전
「블레이드 러너」 워너 홈비디오, 1982.
八束はじめ他『建築の20世紀』デルファイ研究所, 1998.
「反美學」編 經草書房, 1987.

10$^{\infty}$ 브라우즈하다

신사이즈(Scensize) 체감의 모델화

1초 전의 공간과 1초 후의 공간은 같은 것일까? 200인치 스크린, 16면 전환 스크린, VGA모니터와 프로젝터를 40인치 PDP와 수 십대의 노트북을 사용하여 변화하는 공간의 연속체인 "Time Browser"를 제작했을 때, 그와 같은 것을 생각했다. 인터페이스로서 공간에서는 몇 초 전과 몇 초 후의 공간은 물질적으로는 같아도 환경적으로는 완전히 다른 것이 된다. 스크린이 발신하는 정보가 변화하면 환경 속에 있는 인간의 행동이나 환경을 구성하는 요소 자체도 변화한다. 이와 같이 변화하는 환경을 생각할 때에는 정적(靜的)이지 않고 동적(動的)으로 모델화할 필요가 있다. 그래서 스크린 등이 발신하는 정보의 변화과정을 물질적인 볼륨과는 달리 허(虛)의 볼륨으로 시각화하고자 했다. 예를 들면 운동하는 장면을 다중(多重) 노출로 촬영한 사진이 있다. 다중노출 사진에서는 많은 시간이 하나의 사진이라는 공간 속에 잘려 들어가서 볼륨을 만든다. 마찬가지로 공간을 구성하고 있는 모니터나 스크린에 적용하여 생각해 보자. 그러면 모니터나 스크린도 물질적으로는 1장의 막(膜)이지만, 무비(movie)라면 한 장 한 장의 시간(영상)이 적층되었다고 생각할 수 있다. 이때 이 공간에서 일어나는 것은 그 적층된 것(허虛의 볼륨)이 모니터라는 막을 뚫고 나와서 앞뒤의 깊이를 가지고 영상을 보는 사람으로 점점 들어가는 것이라고 파악할 수 있다. 영상을 본다는 것은 결국 그 볼륨이 만들어내는 환경에 몸을 집어넣는 것이라고 바꿔 말할 수 있다.

모니터 및 스크린을, 컨텐츠 여하에 따라 변화하는 시간의 어포던스를 가진 재료로서 다룬다. 변화 및 시간축의 문제를 공간의 재료로서 다

◈ **Time Browser**

타임 브라우즈는 2000년 12월 31일에 게이오 키슈쿠 대학에서 이루어진 세기송영회(世紀送迎會)의 이벤트이다. 여기서는 기존의 시간에서 자유롭게 세기를 넘는 체험을 하는 장(場)이라는 개념이 부여되어 15분 37초간의 체험형 컨텐츠가 준비되었다.

◈ **허(虛)의 볼륨**

모홀리 나기(L. Moholy. Nagy, 1895~1946)는 모빌이 그리는 궤적을 촬영한 사진을 정지된 상체(上體)의 모빌과 비교했을 때 허의 볼륨을 가지고 있다고 했다. 여기서는 모니터의 물리적 움직임이 아니고 생리적 체험으로서 변화를 볼륨으로 파악했다.

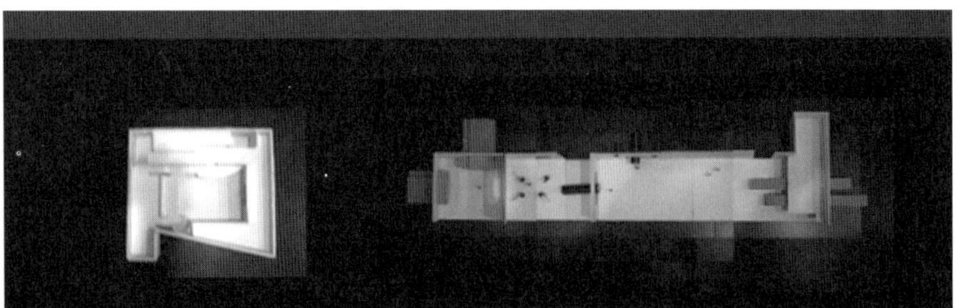

그림 1. 회장(會場)의 공간모형(왼쪽)과 허(虛)의 볼륨을 모델화한 이벤트 체험공간의 전체 모형(오른쪽)

그림 2. 이벤트가 있는 순간에 체험공간 모델과 회장(會場) 사진(도면과 모형과 사진은 같은 순간에 나타난다)

를 수 있다. 이 작품에서는 모니터라는 가장 표층적인 것이 정보컨텐츠가 잘려 들어가 있다고 해석하여 모델화했다. 이 모델화의 사고방식을 적응하면 실제로 어떤 재료라도 정보를 발신하며 허(虛)의 볼륨모델로서 다룰 수 있다. 환경과 인간 사이에는 시간감각의 인터랙션이 잠재해 있다고 생각된다. 옛 건물이 지닌 시간을 담은 소재감, 장인이 마음을 다해 마감한 대리석, 그러한 것에서도 다양한 "시간이 잘려 스며들어 있는" 것을 우리들은 느끼고 있다. 환경과 인간 사이에 있는 것은 시각적인 것에서 시작하고, 청각이나 촉각 등의 감각을 이끄는 다종다양한 관계가 있다. 관계의 의미는 시간의 흐름에 따라 개인의 체험에 의해 계속 변화한다. 환경디자인은 결국 개개의 체감, 다양한 시좌(視座)를 포함하고 변화하는 끊임없는 흐름의 디자인이다. 인간의 지각 · 인지에 있어서 체험디자인이지만, 변화하는 인간의 지각방식, 정보의 파악방식도 포함하여 변화하는 공간, 환경의 질(質)을 언어화하여 생각할 필요가 있다.

◈ 시간의 어포던스

어포던스는 J. J. 깁슨에 의한 지각이론이다. 전통적인 지각이론은 일관되게 「형태」의 논리로 지각을 설명해 왔지만, 어포던스 이론에서는 「운동」이 정보가 되고, 「형태」가 아닌 「변형」에 의미가 있다고 본다. 시간의 어포던스는 시간축에 따라 변화하는 것에 관한 어포던스라는 의미이다.

그림 3. 허(虛)의 볼륨모델화에 대응하는 이벤트의 컨텐츠공간

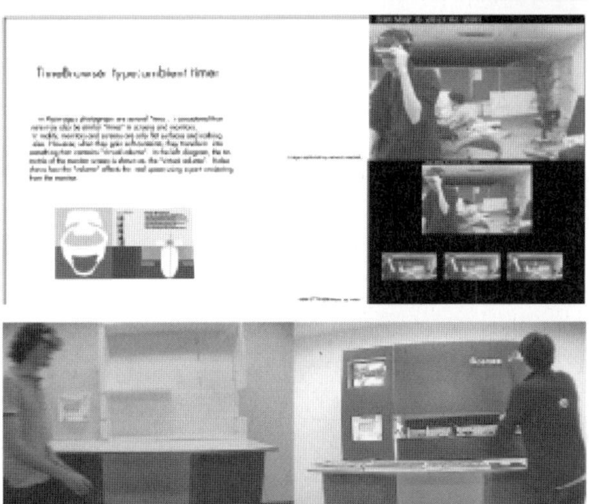

왼쪽 그림은 헤드마운트 디스플레이와 네트워크 카메라를 사용하며, Time Browser의 수용을 전시회에서 발표한 인스톨레이션 부스의 설명도 카메라가 지금 눈앞에 있는 자신을 캡쳐하고, 손잡이 스틱을 사용하여 시간축을 조작한다. 영상으로 파악한 기억이 과거에 있다면 있는 만큼 희미한 화상으로 나타난다. 또한 부스 내의 모니터는 부스가 조립되기까지의 과정을 보여주며 부스가 조립되기까지 잘라서 집어넣은 시간을 표시한다.

그림 4. 신사이즈(Scensize)

10∞ | 머물다

거미 둥지의 구조에서 작은 다이내미즘을 이해하다

곤충은 오랜 옛날부터 환경에 적응하며 생활해왔으며, 그 생활 형태를 살펴보면서 우리 주변의 친숙한 환경에 대해 다시 생각할 수 있다. 거미는 눈이 거의 보이지 않지만 제한된 신경계를 사용하여 예측할 수 없는 환경에서도 복잡한 구조물을 만든다. 인간이 복잡한 계산을 해야만 하는 경우에도 거미는 유연하게 대응하고 있다. 그림 1은 아메리카조로 거미(nephila clavipes)가 둥지를 만드는 방식의 순서를 컴퓨터로 도시한 것이다.

① 2개의 물체 사이의 공간에 교계(橋系-다리 역할을 하는 거미줄)를 통해 주위에 몇 개의 거미줄을 펼친다. 거미줄망이 하나의 포인트(허브)로 결합되어 간단한 별모양을 만든다.

② 거미줄이 가장자리에 있고, 가장 위에 걸친 교계에서 프레임을 형성한다. 허브에서 프레임으로 바퀴의 살처럼 거미줄을 펼친다.

③ 점착성은 없지만 튼튼한 거미줄로 족장(足場)을 만든다. 동시에 이 거미줄은 점착성 있는 거미줄을 펼치기 위한 가이드가 된다.

④ 때로는 순서를 바꾸면서 중심으로 향해 점착성 있는 포식용 거미줄을 펼친다. 그리고 다시 허브를 만들고 그곳에서 먹이가 걸리기를 기다린다. 소요된 시간은 90분 이내이며 사용된 거미줄은 100피트(약 30m)나 된다. 거미는 몇 종류의 거미줄을 나누어 사용하여 망을 만들지만 스피드, 에너지의 효율성, 포획성의 균형에서 성립되며, 주변의 환경 속에 의외의 다이내미즘이 잠재해 있다.

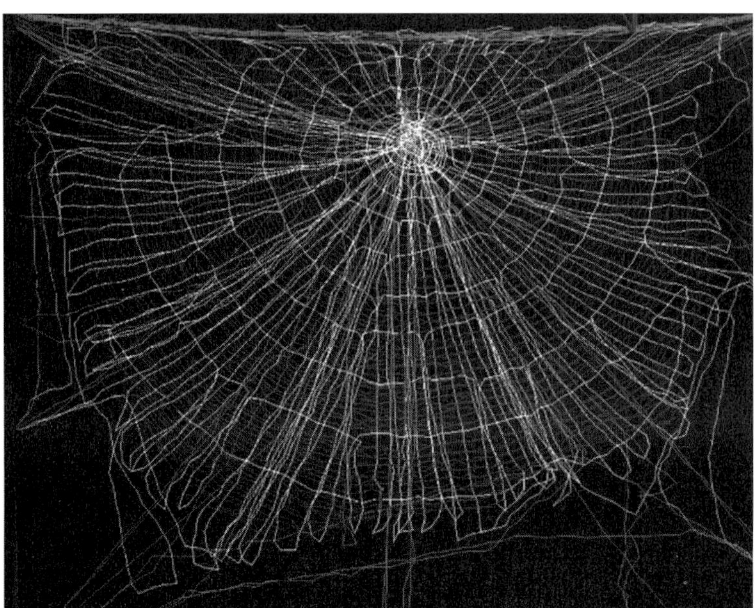

그림 1. 아메리카조로 거미가 둥지를 만드는 방식의 질서

건축에서 예를 들면 허니콤 구조(육각형 벌집모양의 구조)나 버터플라이 지붕(나비날개처럼 굴곡을 이룬 지붕) 등 곤충과 관계된 명칭이나 형태가 몇 가지 있다. 내셔널 지오그래픽사의 리처드 코닐러 기자는 실제로 혼자 거미집을 만들었다. 「거미의 기분을 알기 위해서는 거미집을 만드는 것이 최고다」라고 했다.

참고문헌 및 출전

NATIONAL GEOGRAPHIC AUGUST, 2001.

10∞ 침입하다

컴퓨터 바이러스의 현상(現狀)

컴퓨터 바이러스란 일반적으로 부정한 컴퓨터 프로그램이며 감염, 잠복, 증식, 발병이라는 전형적인 특징이 생물바이러스와 닮은 데서 이름을 붙이게 되었다. 바이러스는 컴퓨터 네트워크와 퍼스널 컴퓨터의 보급과 함께 증가하게 되었고, 그 종류는 54,000종 이상(2001년 9월말 현재)이며 매월 500종 이상의 신종이 발견되고 있다. 과거 1개월간 검지되었던 바이러스의 비율은 북미(52.29%), 유럽(14.95%), 아시아(18.41%), 오스트레일리아(3.42%), 남미(3.12%), 아프리카(1.21%)의 순이다. 견해에 따르면 이 수치는 디지털 디바이드의 한 측면을 나타낸다고 한다.

바이러스의 감염에서 침정화하기까지의 움직임을 살펴보면, 예를 들어 맹위를 떨친 「NIMDA」에 감염된 파일 수는 1개월 사이에 전 세계적으로 293만 개 정도였다고 한다. 통계로 보면 2001년 9월 18일에 발표되고부터 급격히 전 세계로 확산되어 같은 해 9월 20일 전후로 감염이 최고조에 달했다. 그 뒤 각 백신개발자가 무상으로 복구 툴을 배포하면서 사태는 진정되었다. 바이러스는 부정하다고 할 수 있으며, 결국 프로그램 코드와 달리 어떤 계기로 발병한다. 그 중 하나로 「날짜」가 있고 「바이러스 캘린더」를 사전에 보아서 예방할 수 있는 경우도 있다. 「바이러스 도감」이나 「바이러스 지도」에 맞추어서 생각하면, 일반 사용자의 일상생활과 밀접하게 관계 맺고 있다. 그림1은 「W95.Marburg」이며, 최초의 감염에서 3개월 후 감염된 어플리케이션을 기동했을 때에 발병하고 화면에 다수의 에러 아이콘을 표시한다.

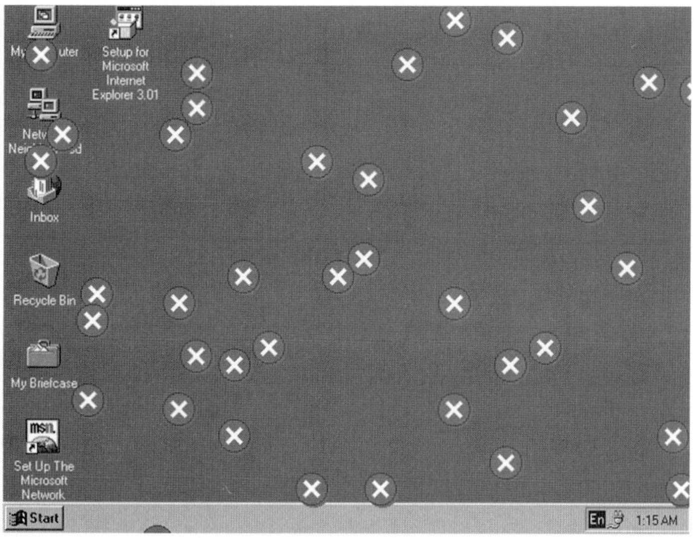

그림 1. 컴퓨터 바이러스에 감염되어 에러 아이콘이 표시된 화면

◈ **컴퓨터 바이러스(Computer virus)**
컴퓨터 바이러스란 「다른 프로그램에 자신의 복제를 포함시키기 위해 감염프로그램을 수정하여 전염할 수 있는 프로그램」(프레드릭 코헨 박사, 1984년 9월)을 말한다. 엄밀하게는 부정한 프로그램 중 다른 프로그램에 감염하는 프로그램을 「바이러스」, 네트워크를 통해 다른 머신에 감염하는 프로그램을 「웜」, 개체로 동작하는 부정프로그램을 「트로이목마」라고 한다.

◈ **디지털 디바이드(digital divide)**
정보를 가진 사람과 갖지 않은 사람과의 격차를 말한다. 부유층이 디지털기기를 이용하여 정보를 얻고 다시 경제력을 높이기 위해 빈곤층과의 경제 격차가 넓어지게 된다. 「미국상무성이 1999년에 발표한 보고서에서 사용한 신조어」

참고URL 및 도판 출전

http://www.trendmiro.co.jp/virusinfo/wtc.htm©トレンドマイクロ社ウイルストラッキングセンター

http://www.sophos.co.jp/©ソフォス株式會社

10∞ | 움직이다

E. 므이브리지가 촬영한 신체의 궤적

19세기의 미국 사진가 에드워드 므이브리지(Eadweard Muybridge, 1830~1904)는 최초로 말을 연속사진으로 촬영한 것에서 움직임의 메커니즘에 흥미를 가졌다. 므이브리지는 말의 움직임을 분석한 뒤 남성, 여성, 아이, 그밖의 동물들을 사진 촬영하여 1887년에 11권의 책으로 정리했다. 일련의 작품은 영화의 발명을 촉진했을 뿐만 아니라 과학과 예술을 융합한 세계관을 제시했다. 므이브리지의 작품에는 말이나 인간의 움직임을 연속된 정지 화면으로 다룬 것으로 말하자면 시간 속에 움직임을 가두었던 것이다. 이 작품은 나중에 폭넓은 분야의 사람들에게 큰 영향을 끼쳤다.

그림 1. "Horses and other animals in motion" 중에서

✓ 관련항목체크!

「자세를 바꾸다」 ⇨ p20

참고URL 및 도판 출전

"Muybridge's Animals in Motion", Eadweard Muybridge, Dover Publications, 2007.

10∞ | 이벤트하다

베르나르 츄미의 '맨해튼 트랜스크립'

베르나르 츄미의 「맨해튼 트랜스크립」은 운동과 음악의 기보법(記譜法)을 응용하여 건축과 이벤트를 동시에 기술(記述)하는 새로운 표현이다. 여기에서 「이벤트」란 그 공간에서 이루어지는 활동이나 행동을 말한다. 건축과 이벤트는 본래 서로 함께 작용하는 것이지만 평면도, 입면도, 단면도, 액소노메트릭 등의 일반적 건축표기법에서는 양자의 관계를 표현하기가 어렵다.

그 점에서 츄미는 행동의 단편, 평면에서 움직임, 건축의 단면 등을 병렬로 나열하여 「이벤트의 다층화, 병치, 겹침」을 이루었다. 이렇게 통합된 표현이 건축설계에서 곧바로 효력을 발휘하는 것은 아니지만, 분석된 건축(형태)과 이벤트(행동)의 상관관계를 명확한 문제의식의 근본으로 드러낸 부분에 이 작품의 의의가 있다. 결과적으로 「맨해튼 트랜스크립」에서 공간과 이벤트의 관계성은 마치 영화의 필름처럼 표현되고 있다. 그림 1의 예에서는 건축의 단면을 상단에 표기하고, 중단에는 이벤트의 동선을 표기하며, 하단에는 이벤트의 모습을 표기하고 있다. 실제로는 그것이 용해된 표현이 되고, 건축설계 프로세스와 표현에 대한 문제제기를 나타내었다.

참고문헌 및 출전

Bernard Tschumi, "THE MANHATTAN TRANSCRIPTS THEORETICAL PROJECTS", ACADEMY EDITION, 1994(first published in Great Britain in 1981 by Architectural Design)

Bernard Tschumi, "ARCHITECTURE AND DISJUCTION" Massachusetts Institute of Technology, 1984.

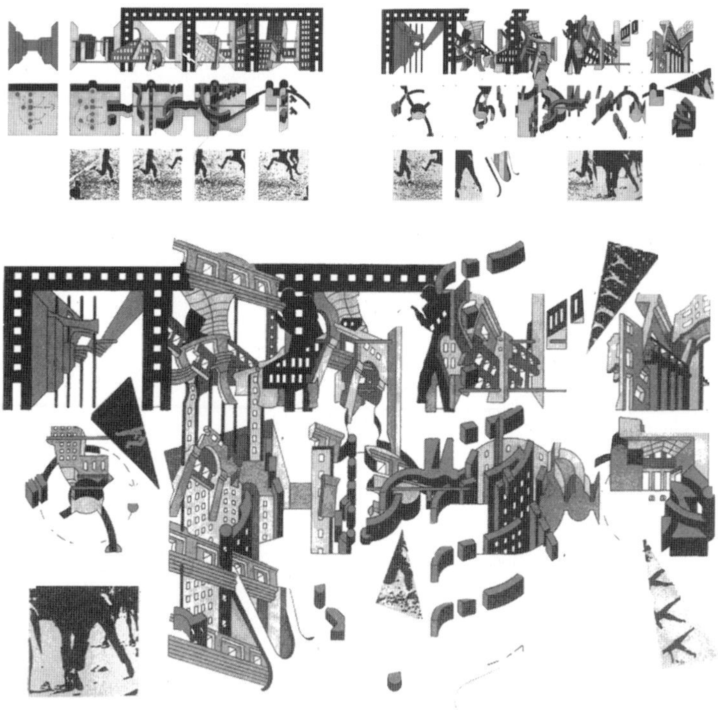

그림 1. 공간과 이벤트의 표현 예 "THE MANHATTAN TRANSCRIPTS"에서

10∞ 협동작업하다

건축디자인에 응용한 VR「Green Space 2」

시애틀의 HIT Lab에서 했던「Green Space 2」라는 프로젝트에서는 버츄얼 리얼리티의 가상공간에서 많은 사람들이 협동작업하며 디자인할 수 있는 툴의 개발을 목표로 하고 있다. 실제로 오퍼레이션하는 사람들은 헤드마운트 디스플레이와 글로버를 몸에 착용하여 가상공간을 의사경험하고, 소리의 교환이나 가상공간에서 나오는 포인터나 인터페이스를 조작하여 협동으로 작업하게 되었다. 예를 들면 가구나 벽공간을 구성하는 소재의 색은 컬러 큐빅 팔레트로 선택하여 디지털화한 공간에서 디자인개념이 구체적으로 이루어졌다. 또한 디지털모형은 XYZ축 위에서 좋아하는 단면을 자유자재로 자를 수 있는 모델을 구축하고 동적인 요소를 넣은 공간표현방식을 시행하고 있다.

참고문헌 및 출전

渡邊朗子『人間−環境系からみた電子情報活動の環境デザインに関する研究』學位論文, 2000.

그림 1. Green Space 2의 화면

10∞ 표상(表象)하다

라스베이거스를 무대로 한 도시분석

「라스베이거스의 교훈」은 로버트 벤츄리(Robert Venturi)에 의한 역사적인 도시조사의 집대성이다. 일련의 조사연구에 의해 화려하고 아름다우면서도 저속하다고 생각되었던 라스베이거스가 인간의 갈망을 상징하는 도시로서 미적 관점에서도 주목받게 된 것은 잘 알려져 있다. 벤츄리는 도시를 「땅 위에 어떠한 패턴을 그려내는 복잡한 활동」으로 파악하고 교통, 통신기술, 토지의 경제적 가치 등, 언뜻 무질서해 보이는 도시의 모습에서 「숨겨진 질서」를 찾아내는 조사를 했다.

라스베이거스는 당시에 개개의 건축 또는 서로 연관된 건물과 건물의 관련에서도 양식의 혼합이나 기능과 형태의 불일치를 강하게 나타내었다. 이 조사 이전에는 이와 같은 도시의 「다양성」을 인정하려는 생각이 없었다. 벤츄리는 라스베이거스의 조사에서 전통/비전통을 불문하고 다양한 방법과 표현을 시도했다. 이 조사의 공헌은 건축에서 상징성 역할의 재평가와 사회에서 건축가의 역할 인식 등 다양한 관점에서 평가할 수 있다. 이 연구를 집약하면 인간의 활동에 따라 성립하는 복잡한 현대소비도시에 대한 일정한 미적 평가지표와 그것을 위한 새로운 조사수법의 시도라고 할 수 있다.

✔관련항목체크!

「모방하여 만들다」 ⇨ p53

「장식된 생물들」 ⇨ p54

참고 문헌 및 출전

Robert Venturi, Steven Izenour, Denise Scott Brown, "LEARNING FROM LASVEGAS : The Forgotten Symbolism of Architecture Form", MIT Press, 1977.

Robert Venturi, "COMPLEXITY AND CONTRADICTION IN ARCHITECTURE", The Museum of Modern Art, 1966.

라스베이거스 중심지의 모습(2000년 9월)
세계적인 카지노 도시 라스베이거스는 현재 많은 네온사인과 거대한 간판광고에 파묻혀 있다.

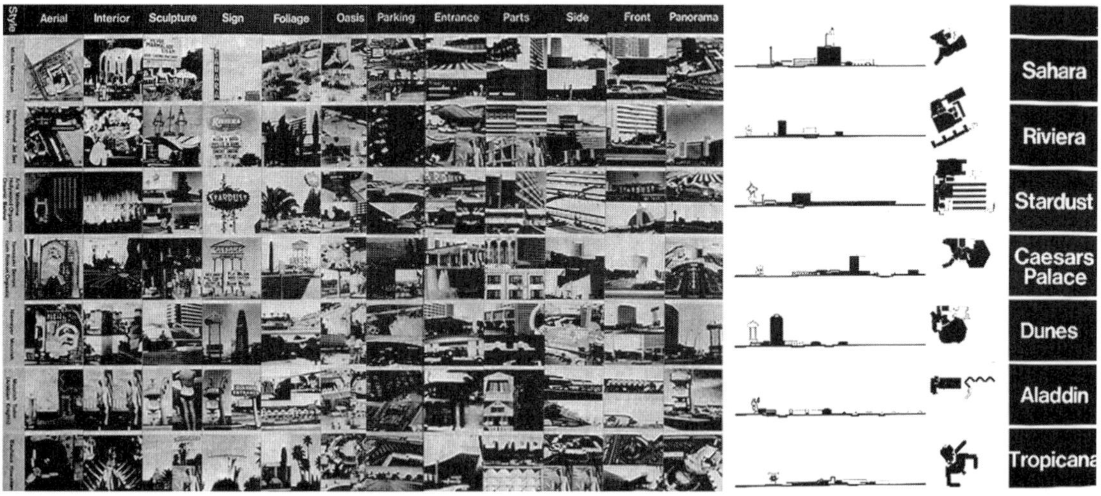

그림 1. 라스베이거스의 도시분석

10∞ 분산하다

분산형 네트워킹 SETI@home

SETI@home은 인터넷에 접속한 전세계의 컴퓨터를 사용하여 지구 밖의 지적 생명체를 탐사하는 과학적 실험이다. 세계 최대 망원경인 푸에르토리코의 아레시보(Arecibo) 전파망원경이 관측하는 데이터를 개인단말의 스크린세이버를 사용하여 해석한다. 탐사는 ① 데이터를 수집한다. ② 후보의 시그널을 발견한다. ③ 그 데이터를 해석한다. ④ 탐사를 방해하는 전파를 제거한다. ⑤ 최종 후보를 선정한다. 라는 순서로 진행된다.

이 프로젝트는 고도의 슈퍼 컴퓨터로도 불가능한 방대한 데이터의 해석을 개인단말의 네트워크로 했던 것이다. 우주의 광대한 영역을 개인단말 네트워크로 조사하는 대상과 방법의 규모의 비대칭성은 지금까지 사회과학에서 조사방법론에 대해 네트워크 기술이 가져다 준 새로운 시점을 제공하고 있다.

그림 1은 천체 영역에서 아레시보 망원경이 탐사 가능한 영역과 실제로 탐사한 횟수를 나타내고 있다.

◈ SETI
= Search for Extraterrestrial Intelligence의 약칭. 지구 밖 지적 생명체 탐사를 말함.

참고URL 및 도판 출전
http://setiathome.ssl.berkeley.edu/ⓒSETI@home

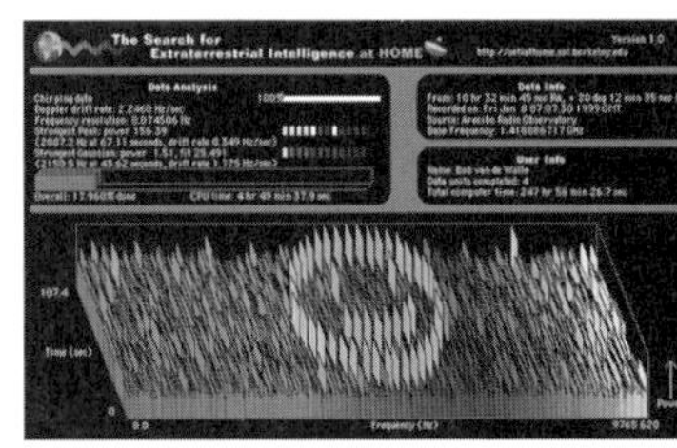

데이터를 해석하는 스크린 세이버 프로그램은 네트워크에서 무료로 배포되고 있으며, 프로그램을 다운로드하면 누구나 프로젝트에 참가할 수 있다.

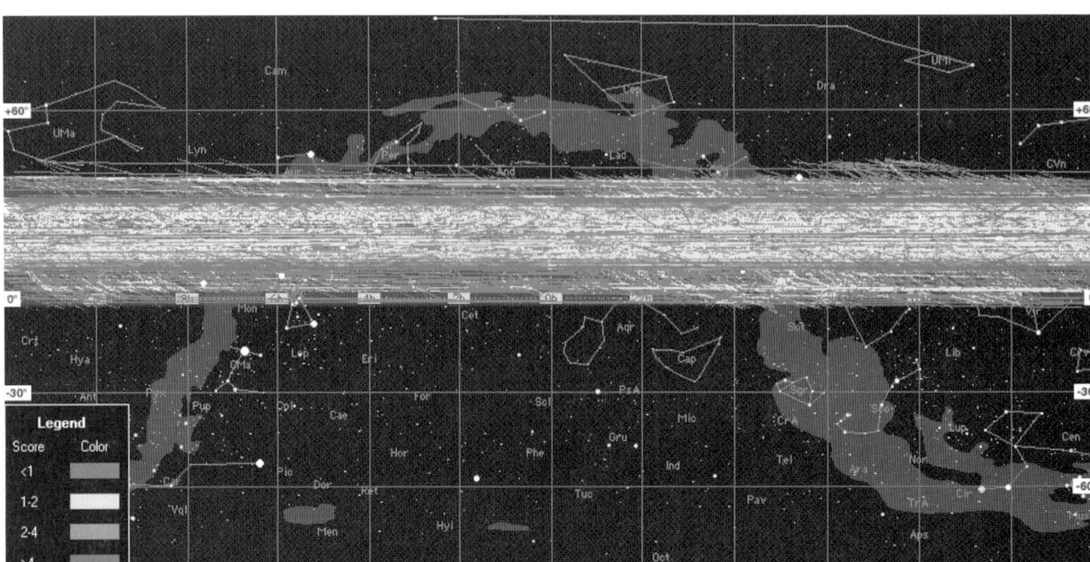

그림 1. 아레시보 망원경의 탐사 가능 영역과 탐사 횟수

10^{∞} 조망하다

은하계 지도

그림 1은 하버드 스미소니언 천체물리학 연구소의 마가렛 게라와 동료들이 1994년 1월에 발표한 은하분포도이다. 점으로 보이는 하나 하나가 은하이며 각각은 몇 천 억 개의 별들로 구성되어 있다. 지구는 2천 억 개의 별들이 모인 「천체의 은하」에 속해 있다. 게라의 조사에 의해 은하가 모인 벽 「그레이트 월(great wall)」이나 은하가 없는 「보이드」 등 우주에도 거대한 구조가 있음이 확인되었다.

참고URL 및 도판 출전

http://cfa-www.harvard.edu/~mjg/ ©Smithsonian Astrophysical Observatory
http://www.astronomynotes.com/ ©Astronomy Notes

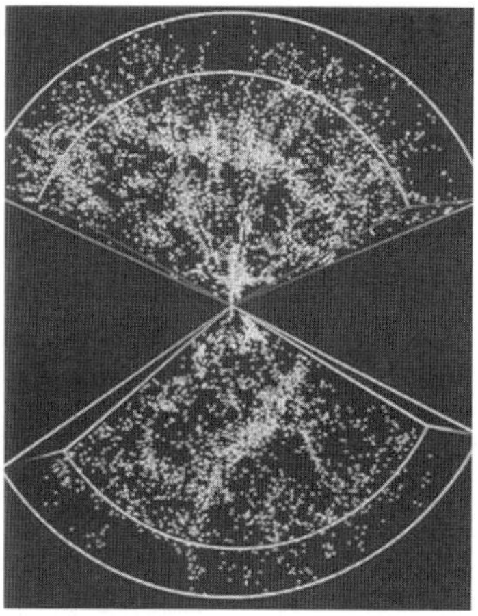

그림 1. 은하계 지도

10^{∞} 달이 차다

달이 차고 지는 것을 볼 수 있는 캘린더

「Moon Calender」는 그 해에 예측되는 달의 차고 짐을 구체적으로 표기한 것이다. 1년 동안 달이 차고 지는 상황을 전체적으로 볼 수 있으며, 매일 변하는 달의 모양이 기술되어 있다. 예를 들어 이 캘린더를 보고 달 모양이 만월인 것을 확인할 수 있다. 이처럼 1년간 달 모양의 변화와 인간의 일상생활과 관계를 캘린더라는 방법을 이용하여 알기 쉽게 잘라낸 귀중한 환경정보 데이터이며, 우리들의 일상생활과 깊이 관계하는 환경의 한 가지를 파악하는 데이터라 할 수 있다.

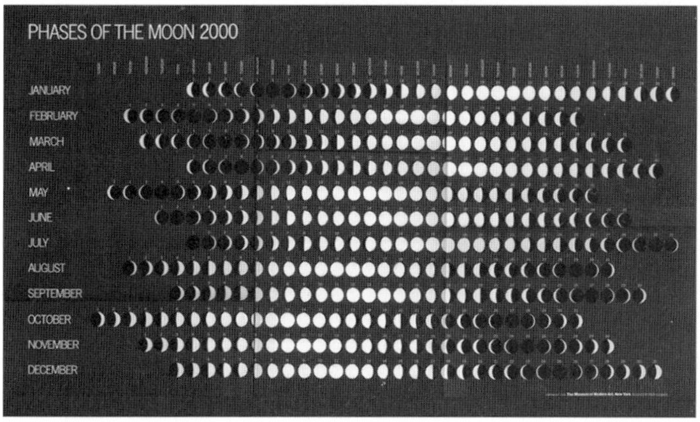

그림 1. Moon Calender

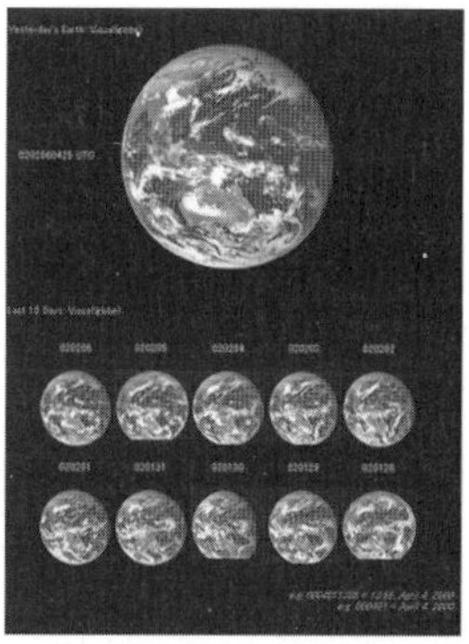

이것은 닮은 표현이다. 자신의 집에서도 인터넷을 통해 지구를 볼 수 있다. 위성에서 오는 화상은 정밀도가 높고, 우리가 살고 있는 지구를 다른 시점에서 관찰할 수 있다.

그림 2. notearth.com

참고 문헌 및 출전

Irwin Glusker, "PHASES OF THE MOON 2000" The Museum of Modern Art, 1999.

10∞ | 역사공간을 여행하다

「크로노스 시스템 – Cronos System」

역상항행형(曆象航行型) 교육·학습시스템「크로노스 시스템」은 마츠오카 세이고우(松岡正剛)[편집공학연구소 소장, 테츠카야마(帝塚山學院) 대학교수]가 제창한「편집공학(編集工學)」을 기반으로 개발된 역사 데이터베이스 시스템이다. 책 시스템의 특징 중 하나로 인터랙티브 기능을 가진 3차원 공간「크로노매트릭스」라는 뷰어기능이 있다. 이 기능으로 사용자는 동서고금의 역사사상을 네트워크의 3차원 공간에서 여행할 수 있다(그림 1).

표시방향은「정면·경사·위·옆」의 4종류를 기본방향으로 선택할 수 있으며, 표시영역은 X·Y·Z축에서 구성된다. Z축에 시간축(안쪽이 미래, 앞쪽이 과거, 방향을 역전시킬 수 있다), X축(횡축)에 경도, Y축(종축)에 위도가 설정되었다. 또한 X축·Y축은 책 시스템의 기반이 되는 마츠오카 세이고우 감수·편집공학연구소 구성「情報の歴史(정보의 역사)」(NTT出版)의 5가지 연표트랙별, 역사항목의 종류별, 랜덤 등 다른 설정을 할 수 있다.

사용자는 이러한 기능을 이용하면서 마우스 조작으로 크로노매트릭스를 앞뒤(미래·과거)로 이동하여 역사공간을 항행(航行)한다. 이에 따라 역사의 시간적·시계열적 관계(종의 관계), 동시대의 지리적 또는 장르횡단적 관계를 시각적으로 인지할 수 있고, 동시에 역사사상 사이의「관계의 발견」및 새로운「역사문맥의 편집」이 가능하게 되었다.

◈ 시공(時空)을 뛰어넘는 크로노스

책 시스템에 수록된 역사 정보(「역상(曆象)데이터」라고 부른다)는 각 데이터가 가진 속성(屬性) 항목정보와 X, Y, Z축의 설정정보를 조합시켜 색과 형상으로 구별된「크로노오브젝트」로서 크로노매트릭스에 배치되었다. 또한「역상(曆象)데이터」의 해설과 같은 상세정보는 별도로 표시된「가이드뷰」로 볼 수 있고 동영상, 정지화면도 볼 수 있다(그림2). 또한 사용자는 임의로「역상(曆象)데이터」사이의 관계 설정을 할 수 있으며, 그것을「관계선」으로서 크로노매트릭스에 표시할 수 있다.
편집공학연구소 홈페이지
(http://www.eel.co.jp/)참조

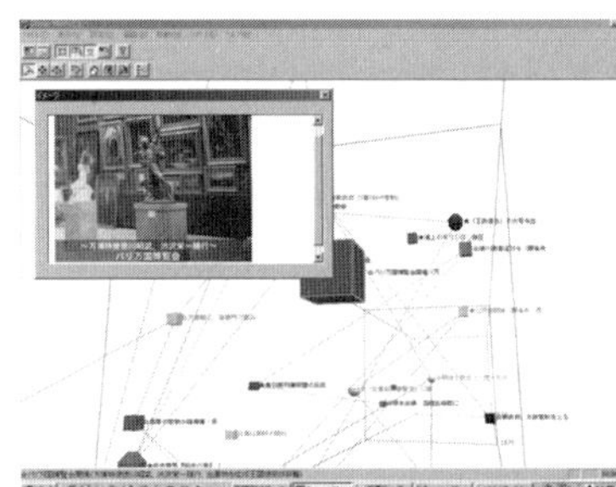

해설 등의 상세정보는 별도 표시된「카드뷰」로 관람할 수 있다.

그림 2. 크로노스의 화면

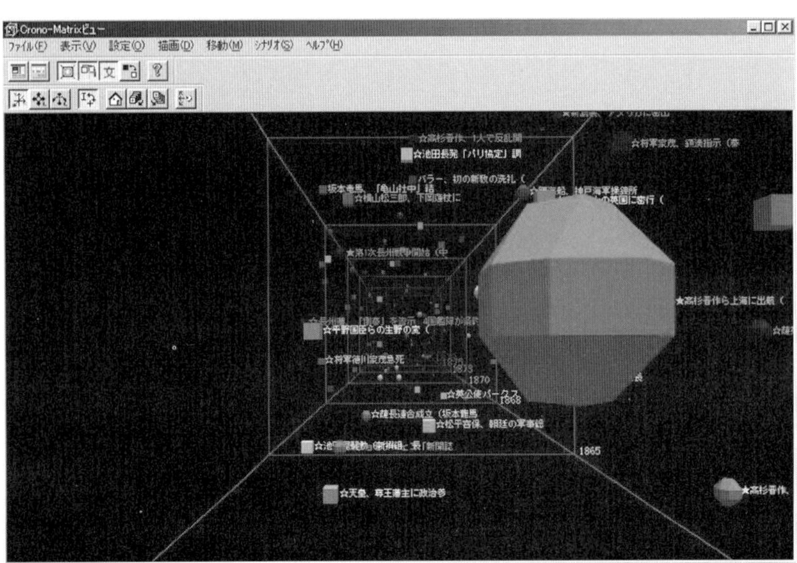

그림 1. 크로노스 화면(3차원 공간「크로노스 매트릭스」)

연습문제

전파의 범위를 조사하다

휴대전화 서비스 각 회사가 발행하는 카탈로그를 모아서 자신이 살고 있는 장소나 다니고 있는 학교 등에 「전파가 미치는 범위」=「서비스 영역」을 조사해 보자. 또한 각 회사의 카탈로그를 옆에 놓고 비교하거나 겹쳐보자.

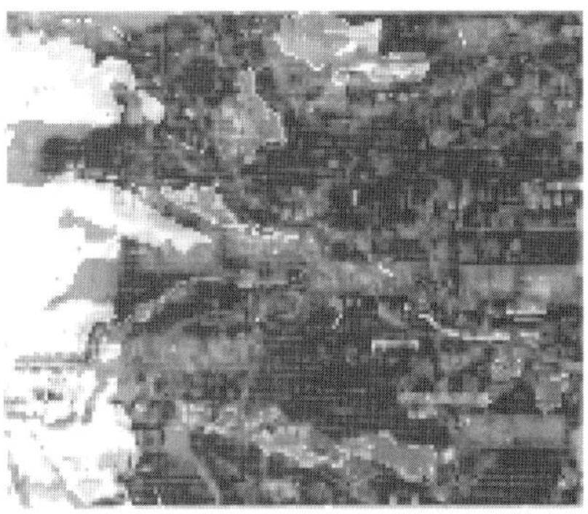

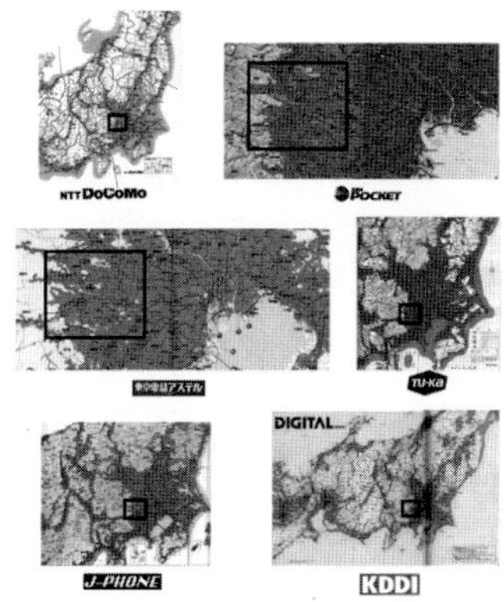

- 회사에 따라 서비스 영역에 차이가 있는가?
- 시간의 경과에 따라 서비스 영역이 얼마나 확대되었는가?

서비스 영역의 통합

휴대전화회사의 카탈로그

이 연습으로 이것을 알 수 있다

각각의 「서비스 영역」을 빠져나와 레이어화하면 디지털에 강한 부분이나 약한 부분을 일목요연하게 알 수 있다. 이것을 다시 약간 작은 공간, 예를 들어 자신의 방에서 시도하면 정보나 커뮤니케이션에 의한 새로운 공간지도가 만들어지고, 미디어 디바이스의 위치나 생활용품의 레이아웃 변경이 일어날 수 있다.

찾아보기

ㄱ

가로(街路) 76, 86
가로촌 100
가로폭 82
가변형 인스턴트시니어 32
가상학 148
거리 107
거리형 건물 127
경관 76
경계 60, 61
고현학 122
공공 공간 84
공공성 77
공유영역 88
공유영역형성의 메카니즘 88
공유영역론 88
공원 77, 84
교통베리어프리법 94
그림과 배경 123
그림지도 136
그룹 홈 66
기거양식 42

ㄴ

노멀라이제이션 94
노지(路地) 61
녹지주차장 107
놀리의 지도 123
눕다 14
넌버블 커뮤니케이션 30

ㄷ

도어 35
동작 31
동작역 22
도륜카이 40, 72
도륜카이 아파트 70
도로 107
데스크 34
디지털 디바이드 161
디즈니랜다이제이션 53, 54

ㄹ

랜드마크 142, 143
레지빌리티(Legibility) 102
리빙억세스 88

ㅁ

마을만들기 136
머물다 60
머레이 쉐퍼 116
메가로폴리스 144
메시맵 128, 133
메르헨건축 53
메인트넌스(maintenance) 73, 80
미국대도시의 삶과 죽음 104

ㅂ

바로 서기 14
바로 선 자세 20
버추얼 리얼리티 32
변이확률행렬 21
별의 왕녀 116
베리어프리 94
베를린수도계획 111
빌딩타입 77
보였다 안보였다 142
본엘프 107

ㅅ

산촌(散村) 100
상호침투적 관계 61
소시오푸갈 45
소시오페탈 45
손의 기능 24
스페이스 신텍스 104
스페이스 블록 50
스테레오타입 78
시간거리 145
시간의 어포던스 158
시간지리학 130
시퀀스 146
사진투영법 69
수납 36
식침분리 40
3세대 놀이터 맵 79

ㅇ

아동	112
아동관	112
아동유원	112
앉는 자세	20
양실(洋室)	42
어포던스	18, 81, 112
연속된 다다미방	56
역사산보	135
열상촌	100
인구폭발	144
인사권	68
의자에 앉는 자세	20
오픈플랜 초등학교	67
오피스 랜드스케이프	49
유니버설 스페이스	73, 81
유니버설 디자인	32, 95
워크숍	79
워크 스타일	34
의사(疑似)고령자체험	32

ㅈ

자세	20
자연보호조례	96
재해예측도(하자드 맵)	131
지속성	73
지시대명사	46
집의 영역	101
조닝	112
조망역	143
조우조사	104
주차장	107
주택부지의 구조	101
중정형 주거	50
중복도형 주택	42
졸다	16
정점관측	125

ㅊ

참가	74
최대근력	29

ㅋ

커뮤니케이션	30, 35, 75
커뮤니티	83, 88
커스터마이저	72,126
컨트롤	35
컴팩트 시티	144
컴퓨터 바이러스	161
컴포터 스테이션	37
코마 맵	138
코퍼레이티브 주택	74
코퍼레이티브 하우징	115
콜렉티브 하우징	115

ㅌ

탐색	62, 76, 79
테리토리	34, 59

ㅍ

파티션	34
퍼스널 스페이스	22, 44
포퓰레이션 스테레오타입	26
폴 스퐁박사	156
표출	61
표층	86
풍수	148
프리 어드레스 오피스	49
플러그 인(plug-in)	49
Private에서 Public까지의 4단계	75

ㅎ

하트빌법	94
학구역	112
허(虛)의 볼륨	158
화실(和室)	42
화장실	37
환경이행	58, 83
환경속의 존재	83
히트아일랜드현상	98

DID	144
GIS	135
PDA	49
Time Browser	159
wayfinding	102

편저자 약력

• 타카하시 타카시(高橋鷹志)

1936년　동경도 출생
1961년　동경대학 공학부 건축학과 졸업
1968년　동경대학 대학원 공학계 건축학전공 단위취득
　　　　나고야공업대학, 동경대학, 니가타대학을 거쳐
현　재　일본대학통합과학연구소교수, 와세다대학 특임교수
　　　　(재)도로서비스기구 이사
　　　　동경대학 명예교수 공학박사

• 와타나베 히데토시(渡辺秀俊)

1962년　군마(群馬)현 출생
1985년　치바대학 공학부 건축학과 졸업
1990년　동경대학 대학원 박사졸업
현　재　문화여자대학 조교수 공학박사

• 하시모토 쿠니코(橋本都子)

1966년　효고(兵庫)현 출생
1990년　동경도립대학 공학부 건축학과 졸업
1996년　일본여자대학 대학원 박사졸업
현　재　치바공업대학 조교수 박사(학술)

• 타치바나 히로시(橘 弘志)

1965년　시나가와(新奈川)현 출생
1991년　동경대학 공학부 건축학과 졸업
1995년　동경대학 대학원 박사과정 자퇴
현　재　지센여자대학 조교수 공학박사

• 우나가미 아야(海上亞耶)

1977년　동경도 출생
2000년　일본여자대학 가정학부 주거학과 졸업
2002년　치바대학 대학원 석사졸업
현　재　スタジオ建築計劃

• 쿠로노 히로야스(黑野廣靖)

1961년　아이치(愛知)현 출생
1984년　동경대학 공학부 건축학과 졸업
1990년　동경대학 대학원 박사과정단위 취득
현　재　니가타대학 조교수 공학박사

• 나가미네 마이코(永峰麻衣子)

1973년　기오(琦玉)현 출생
1997년　일본여자대학 가정학부 주거학과 졸업
1999년　일본여자대학 가정학연구과 주거학전공 졸업
현　재　동경대학 대학원 공학계연구과 박사과정
　　　　유트레히트대학 객원연구원
　　　　동경전기대학 비상근강사

• 이와사 아키히코(岩佐明彦)

1970년　효고(兵庫)현 출생
1994년　동경대학 공학부 건축학과 졸업
2000년　동경대학 대학원 박사졸업
현　재　니가타대학 조교수 공학박사

• 시노자키 마사히코(篠崎正彦)

1968년　동경도 출생
1992년　동경대학 공학부 건축학과 졸업
1997년　동경대학 대학원 박사졸업
현　재　쇼와여자대학 단기대학 부강사 공학박사

• 와타나베 아키코(渡邊朗子)

1989년　일본여자대학 가정학부 주거학과 졸업
1993년　콜롬비아대학 대학원 석사졸업
1999년　일본여자대학 대학원 박사졸업
현　재　게이오키슈쿠대학 전임강사(특별연구) 박사(학술)

• 노지마 코우헤이(野島耕平)

1977년　치바(千葉)현 출생
2001년　게이오키슈쿠대학 환경정보학부 졸업
2002년　게이오키슈쿠대학 SFC연구소 연구원(방문)
현　재　게이오키슈쿠대학 대학원 정책미디어연구과 석사과정

• 이치오카 아야코(市岡綾子)

1969년　동경도 출생
1991년　치바대학 공학부 건축학과 졸업
1997년　동경대학 대학원 박사졸업
현　재　일본대학 조수 공학박사

• 이토 슌스케(伊藤俊介)

1969년　시나가와현 출생
1993년　동경대학 공학부 건축학과 졸업
1999년　동경대학 대학원 박사졸업
현　재　동경전기대학 강사 공학박사

• 우에다 소이치(上田壯一)

1965년　효고(兵庫)현 출생
1988년　동경대학 공학부 기계공학과 졸업
1990년　동경대학 대학원 석사졸업
2000년　(주)스페이스포트 설립
현　재　(주)스페이스포트 사장

• 오츠키 토시오(大月敏雄)

1967년　후쿠오카(福岡)현 출생
1991년　동경대학 공학부 건축학과 졸업
1996년　동경대학 대학원 박사졸업
현　재　동경이과대학 조교수 공학박사

• 키구치 시게토모(菊地成朋)
1955년 이와테(岩手)현 출생
1980년 동경대학 공학부 건축학과 졸업
1987년 동경대학 대학원 박사과정 단위취득
현 재 큐슈대학 교수 공학박사

• 스즈키 타케시(鈴木 毅)
1957년 아이치(愛知)현 출생
1980년 동경대학 공학부 건축학과 졸업
1987년 동경대학 대학원 박사과정 단위취득
현 재 오사카대학 조교수 공학박사

• 타케야마 마사나오(武山正直)
1965년 아이치현 출생
1988년 게이오키슈쿠대학 경제학부 졸업
1991년~1994년 캘리포니아대학 대학원 지리학연구과 박사과정
1996년 캘리포니아대학 지리학 박사졸업
현 재 게이오 키슈쿠대학 조교수 Ph.D(지리학)

• 니시데 카즈히코(西出和彦)
1953년 기오현 출생
1976년 동경대학 공학부 건축학과 졸업
1981년 동경대학 대학원 박사과정 단위취득
현 재 동경대학 조교수 공학박사

• 하츠미 마나부(初見学學)
1948년 야마구치(山口)현 출생
1971년 동경대학 공학부 건축학과 졸업
1973년 동경대학 대학원 석사졸업
현 재 동경이과대학 교수, 방송대학 객원교수 공학박사

• 히이로 마호(日色真帆)
1961년 치바현 출생
1984년 동경대학 공학부 건축학과 졸업
1986년 시라칸스 설립
1991년 동경대학 대학원 박사과정 단위취득
1998년 타라오 히이로 아키텍춰설립
현 재 아이치 슈쿠토쿠대학 교수, 타라오 히이로 아키텍춰 일급건축사무소 공동주임 공학박사

• 홋타 아키히로(堀田昭裕)
1941년 효고현 출생
1960년 동경예술대학 미술학부 공예과 졸업
1997년 치바대학 교수 공학박사

• 야마다 테츠야(山田哲弥)
1962년 동경도 출생
1985년 동경대학 공학부 건축학과 졸업
1987년 동경대학 대학원 석사졸업
현 재 아오미즈건설 기술연구소 주임연구원 공학박사

• 야마모토 나오아키(山本尚明)
1978년 효고현 출생
2001년 게이오 키슈쿠대학 환경정보학부 졸업
현 재 마츠시타전기산업 시스템창조연구소

• 얀 슈안(Yan Shuan)
1970년 중국 텐진(天津)시 출생
1992년 중국 광업(鑛業)대학 건축학과 졸업
2001년 동경대학 대학원 박사졸업
현 재 일본학술진흥회 외국인 특별연구원 공학박사

• 요코야마 카츠키(横山勝樹)
1960년 교토부 출생
1983년 동경대학 공학부 건축학과 졸업
1990년 동경대학 대학원 박사졸업
현 재 여자미술대학 교수 공학박사

• 요코야마 유리카(横山ゆりか)
미국 출생
1985년 동경대학 공학부 건축학과 졸업
1992년 동경대학 대학원 박사졸업
현 재 동경대학 조수 공학박사

안 우 진

경상대학교 건축공학과 졸업
경상대학교 대학원 건축공학과 졸업(석사)
경상대학교 대학원 건축공학과 졸업(박사)
일본 동경대학교 외국인 객원연구원
현재, 경상대학교 건축학과
진주산업대학교 건축공학과 외래교수

박사논문으로 "건축의 장소성을 체험하는 공간스퀀시 구조에 관한 연구"가 있으며, 건축의 장소성과 공간스퀀시에 관한 다수의 논문이 있다.

길 종 원

조선대학교 건축공학과 졸업
조선대학교 대학원 건축공학과 졸업(석사)
경상대학교 대학원 건축공학과 졸업(박사)
일본 동경대학교 외국인 객원연구원
일본 동경대학교 논문박사 과정
현재, 조선이공대학 실내건축디자인과 교수

박사논문으로 "노인주간보호센터의 이용행태와 공간구성에 관한 연구"가 있으며, 노인주거에 관한 다수의 논문이 있다.

공간디자인을 위한 도구

2009년 6월 25일 1판 1쇄 인쇄
2009년 6월 30일 1판 1쇄 발행

편 저 자	타카하시 타카시 + 팀 EBS 편집
역 자	안 우 진 길 종 원
발 행 인	강 해 작
발 행 처	도서출판 기 문 당
주 소	서울시 성동구 공명길 39 (하왕십리동 966-22)
전 화	02) 2295-6171(代)~5
팩 스	02) 2296-8188
출판등록	1976. 10. 7(1-44)
홈페이지	http://기문당 www.kimoondang.com
I S B N	978-89-6225-029-0 93540
정 가	15,000원

건축도시환경과 인간행태

타카하시 타카시 나가사와 야스시 스즈키 타케시 편
박 영 기 감수 이 정 남 역
180쪽/ A5/ ISBN978-89-6225-117-3/ 12,000원

이 책은 풍요롭고 인간적인 환경창출을 목표로 '인간행태'라는 휴먼팩터(human factor)에 주목하고 있다. 환경-행동의 상호침투적 관계를 논의함에 있어서 기존 연구 방법론들에 대한 구체적인 문제 지적과 실제 개별 건축물(주택, 학교, 병원, 노인홈 등), 거리, 도시 등을 대상으로 한 실천적인 연구로 다양한 힌트를 제공하고 있다.

환경과 건축도시디자인

타카하시 타카시 나가사와 야스시 니시무라 신야 · 편
박 영 기 감수 한 수 진 이 정 남 역
204쪽/ A5/ ISBN978-89-6225-116-6/ 12,000원

이 책은 환경행동 측면에서 바라본 디자인 개념이다. 물리적 환경을 만들지 않고도 인간의 행동이나 심리적 상황이 새로운 공간을 만들어 낼 수 있다는 시각이 바로 그것이다. 앉은 장소나 자는 방향에 변화를 줌으로 공간은을 새로운 환경으로 느낄 수 있고 건축공간의 변환가능성 및 적응성을 새로운 디자인 개념으로 강조하고 있다.